智慧土肥建设
方法研究与实践探索

赵永志　王维瑞　主编

中国农业出版社

编 写 人 员

主编 赵永志 王维瑞

参编 （按姓氏笔画排序）

于跃跃 王胜涛 王维瑞 文方芳

曲明山 刘 彬 刘 瑜 刘自飞

刘继远 李 萍 李旭军 李昌伟

杨涵默 吴文强 何威明 陈 娟

陈天恩 季 卫 金 强 赵永志

赵青春 贾小红 高 飞 高启臣

高振新 郭 宁 梁金凤 韩亚钦

韩秀海 廖 洪 谭晓东 颜 芳

前　　言

随着信息技术的不断发展,特别是互联网、云计算、物联网等信息网络技术的广泛应用,使社会生产方式与生活方式发生了深刻而天翻地覆的变化与变革,也使社会各个领域不断变得更"智能"、更"智慧",智慧化已不可否认、不可避免地成为当今社会各领域、各行业、各地区重要的发展方向、目标与时尚。

近年来,物联网、云计算等计算机技术、微电子技术、通信技术、光电技术、遥感技术等多项技术开始在农业生产中广泛推广、应用,并包括了产前、产中、产后全过程管理,实现农业的智能化、智慧化发展。建设智慧农业在农业领域逐渐形成共识,并不断深入人心。智慧农业是现代农业发展到信息化进而向智慧化演进的过程,表现为以信息技术和信息控制装备为基础到以知识、网络、自动控制和智慧决策为基础的转变。智慧农业的实现可以促进农业的可持续发展,进而促进生态文明建设目标的实现。

智慧农业的建设离不开土肥的智慧发展。智慧土肥是智慧农业的有机组成部分和建设基础,智慧土肥建设对于智慧农业完善具有重要意义。从工作对象上看,智慧土肥管理的土壤、肥料、作物是智慧农业的基础要素,是智慧农业工作对象的子集。从应用成熟度上看,农业环境智能监测、墒情自动监测、耕地质量全面管理、智慧施肥等在当前的智慧农业建设中均既是基础也是应用相对成熟的领域,在当今智慧农业建设过程中已率先取得突破。从技术应用上看,支撑土肥智慧发展的智慧技术的研究与应用必然带动智慧农业支撑技术体系的完善和发展。从发展经验上看,智慧土肥建设的经验必将为智慧农业的建设提供经验支持,为智慧农业建设提供参考。

从概念上看,可以说智慧土肥是土肥工作信息化发展的高级阶段。从实效上看,智慧土肥在提高农业生产效率、改善农业生态环境、变革农业管理和服务模式等方面具有重要作用。因此,以发展的眼光来看,无论是在智慧土肥的研究还是实践方面,进行积极有效的探索都显得尤为重要和紧迫。

从当前智慧发展研究的现状看,虽然各类智慧技术在农业不同领域的应用取得了一定的成果,然而,无论在顶层设计、理论体系、标准体系、安全体系、应用体系和组织体系等各方面,智慧农业的研究与实践仍处于起步与探索阶段。随着智慧农业的研究与实践不断发展,智慧土肥研究与实践也在各地、各领域逐渐展开,相关案例和效果经常见诸报端,但作为一个独立的研究与实践领域,智慧土肥的理论研究和实践探索多是分散的、非自主的,系统性、体系性的智慧土肥理论研究与实践还须加强。

本书从智慧农业的内涵与特征出发,系统性地分析了智慧土肥的地位与作用、发展基础及发展愿景;进而基于土肥业务发展的智慧化需求出发,提出了智慧土肥的总体框架、技术体系,并对智慧土肥建设中的核心业务系统进行了需求分析和设计。然后,本书结合各地区、各领域的智慧土肥实践经验,对智慧土肥的建设方法进行了研究,分析了智慧土肥建设的组织架构、推动策略、投入模式、标准规范建设策略、系统建设与整合策略以及应用实施策略,以期为智慧土肥的推动与建设提供参考。

全书共分为八章。

第一章首先介绍了智慧农业提出的背景、智慧农业的内涵与特征、智慧农业发展的基础与挑战,然后分析了智慧农业建设与土肥智慧发展的关系,最后基于智慧土肥建设的基础,提出了土肥智慧发展的愿景。

第二章首先介绍了土肥工作的对象与内容、土肥业务的基本框架,然后以土肥业务框架为基础,分析了土肥智慧业务需求,最后基于农业种植管理计划模型,分析了土肥智慧技术需求。

第三章首先建立了智慧土肥关键技术应用框架,以应用框架为指导,具体介绍了物联网技术、土肥信息采集技术、土肥信息传输技术、土肥信息处理技术、自动控制技术以及智慧支撑技术,并分析了相关技术在智慧土肥中的应用。

　　第四章提出了智慧土肥建设原则,设计了智慧土肥应用的总体框架和多层级建设框架,并重点对框架中的通用和基础内容进行了设计,主要包括感知终端架构设计、传输网络架构设计及智慧土肥应用支撑平台设计。

　　第五章主要对智慧土肥中的作物生长及需肥水规律智慧管理系统,耕地质量及肥力智慧管理系统,作物、肥、水关系动态控制与管理系统,农业投入品(肥料)智能监管系统,智慧设施农业系统,智能决策系统进行了需求分析与简要设计。

　　第六章重点分析了智慧土肥的建设方法,具体包括智慧土肥建设的总体思路、组织架构、投入模式、标准规范建设,提出了智慧土肥系统建设与整合策略、智慧土肥应用的实施策略。

　　第七章对当前土肥智慧发展中的技术、业务与发展案例进行了分析。

　　第八章对智慧土肥的未来发展进行了展望。

　　由于编者水平有限,书中疏漏在所难免,请读者多提宝贵意见。

　　感谢各位老师、朋友和同事对本书出版的帮助和支持。

编　者

2014 年 6 月

目　录

第一章 绪 言

随着信息技术的不断创新发展及其与社会各个领域的相互融合渗透，信息技术的提升为科学和社会经济的发展带来了巨大的机遇。农业作为关系着国计民生的基础产业，其信息化、智慧化的程度尤为重要。从感知中国到感知农业，从智慧地球到智慧农业，智慧农业的建设正成为我国农业从传统农业向现代农业推进的重要助力。智慧农业的建设为土肥工作带来了机遇也提出了挑战。作为农业基础组成部分的土壤、肥料、水资源管理工作如何在智慧化建设过程中充分发挥自身的作用，并充分利用信息技术武装自己，在实现自身智慧化发展的同时，为智慧农业的建设贡献出自身的力量，成为土肥工作者继网络化、数字化建设之后的又一重要课题。本章首先分析智慧农业产生的背景及内涵，然后探讨智慧农业建设对于土肥工作的要求，最后探索土肥智慧发展的基础和愿景。

第一节 信息技术与农业智慧化

一、智慧农业提出的背景

智慧农业的提出与发展是伴随着智慧地球的提出与发展的。2008 年，IBM 公司首席执行官彭明盛（Samuel J. Palmisano）首次提出了"智慧地球"（Smart Planet）的概念。他认为，智能技术正应用到生活的各个方面，如智慧的医疗、智慧的交通、智慧的电力、智慧的食品、智慧的货币、智慧的零售业、智慧的基础设施甚至智慧的城市，这使地球变得越来越智能化。此后不久"智慧地球"成为美国国家战略的一部分。

2009 年 11 月，温家宝发表了题为《让科技引领中国可持续发展》重要讲话，提出"在应对这场国际金融危机中，各国正在进行抢占经济科技制高点的竞赛，全球将进入空前的创新密集和产业振兴时代。我们必须在这场竞争中努力实现跨越式发展。""要着力突破传感网、物联网的关键技术，及早部署后IP 时代相关技术研发，使信息网络产业成为推动产业升级，迈向信息社会的'发动机'"。目前，中国已将物联网技术列入国家中长期科技发展规划。

在农业方面，以物联网为代表的信息技术和智能化技术在农业生产和管理过程中不断得到普及和应用。20 世纪 90 年代，随着互联网技术在我国的成熟和普及，计算机互联网络开始进入农业领域，从事农业人员甚至普通农民，可以随时随地及时快捷地获得各种科技信息、管理信息、市场供求信息、气象与土壤信息、作物信息等。互联网络和计算机信息技术的结合，正在改变因农业高度分散、生产规模小、时空变异大、量化与规模化程度低、稳定性和可控程度差等行业性弱点。另一方面，我国的农业技术也得到了快速发展，农作物栽培管理、测土配方施肥等农业技术不断完善，并开始服务农业发展。进入 21世纪，随着物联网技术、移动通信技术、云计算技术以及大数据技术在农业领域的应用逐渐深入，并与农业生产技术不断相互融合、相互支撑，形成了新的生产力，使得农业网络化、数字化、智能化水平不断得到提高，智慧农业的建设也提到了议事日程。

智慧农业实质上是适应新时代的技术革命、新型智能化革命和关注人类身体健康而提出的一种新的发展思路。它是建立在信息智能化技术基础之上，既体现现代科技管理和科技方法在生产过程中的广泛应用，又要兼顾考量生态环境可持续发展和人类的身心健康与幸福。智慧农业是生态农业建设的手段和发展道路。

二、智慧农业的内涵

作为一种新兴事物和正在探索建设过程中的内容，对于智慧农业的理解可谓是"仁者见仁、智者见智"。目前对于智慧农业的界定典型的有形态说、目标说、系统说、阶段说和道路说等观点和看法。

1. 形态说　智慧农业的形态说将智慧农业看成是现代农业的发展模式与形态。典型的说法有：李道亮认为智慧农业是以最高效率地利用各种农业资源，最大限度地降低农业成本和能耗、减少农业生态环境破坏以及实现农业系统的整体最优为目标，以农业全产业、全过程智能化为特征，以全面感知、可靠传输和智能处理等物联网技术为支撑和手段，以自动化生产、最优化控制、智能化管理、系统化物流和电子化交易为主要生产方式的高产、高效、低耗、优质、生态和安全的一种现代农业发展模式与形态（李道亮，2012）。唐世浩等认为智慧农业是以物联网技术为支撑和手段的一种现代农业形态。其最大特点是以高新技术和科学管理换取资源的最大节约。智慧农业为现代农业的发展提供了一条光明之路，将各式传感器，如温度、湿度、水分，放置在种植区域，再把众多农业技术专家收集的数据输入电脑，建立一套科学的程序。这样，就形成了用电脑模拟人脑进行推理决策的完整系统，实现了对各种单项农业先进技术成果进行综合组装配套。综上所述，智慧农业不仅能提高资源的附加值、减少资源的消耗，还能彻底改变粗放的农业经营管理方式（唐世浩等，2002）。

2. 目标说　智慧农业的目标说则是认为智慧农业建设是为了实现农业的

各项发展目标。如中国农业科学院研究员周国民研究员认为：智慧农业是充分利用信息技术，包括更透彻的感知技术、更广泛的互联互通技术和更深入的智能化技术，使得农业系统的运转更加有效、更加智慧，以使农业系统达到农产品竞争力强、农业可持续发展、农业资源有效利用和环境保护的目标。智慧农业着眼的不是农业信息技术在农业中的单项应用，而是把农业看成一个有机联系的系统，信息技术综合、全面、系统地应用到农业系统的各个环节，是以促进和实现农业系统的整体目标为己任的（周国民，2009）。

3. 系统说 智慧农业的系统说则是将智慧农业看作是计算机信息系统，持这种观点的学者较多。例如，李保国、刘忠认为："智慧农业"是智能农业专家系统，是"感知中国"理念在农业发展中的具体应用，指利用物联网技术、云计算技术等信息化技术实现"三农"产业的数字化、智能化、低碳化、生态化、集约化，从空间、组织、管理整合现有农业基础设施、通信设备和信息化设施，使农业和谐发展实现"高效、聪明、智慧、精细"。"智慧农业"是两化融合在农业发展领域中的具体实践和应用（李保国、刘忠，2005）。

彭程认为：智慧农业是农业专家智能系统、农业生产物联控制系统和有机农产品安全溯源系统，三大系统利用网络平台技术、运用云计算方法，实现农业信息数字化、农业生产自动化、农业管理智能化，从而构建低碳节能、高效高产、绿色生态的现代农业体系（彭程，2012）。

李宝林认为：智慧农业信息化系统就是基于物联网技术，通过各种无线传感器实时采集农业生产现场的光照、温度、湿度等参数及农产品生长状况等信息而进行远程监控生产环境。将采集的参数信息进行数字化和转发后，实时对传输网络进行汇总整合，利用智慧农业信息化系统进行定时、定量、定位云计算处理。同时可以通过移动终端（如 Android 智能手机等）访问远程的数据库服务器来获取相关的数据信息，并可以远程操控这些部署在农田内的传感器，利用移动互联网和云服务科学调配资源，实现对农作物的科学管理（李宝林，2013）。

4. 阶段说 智慧农业阶段说将智慧农业看作是农业发展的一个阶段，普遍的观点认为智慧农业是农业发展的高级阶段。如施连敏等认为：所谓智慧农业就是充分应用现代信息技术成果，集成应用计算机与网络技术、物联网技术、音视频技术、3S 技术、无线通信技术及专家智慧与知识，实现农业可视化远程诊断、控制、灾变预警等智能管理。智慧农业是农业生产的高级阶段，集新兴的互联网、移动互联网、云计算和物联网技术为一体，依托部署在农业生产现场的各种传感节点（环境温、湿度，土壤水分，二氧化碳，图像等）和无线通信网络实现农业生产环境的智能感知、智能预警、智能决策、智能分析、专家在线指导，为农业生产提供精准化种植、可视化管理、智能化决策（施连敏等，2013）。

5. 我们的观点：道路说　我们延续《生态文明视域下的土肥未来发展道路》一书中的理解，智慧农业是生态农业的一种发展道路，智慧农业建设的目标是利用新技术实现农业可持续发展，进而实现生态文明建设的目标。

农业智慧化是智慧地球的一部分。它首先是一种社会经济形态，是农业经济发展到某一特定过程的概念描述。它不仅包括物联网、云计算等计算机技术，还应包括微电子技术、通信技术、光电技术、遥感技术等多项技术在农业上普遍而系统应用的过程。农业智慧化又是现代化农业发展到信息农业进而向智慧农业演进的过程，表现为以信息技术和信息控制装备为基础到以知识、网络、自动控制和智慧决策为基础的转变。

"智慧农业"能够有效改善农业生态环境。智慧农业将农田、畜牧养殖场、水产养殖基地等各个生产单位和周边的生态环境视为整体，并通过对其物质交换和能量循环关系进行系统、精密运算，保障农业生产的生态环境。

"智慧农业"能够显著提高农业生产经营效率。智慧农业基于精准的农业传感器进行实时监测，利用云计算、数据挖掘等技术进行多层次分析，并将分析指令与各种控制设备进行联动完成农业生产、管理。这种智能机械代替人的农业劳作，不仅解决了农业劳动力日益紧缺的问题，而且实现了农业生产高度规模化、集约化、工厂化，提高了农业生产对自然环境风险的应对能力，使弱势的传统农业成为具有高效率的现代产业。

"智慧农业"能够彻底转变农业生产者、消费者观念和组织体系结构。智慧农业完善的农业科技和电子商务网络服务体系，使农业相关人员足不出户就能够远程学习农业知识，获取各种科技和农产品供求信息；专家系统和信息化终端成为农业生产者的大脑，指导农业生产经营，改变了单纯依靠经验进行农业生产经营的模式，彻底转变了农业生产者和消费者对传统农业落后、科技含量低的认识。另外，智慧农业阶段，农业生产经营规模越来越大，生产效益越来越高，迫使小农生产被市场淘汰，必将催生以大规模农业协会为主体的农业组织体系。

三、智慧农业的特征

从智慧农业的内涵不难发现，智慧农业从技术上和业务上均呈现出有别于数字农业的特征，而正是这些特征明确了智慧农业的发展目标。

1. 智慧农业的技术特征　如图 1-1 所示，智慧农业具有如下技术特征：

（1）全面感知　更全面、更加透彻的感知是智慧农业的基础也是其基本特征，即运用视觉采集和识别设备、各类传感器、无线定位系统、射频识别技术（Radio Frequency Identification，RFID）、条码识别等各种传感技术和设备，实现对农业生产与管理各方面的监测和感知，变被动为主动地全面感知。充分

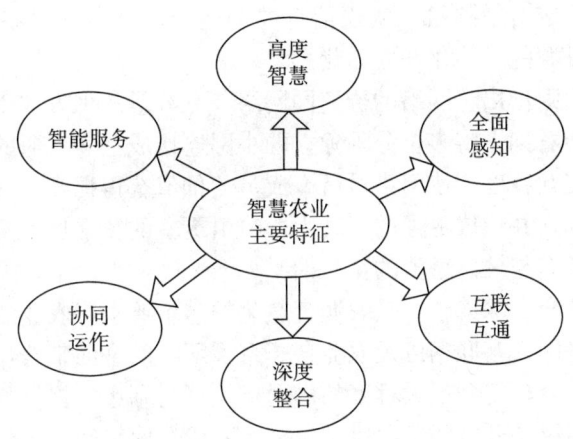

图 1-1　智慧农业的技术特征

利用各类随时随地的传感设备和智能化系统，智能识别、立体感知农业生产环境、状态、位置等信息的全方位变化，对感知数据进行融合、分析和处理，并能与业务流程智能化集成，继而主动做出响应，促进农业生产和管理各个关键系统和谐高效地运行。另一方面，智慧农业基于云计算、物联网、移动互联网、大数据等基础信息架构，不间断地通过信息终端提供信息服务，信息需求者可按需随时获取信息，从而增强环境的友好性，提高农业生产和管理的效率和科学性。

　　实现全面、透彻的感知是一项艰巨的任务，传感技术和设备的发展是关键，传感设备在智慧农业中的广泛嵌入是基础，这种基础形成了智慧农业的"感觉器官"。应该指出的是，"广泛覆盖"并不意味着对农业的每一个角落进行全方位的信息采集，这既不可能也无必要，智慧农业的信息采集体系应以农业系统的适度需求为导向，过度追求全面覆盖既增加成本又影响效率。

　　（2）互联互通　在广泛的连接基础上形成互联互通的网络体系，实现可靠传递是智慧农业的基本特征之一。各类宽带有线、无线网络技术的发展为农业生态系统中物与物、人与物、人与人的全面互联、互通、互动，为农业各类随时、随地、随需、随意应用提供了基础条件。宽带泛在网络作为智慧农业的"神经网络"，极大地增强了智慧农业作为自适应系统的信息获取、实时反馈、随时随地智能服务的能力。智慧农业融合移动互联网、电信网、互联网、物联网形成泛在化的网络承载系统，并安全可靠地将各种采集信息和控制信息进行实时准确的可靠传递。基于广泛联结的可靠传递是智慧农业的信息来源的基础，广泛联结如同智慧农业的"经络"，而可靠传递如同智慧农业传递来自外界的准确"刺激"信息，是智慧农业对外界信息的准确通信途径。"深度互联"

要求多种网络形成有效连接，实现信息的互通访问和接入设备的互相调度操作，实现信息资源的一体化和立体化。

梅特卡夫法则指出，网络的价值同网络节点数量的平方成正比。在智慧农业中，我们也会看到，将多个分隔独立的小网连接成互联互通的大网，可以大大增加信息的交互程度，使网络对所有成员的价值获得提升，从而使网络的总体价值显著提升，并形成更强的驱动力，吸引更多的要素加入网络，形成智慧农业网络节点扩充与信息增值的正反馈。

（3）深度整合　深度整合是农业智慧化的基本要求，农业的智慧化要求通过传感网、物联网、互联网以及农业各子系统网络的全面整合，将农业系统运行的信息全面融合，得到最大程度的沟通、挖掘与利用，提供智慧化的基础设施。现代农业系统是开放的复杂巨系统，新一代全面感知技术的应用更增加了农业系统的海量数据。基于云计算，通过智能融合技术的应用实现对海量数据的存储、计算与分析，并引入综合集成法，通过人的"智慧"参与，大大提升决策支持的能力。基于云计算平台的智慧工程将构成智慧农业的"大脑"。技术的融合与发展还将进一步推动"云"与"端"的结合，推动实现智能融合、随时、随地、随需、随意的应用，进一步彰显个人的参与和用户的力量。

（4）协同运作　在传统农业系统中，信息资源和实体资源被各种行业、部门、主体之间的边界和壁垒所分割，资源的组织方式是零散的，智慧农业"协同共享"的目的就是打破这些壁垒，形成具有统一性、标准性、融合性与开放性的农业资源体系，使农业系统不再出现"资源孤岛"和"应用孤岛"。在协同共享的智慧农业体系中，任何一个应用环节都可以在授权后启动相关联的应用，并对其应用环节进行操作，从而使各类资源可以根据系统的需要，各司其能地发挥其最大的价值。这使得各个子系统中蕴含的资源能按照共同的目标协调统一调配，从而使智慧农业的整体价值显著高于各个子系统简单相加的价值。

（5）高度智慧　智慧农业拥有体量巨大、结构复杂的信息体系，这是其决策和控制的基础，实现"智慧"，智慧农业还需要表现出对所拥有的海量信息进行智能处理的能力，这要求系统根据不断触发的各种需求对数据进行分析，产生所需知识，自主地进行判断和预测，从而实现智能决策，并向相应的执行设备给出控制指令，这一过程中还需要体现出自我学习的能力。更加集中和更有深度计算的智能处理能力是智慧农业的基本特征之一，即利用云计算、数据挖掘、智能模糊识别等各种智能计算技术，对海量的数据进行快速、集中、准确的分析和处理，并做出智能化的控制与处理。对海量的数据，利用数据挖掘、云计算、模糊识别等智能技术对其进行智能化的处理是实现智慧农业的关键和标志，是智慧农业区别于数字农业的关键点。智能处理在宏观上表现为对信息的提炼增值，即信息在系统内部经过处理转换后，其形态应该发生了转换，变得更全面、更具体、更易利用，使信息的价值获得了提升。在技术上，以云计算为代表的新的信息技术应用模式，是智能处理的有力支撑。

（6）智能服务 智能处理并不是信息使用过程的终结，智慧农业还应具有信息的开放式应用能力，能将处理后的各类信息通过网络发送给信息的需求者，或对控制终端进行直接操作，从而完成信息的完整增值利用。智慧农业的信息应用以开放为特性，并不仅仅停留在政府或农业管理部门对信息的统一掌控和分配上，而应搭建开放式的信息应用平台，使农民、企业等个体能为系统贡献信息，使个体间能通过智慧农业的系统进行信息交互，这将充分利用系统现有能力，大大丰富智慧农业的信息资源，并且有利于促进新的商业模式的诞生。

2. 智慧农业的业务特征 智慧农业的业务特征主要表现为农业思想认识的智慧化、农业生产过程的精细化、农业发展环境的审美化、农业生产运行的系统化、农业产品质量的优质化和农业发展资源的持续化（阮青、邓文钱，2013）：

（1）农业思想认识的智慧化，主要指农业思考方式的转变。发展智慧农业必须坚持自然规律和人类价值诉求的有效结合，体现科学原则与人文精神的统一，超越在现代农业发展阶段人们因过分追求眼前物质利益而忽视人类伦理关怀的价值倾向。智慧化的农业改变了过去机械的、片面的、静止的思维认识倾向，注重从辩证的、全面的、发展的角度来分析问题和认识问题，最终实现规律性和目的性、科学性和人文性、物质性和价值性的有机统一。

（2）农业生产过程的精细化，主要指农业生产技术的智能化。精细化是智慧农业发展的核心，农业的精细化离不开现代农业的信息化技术和智能化技术。智慧农业通过农业生产的高度智能化，管理的科学化，控制的自动化，实现对农业产品质量和生产过程的控制，实现农业整体发展的目标。

（3）农业发展环境的审美化，主要指农业发展外在形式的转变。创造愉悦审美的农业环境，就是坚持以人为本的价值导向，以优美愉悦的自然环境和健康舒适的人文环境为目标，为人类生存和发展提供人性化、自觉化的现实关怀。智慧农业的发展，不仅遵循着自然本身发展的规律，而且协调着人与自然的和谐。在人与自然的关系方面，不是破坏自然本身的内在平衡，而是使自然环境更美，让人类生活更舒心、更愉悦，幸福指数不断提高。

（4）农业生产运行的系统化，主要指农业发展对象的转变。智慧农业把农作物生产、自然环境与人作为一个有机系统，深入分析各要素之间的内在联系，在保证土壤肥力与健康的同时提高农业的总体效益，最终促进人类的身心健康与幸福。从整个系统来看，农业是自然再生产与经济再生产的统一，作为自然再生产，农业生产离不开它周围的自然环境，农业生产的过程中必须考虑自然环境影响因素，不能超过自然环境所能承受的限度。作为经济再生产，农业生产必须要有一定的劳动者参与其中，必须依靠社会生活中人的智力和体力才能持续，同时农业生产也必须满足人类的基本生存需要，为人类提供优质的产品和舒适的环境，只有这样，整个农业生产活动才能得以持续。所以农业是由农业生物、自然环境和人构成的相互联系、相互作用的生态系统、经济系统和社会系统。这体现了农业生产与社会发展的统一。

（5）农业产品质量的优质化，主要指农业发展内容的转变。智慧农业强调生产健康、安全、生态化的农业产品，还要保证土地的永续利用和人类的幸福。发展智慧农业，不仅要维持经济系统与自然生态系统的平衡，更重要的是保证人类的身心健康。优质化的农产品要求在农业生产源头上保证产品的无污染，在农业生产领域，加强对健康环境、健康技术和健康食品的监督和管理，从而生产出安全、优质、营养的食品，从根本上维护人类生命安全。这体现了农业生产过程与产品质量的统一。

（6）农业发展资源的持续化，这是农业发展过程的转变。智慧农业是一种持续发展的农业，它不仅满足当前社会的需要，而且不能损害后代和满足他们需要的那种能力，在保证土地地力的同时，还要保护生态资源的总体平衡。智慧农业倡导多元化的农耕方式和种植方式，吸取传统有机农耕的宝贵经验，特别是土地有效的轮作复种、间作套种的用地制度和生物养地的耕作经验，充分利用农业有机废弃物和微生物等生物、有机养分转化为土地所必需的营养成分，充分发挥沼泽和湿地净化功能。多元化的农业发展模式促进了农业的持续发展。这体现了农业生产发展与生态和谐的统一。

四、智慧农业发展的基础与挑战

我国农业经历了网络化和数字化的发展历程，在此基础上发展智慧农业存在着信息化基础和发展环境基础，但也面临着农业发展本身、农业发展环境、农业信息技术应用等方面带来的挑战。

1. 智慧农业发展的基础 经过多年的发展，我国农业、农村信息化水平不断提高，为智慧农业建设奠定了良好的信息化基础、发展环境和建设需求（农业部，2010）。

（1）信息化基础明显改善

①基础设施明显改善 经过多年的建设，我国农业农村信息化基础设施明显改善，"村村通电话"、"乡乡能上网"完全实现，广播电视"村村通"基本实现。截至 2009 年，我国农村居民计算机拥有量达到每百户 7.5 台，移动电话拥有量达到每百户 115.2 部，固定电话拥有量达到每百户 67 部。

②信息资源建设成效显著 经过努力，覆盖部、省、地（市）、县的农业网站群基本建成，各级农业部门初步搭建了面向农民需求的农业信息服务平

台，为农民提供科技、市场、政策等各类信息。据统计，我国农业网站数量达31 000多家，其中政府建立的有4 000多家。农业部相继建设了农业政策法规、农村经济统计、农业科技与人才、农产品价格等60多个行业数据库。

③信息技术初步应用　农业生物环境信息获取与解析、农业无线传感网络、农业过程数字模型与系统仿真、虚拟农业与数字化设计、精准农业与自动监控、呼叫中心、移动通信、互联网等信息技术已经在农村综合信息服务、农业政务管理、农业生产经营以及农产品流通等领域开展了相关应用推广工作，并且发展迅速，有逐步深化的趋势。

④信息化体系基本健全　"县有信息服务机构、乡有信息站、村有信息点"的格局基本形成。全国100%的省级农业部门设立了开展信息化工作的职能机构，97%的地市级农业部门、80%以上的县级农业部门设有信息化管理和服务机构，70%以上的乡镇成立了信息服务站，乡村信息服务站点逾100万个，农村信息员超过70万人。

（2）发展环境更加优化

①工业化发展为现代农业发展提供了支撑　工业化发展将为现代农业发展提供技术、装备和财力支持。当前，我国工业化进程推进迅速，工业化的成果将广泛应用和服务于现代农业的发展，用现代科学技术改造传统农业，用现代物质条件装备农业，不仅将大大提升农业的装备水平，还将大大推进现代农业的产业化、标准化进程。

②城镇化发展为现代农业发展创造了条件　当前，我国国民经济高速协调发展，城乡一体化进程加速推进，公共社会资源在城乡之间配置进一步均衡，生产要素在城乡之间自由流动加强，农业劳动力转移加快，土地流转加速，农民专业合作社进一步壮大，为现代农业的规模化生产和集约化经营创造了有利条件。

③发展现代农业为信息化发展带来了契机　"十二五"时期是加快建设现代农业的重要机遇期，建设高产、优质、高效、生态、安全的现代农业，需要对大田种植、设施园艺、畜禽养殖、水产养殖中的各种农业生产要素进行数字化设计、智能化控制、精准化运行、科学化管理。这为我国农业农村信息化发展带来了良好的契机。

（4）农业农村信息化进入崭新阶段　"十二五"时期，宽带、融合、安全、泛在的下一代国家信息基础设施建设力度加大，农村地区宽带网络建设进一步加强。农民的人均收入将有较大幅度提升，农民的信息消费意识、消费需求和消费能力将普遍增强，现代农业对信息技术应用需求迫切，农业农村信息化会将由以试验示范为目的和特征的政府推动阶段向以实际应用为目的和特征的需求拉动阶段过渡。

2. 智慧农业发展面临的问题和挑战　虽然我国农村信息化取得了一定的

成果，为智慧农业建设奠定了良好的基础。但是，我国发展智慧农业仍然面临着诸多问题和挑战（农业部，2010）（阮青、邓文钱，2013）。

（1）农业发展本身面临的挑战

①农产品数量需求压力加大　解决好13亿人的吃饭问题始终是我国的头等大事，我国人口不断增多，耕地面积不断减少，农业生态恶化的趋势还没有根本遏制，保障农产品供给安全的压力持续加大，改变这一状况的根本出路是转变农业发展方式，利用信息技术改造传统农业，提高农业资源利用率和劳动生产率，确保国家农产品供给安全。

②农产品质量安全形势严峻　农产品质量安全是保障人民群众身心健康和生活质量的前提，是提高政府公信力的重要方面，也是增强农业竞争力不可或缺的元素。近年来，农产品质量安全问题频发，已成为影响社会和谐稳定及公共安全的重要问题。监测手段不足，信息技术应用不够是原因之一，迫切需要利用现代信息技术对农产品从生产到餐桌进行全产业链质量监管。

③农业生态环境亟待改善　农业生态安全是国家生态安全的重要组成部分，是实现农业可持续发展的基本前提。近年来，我国耕地、草原的农药、化肥污染以及水域的富营养化问题十分突出，保护和修复生态环境，保障农业的可持续发展，迫切需要利用现代信息技术开展耕地质量、草原生态系统和渔业水域生态环境监测、分析、评价、预警及科学管理与调控。

④农业规模化程度不高　农业生产规模化是智慧农业得以推广的前提，也是现代农业技术和设备进一步应用与推广的重要条件。在市场经济条件下，小规模生产在农产品价格和成本方面，往往处于劣势，农户无力采用先进的技术和更新市场信息，无法参与激烈的市场竞争，使农业生产被压在商品价值链的低端。这种小规模的农业生产模式严重影响了智慧农业的发展。

⑤农业发展的综合化机械水平有待提高　农业发展的机械化是智慧农业发展的重要物质基础。2013年，我国农作物耕种收综合机械化水平达到59.5%，农业机械化水平有了大幅度的提高。但是农业发展综合机械化水平仍然面临困难。由于地区之间、民族之间经济和自然条件等方面的差异，农业综合机械化水平发展不平衡；农业机械化结构不合理；农业机械化面临的自然资源紧缺和生态环境的破坏等，这些问题严重影响了未来农业发展的方向。

（2）农业信息化发展环境存在的问题

①认识不到位　由于我国农业农村信息化发展处于起步阶段，一些地方农业部门尚未认识到加快推进农业农村信息化的重要性和紧迫性，尚未认识到发展农业农村信息化是转变农业发展方式，实现城乡统筹，促进农民增收的重要手段，导致一些地方对发展农业农村信息化的积极性不高，投入力度不够，措施不力。智慧农业发展迫切需要一批高素质的农业科研人员和农业科技推广人

员。没有现代农业科技人员的培养，没有现代农业科技知识推广与应用，就不可能真正实现智慧农业的发展。当前我国农民整体素质不高，文化水平比较低，科学素养不高，农民接受的科学知识培训比较少，在广大落后农村地区，农民仍然停留在小农意识中，过分依赖农业生产经验，忽视农业生产知识的学习和应用，农民受教育程度低是制约中国农业发展的瓶颈。

②政策不明确 农业农村信息化是一项惠及亿万农民的公益性事业，亟待各项政策扶持。我国目前尚没有专门针对农业农村信息化的政策法规，各地缺乏面向农业企业、农民专业合作社、农民的各种优惠政策，导致各地发展农业农村信息化的动力不足。

③机制不灵活 我国农业农村信息化发展尚没有形成长效的运营机制，政府、农业企业、电信运营商以及 IT 企业等主体在农业农村信息化推进过程中的角色定位不够明确，政府不够主动，企业不够积极。如何建立并完善农业农村信息化工作的长效运营机制是当前我国农业农村信息化推进工作面临的一大难题。

④管理不规范 我国农业农村信息化建设多头并进，为信息化的发展注入了生机与活力，但也不可避免地出现了条块分割、各行其道的局面，信息孤岛现象严重。同时，由于缺乏相应的农业农村信息化标准规范，导致农业农村信息化推进工作职责不明、管理不力，运行不畅，建设无序。

（3）农业信息技术应用存在的问题

①技术不成熟 目前，我国农业信息技术产品主要产自高校和科研院所的实验室，科研成果转化率和产业化率不高，集成示范应用力度不够，农业生产经营信息化所需的低成本、高质量的信息技术产品严重滞后，阻碍了我国农业信息技术的应用与推广。取得广泛应用的技术条件还不成熟，目前物联网技术发展势头良好，但仍处于起步阶段，技术研发和标准均需突破。虽然随着宽带技术、3G 技术、智能终端的普及，突破了物联网应用瓶颈，物联网技术已在食品溯源、环境监控、设施农业等方面得到应用。但真正实现物联网技术在智慧农业中的广泛应用还有差距。目前，物联网技术在农业领域应用涵盖了农业资源利用、农业生态环境监测、农业生产经营管理和农产品质量安全监管，并在政策扶持、技术研发、示范应用、人才培养等方面积累了一定的经验。但农业物联网技术应用总体还处于初步应用阶段，存在关键技术产品及集成体系成熟度较低、农业物联网应用标准规范缺失、有效的运营机制和模式尚未建立、专业人才缺乏等问题，迫切需要国家开展农业物联网技术应用示范项目，加快建设应用示范基地，深入开展相关技术研发和集成创新，探索产业化应用模式，制定农业物联网应用标准规范，推进物联网技术在农业领域的规模化、标准化、产业化应用。

②农业信息化技术应用水平较低 现代信息化技术是智慧农业发展的技术

前提，信息技术的发展程度也决定了智慧农业发展的水平。计算机是信息化推广和普及的重要载体，为农业科技的广泛应用和推广提供了重要平台，也是实现农业生产的智能化、信息化的重要手段。然而在我国广大的农村，信息化程度比较低，计算机的普及率远远不能适应农业发展的需要，在中国广大的农村实现完全的农业信息化还存在不少的困难。

③农业信息化基本设施建设进展缓慢　区域不同，产业不同，资金问题等困扰着农业生产的信息化建设步伐，原始的纸质载体信息资源已无法满足农业生产发展对信息资源的需求。这就使得农业的数字化、智慧化程度较低，农业信息的时效性、准确性、综合性达不到广大农民的要求。

④农业应用缺乏统一的智慧农业技术标准　在农业应用中没有统一的智慧农业技术标准，制约着共享平台的应用和开发。农业信息资源杂乱、随意的方式制约着农业生产、科研、服务。规范化、标准化、科学化不能满足农业标准化生产对资源的需求，不能满足农业科研工作对信息全面、广泛的获取。

第二节　智慧农业建设与土肥智慧发展

智慧土肥建设是智慧农业建设的重要内容，也是智慧农业建设发展的基础要素之一。智慧土肥与智慧农业相辅相成，没有智慧农业的建设就没有智慧土肥，没有智慧土肥建设，智慧农业将成为空中楼阁，是不可能成功的，因此，二者具有紧密的关联性。

一、土肥工作是现代农业发展的基础工作

土肥工作是种植业体系中最基础的一个工作分支，土肥工作的工作对象是土壤、肥料和作物；土肥工作的目标是做到"底数清、情况明、数字准、信息灵、参谋好和效率高"，实现农业的"高产、优质、高效、生态、安全"；土肥工作的内容是土壤管理、肥料管理和作物管理以及土壤、肥料和作物的相互作用的管理，通过土壤管理，保护有限耕地、培肥土壤、提升耕地质量、保护农业生态环境；通过肥料管理，净化肥料市场，规范肥料生产，提高农民和肥料企业法制意识，指导肥料生产与合理使用；通过作物管理，进一步规范土壤管理和肥料管理，指导农民科学高效开展作物种植；通过土壤、肥料和作物相互作用的管理，实现土壤、肥料、作物的有机和谐发展（赵永志、王维瑞，2012）。

土肥工作的核心是研究土壤、肥料等资源的高效利用。土肥工作通过采用先进科学的思想观念和实用高效的土肥技术，培育优良肥沃的土壤，为农作物提供全面、丰富、均衡的营养，最大程度发挥土肥的生产效率，创建良好的作物生长条件与环境。土肥部门既连接企业又连接农村，承担技术推广、技物配

套、肥料管理的职能，具有利用技术、职能、体系和手段的四大优势。土肥部门在提高土地生产率和资源利用率，开展耕地监测和土壤适宜性评价，开展产地环境保护和节水节肥技术研究，促进土、肥、水资源的优化配置，为农业结构调整提供强有力的技术支撑等方面具有重要的基础作用。现代农业强劲的发展势头需要高水平的土肥技术和出色的土肥工作成效做后盾。卓有成效的土肥工作更是现代农业进一步发展的重要基础，有时还会起到决定性的作用。

二、智慧农业是土肥智慧发展的基础

土肥的智慧发展离不开智慧农业的建设，正如土肥工作是农业管理工作的一部分，土肥水作物是农业生态系统的基础组成，土肥水作物的管理工作离不开农业的大环境一样，智慧农业的建设不仅是土肥智慧发展的基础，更是土肥智慧发展的生命力和发展源泉。只有成功地实施了智慧农业，智慧土肥才能快速发展，因为，智慧农业的建设不仅可为土肥的智慧发展提供理论基础、实践基础和技术基础，还可为智慧土肥提供真正实现和体现其价值的舞台和动力（图1-2）。

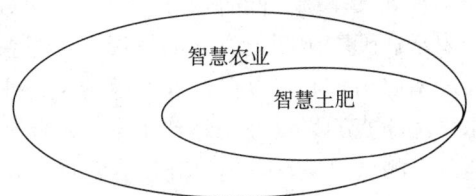

图 1-2　智慧土肥与智慧农业的关系

首先，随着智慧农业的提出，智慧农业的管理理论、技术理论必将快速形成与发展，必然将为智慧土肥建设提供强有力的理论指导，智慧农业建设同时也为土肥智慧发展提供了良好的发展环境，任何事物的发展均需要有良好的环境支撑。其次，智慧农业的发展也将为土肥智慧发展提供实践基础，因为无论在何领域开展智慧建设示范工作，均离不开土、肥、水管理的智慧应用，因此，智慧农业的实践必然为土肥智慧发展提供实践经验和指导。第三，智慧农业的发展需要各种智慧技术支持与支撑，更需要各种技术的结合与融合，从而有效地促进智慧农业标准化体系建设。这些技术与标准的完善也将必然带动智慧土肥技术体系和标准体系的建立与完善。

三、智慧土肥是智慧农业的有机组成部分

智慧土肥是智慧农业的有机组成部分，智慧土肥建设对于智慧农业完善具有重要意义。从工作对象上看，智慧土肥管理的土壤、肥料、作物是智慧农业的基础要素，是智慧农业工作对象的子集。从应用成熟度上看，无论是农业环

境智能监测、墒情自动监测、精准土肥、耕地质量全面管理、智慧施肥等在当前的智慧农业建设中均是基础也是应用相对成熟的领域，这些领域成为当今智慧农业建设过程中的基础，也是率先取得突破的领域。从技术应用上看，包括传感技术、无线传感网络技术均已在土肥领域实现了技术落地，并已经或将发挥重要的支撑作用。而这些技术的成熟应用也必将带动智慧农业的技术走向成熟，并投入应用。最后，智慧土肥建设的经验必将为智慧农业的建设提供经验支持，智慧土肥建设过程中必将面临这样或那样的问题，存在各种需要克服的困难，而土肥领域相对于农业整个领域而言是较小的管理领域，存在的问题相对简单。因此，取得的经验也可以为智慧农业建设提供参考。

四、智慧土肥是土肥信息化的高级阶段

从信息技术在土肥中的应用过程可以发现，土肥信息化发展经历了网络化数字化发展模式、智能化发展模式、智慧化发展模式。虽然这几个模式的出现有着时间的先后，但是，应该说这些模式间没有一个绝对清晰的界限，相反，每一个模式均是后一个模式的基础，同时，每一个模式均对前一个或几个模式的发展提出了更高的要求。随着土肥信息化的发展，土肥系统将继续围绕农业增产、农业增效、农民增收为核心，以促进农业综合生产水平、农产品质量安全水平和农业生态水平为重点，以提高土地产出率、资源利用率和劳动生产率为目标，运用现代监测、测试手段，采集、分析、管理农田环境及各种作物的综合信息，为科学指导农业生产做好技术储备和技术服务，实现由单纯提供土、肥、水工作信息向采集、发布动态监测数据等全方位信息服务转变；由注重基础设施建设向信息技术手段现代化、信息资源全方位研发和加强信息体系队伍建设并重转变；由以往传统的通信、传真、电话等形式向以计算机互联网传输为主的现代化办公方式转变的"三个转变"。

智慧土肥是土肥工作信息化发展的高级阶段，是集互联网、移动互联网、云计算和物联网技术为一体，依托部署在农业生产现场的各种传感节点（环境温、湿度，土壤水分，土壤养分，图像等）和无线通信网络实现土肥生产环境的智能感知、智能预警、智能决策、智能分析、专家在线指导，为土肥生产提供精准化服务、可视化管理以及智能化决策。与土肥数字化相比，智慧土肥的发展目标和建设方向均有明显的变化。智慧土肥在提高农业生产效率、改善农业生态环境、变革农业管理和服务模式等方面具有重要作用（赵永志、王维瑞，2013）。

第三节　土肥智慧化发展的基础

信息技术在土肥工作的应用大致经历了单机版阶段、局域网阶段、广域网

阶段、多媒体服务阶段等几个发展阶段。第一阶段是单机版阶段，这一阶段的主要特征是数据库建设，单机版专家系统建设，用于管理土壤、肥料、水、作物等基础信息，从而指导科学施肥、精准发展。第二阶段是局域网阶段，这一阶段的主要特征是各单位开展局域网建设，通过光盘、局域网系统提供信息服务，土肥业务工作开始信息化，本单位不同部门可以使用同一系统，如 OA 系统等，并开始共享数据成果。第三阶段是广域网阶段，这一阶段着力于互联网和广域网的建设，提高了土肥业务的管理能力，扩大了土肥信息服务的范围，使得随时随地为业务人员、各级领导和公众提供信息服务可能。广域网阶段土肥信息化的标志是政府信息上网，即政府网站建设，土肥机构开始利用政府网站为农民提供服务。第四阶段是多媒体服务阶段。随着无线网、多媒体技术、三网融合技术的发展，各级土肥工作部门开始利用多元化的服务渠道、服务手段为公众、业务人员、领导提供有针对性的服务。本阶段的特征是服务渠道的多样化，手机、电视、网站、触摸屏不断得到应用；服务形式多媒体化，图片、音频、视频等信息形式不断丰富和完善；服务内容个性化，针对不同类型用户的特定需求提供特定的土肥信息服务；管理内容的全面化，信息化已经开始覆盖土肥工作的各个环节（赵永志、王维瑞，2012）。土肥信息化的发展为土肥智慧化的发展奠定了良好的网络基础、数据基础和业务系统基础，与此同时，新技术的应用示范为智慧土肥的建设提供了参考。

一、网络基础

经过多年的建设，全国农村基础网络初成规模，与此同时，与信息管理与服务相适应的土肥多级管理与服务体系也初步建立。

1. 全国农村基础网络建设效果显著 截至 2010 年，基本实现了"乡乡能上网"、"村村通电话"、"广播电视村村通"。

（1）"乡乡能上网"完全实现。全国能上网的乡镇比例达到了 100%，其中能宽带上网的比例达到了 98%。同时，我国农村网民规模达到 1.25 亿，占整体网民的 27.3%，抽样调查显示，我国农村居民计算机的拥有量已上升为每百户 10 台，农村互联网应用水平显著提高。

（2）"村村通电话"完全实现。截至 2010 年，全国 100% 的行政村和 94% 的 20 户以上自然村通电话。抽样调查显示，我国农村固定电话拥有量较去年有所下降，为每百户 65 部；农村移动电话拥有量为每百户 120 部，农村移动通信水平稳步提升。

（3）广播电视"村村通"基本实现。经过十几年的建设，我国"广播电视村村通工程"取得显著进展，广播、电视人口综合覆盖率分别从 1997 年的 86.02% 和 87.68% 提高到了 2010 年的 96.78% 和 97.62%，人民群众收听收看广播电视节目难的问题基本解决（《中国农业农村信息化发展报告 2010》）。

2. 多级管理网络体系初步建成　近年来，随着土肥工作体系的完善，初步形成了在农业部种植业司的行政指导下，在全国农业技术推广服务中心的业务指导下，国家、省、市、县四级的土肥工作体系。基于网络的多级网络体系建设就是要支撑国家、省、市、县四级的土肥工作体系，利用信息技术开展耕地土壤肥力数据库建设、耕地质量预测预警系统建设，以及国家、省、县三级监测预警体系的建设，国家、省、市、县四级肥料管理体系的建设，统一各监测点的监测内容、指标及检测项目，并配备必需的数据和信息处理及传输设备，以确保信息、数据的及时传递，为宏观决策及指导农业生产服务。通过监测体系建设，形成规范、完善的土壤肥力长期定位监测网络，监测土壤肥力安全因素与变化，为耕地质量建设提供基础数据；实时掌握全国和各主要农区主要作物对氮、磷、钾和中微量元素肥料的反应和施肥的增产效益。可以实时掌握耕地土壤肥力情况、耕地质量情况、化肥生产情况、化肥使用情况等，定期向各级政府报告耕地土壤肥力状况、化肥施用情况、化肥生产情况，提出耕地培肥、退化防治、科学合理施肥和肥料管理的对策措施。

二、数据基础

土壤肥料数据库包含土壤数据文件、土壤图形文件、土壤地理文件、土壤管理文件、土壤名称文件、土壤描述文件和土地退化文件，肥料数据文件等内容，既包含有属性数据，也包含空间数据，具有海量的特点，需要解决土壤肥料数据加工、处理、入库、存储、检索等一系列关键问题，海量数据库处理技术与 GIS 技术相结合，可以很好地解决上述问题。全国第一次土壤普查工作于 1958 年开始，1960 年 4 月至 1964 年底，各省、自治区、直辖市完成了普查和资料汇总（除西藏、青海和台湾）。全国汇总、编制了"四图一表"，即 1：250 万中国农业土壤分布图、1：400 万中国农业土壤肥力概图、中国农业土壤改良概图和中国土地利用现状概图以及《中国农业土壤志》。

全国第二次土壤普查工作于 1979 年开始，1994 年完成。全国汇总、编写了《中国土壤》、《中国土种志》、《中国土壤分类系统》、《中国土壤普查技术》、《中国土壤普查数据》及 1：100 万、1：250 万、1：400 万、1：1000 万中国土壤图、1：400 万中国土壤改良分区图、中国土壤养分图、中国土壤酸碱图和中国土壤碳酸钙图。

通过土壤普查，查清了我国土壤的类型、数量、分布和基本改性状，及耕地资源的数量、利用现状和耕地中存在的主要障碍因素等。

三、业务系统基础

近年来，土肥工作者充分利用信息技术开展业务系统建设，主要包括土壤信息管理系统建设、土地管理系统建设、肥料管理系统建设、土肥综合管理系统建设、测土配方施肥数字化、土肥办公自动化系统建设和土肥信息服务系统建设，这些系统的建设为土肥工作的开展提供强有力的技术支撑，提高了土肥工作的效率。

（1）土壤信息管理系统建设 土壤信息系统就是人们利用计算机管理土壤信息的系统，它包含了土壤圈、生物圈、岩石圈、大气圈和水圈等信息。当前，土壤信息系统的发展与应用有 4 个方面：一是联系与补充。通过建立信息系统实现不同地区和国家数据的标准化，并由此相互联系与补充。二是分析建模。通过使用数字化土壤信息，用于分析和建立模型。三是基础数据充分利用。全部的土壤信息和这些信息的解释与调查结论相联系。四是专家系统。使用专家系统的用户界面和推理过程，能增强预见性和土壤信息的使用（滑瑞朋，2009）。农田信息管理系统在规模农场开始使用。内蒙古、新疆生产建设兵团、黑龙江农垦等地使用农田信息管理系统对农田地块及其附属的土壤、作物、历年农事活动、生产管理等海量信息进行数字化管理，实现信息的可靠处理、科学分析和充分利用，并实现及时对电子地图进行更新维护，确保农田电子地图及资源数据的时效性和准确性。该系统的使用也为规模农场进一步实施精准施肥、播种，以及开展农产品生产过程管理与安全溯源、农机作业监控调度、农用土地利用规划等农业信息化的深入应用打下扎实的基础（《中国农业农村信息化发展报告 2010》）。

（2）土地管理系统建设 土地管理系统的主要功能包括：第一，土地评价和立地评价，主要是为规划工作者和管理工作者做出合理的土地利用决策提供支撑。第二，土地的精确管理，通过土地的精确管理，提高了土地资源综合利用水平和农场的经营信息化水平，为进一步实施精准施肥、播种，以及开展农产品生产过程管理与安全溯源、农机作业监控调度、农用土地利用规划等农业信息化的深入应用打下扎实的基础。从 2004 年开始，农业部每年安排部分中央财政资金，用于探索国有农场土地信息化管理工作，并在广东、黑龙江和海南三垦区进行国有土地资源管理系统试点建设。试点单位根据国有农场土地利用、管理和保护工作要求，扎实推进农场综合管理子系统建设，系统集土地经营、农业生产、社会保障、政策补贴、职工管理于一体，实现了农场经营耕种土地的精确管理，提高了土地资源综合利用水平和农场的经营信息化水平（《中国农业农村信息化发展报告 2010》）。

（3）肥料管理系统建设 土肥信息化技术在肥料管理中的应用主要体现在

肥料管理系统的建设，主要包括肥料登记、肥料执法，肥料信息服务等功能。基于 GIS 和 GPS 技术，建立肥料管理信息系统，将肥料经销企业基本信息、违法违规情况、质量抽检结果等信息通过系统进行公布，使肥料监管信息上下相通、左右相连，实现企业信用查询、信用评价、违法公示、信息发布、工作指导与交流的网上快捷沟通。通过系统建设，使肥料执法机构能够实现对肥料生产经营企业网络化、信息化管理，开展实时监管；消费者也可以通过肥料信息管理系统，获得消费指南。

（4）土肥综合管理系统建设　土肥综合管理系统是土壤数据、肥料数据的综合应用，该类系统以土壤肥力参数为依据，采集土壤类型、肥力、作物品种、产量以及肥料使用等有关信息，进行动态监测，并针对不同情况，设定出作物所需氮、磷、钾及微量元素的最宜施用量、配比及施肥方法，使作物养分、土壤养分处于最佳动态平衡状态。

（5）测土配方施肥数字化　测土配方施肥项目运用地理信息系统和全球卫星定位系统等信息技术，进行 GPS 定位采取土样，建成了测土配方施肥数据汇总平台，形成了不同层次、不同区域的测土配方施肥数据库；开发应用了县域耕地资源管理信息系统，对 1 200 个项目县的土壤养分状况进行了评价；开发推广了测土配方施肥专家咨询系统，在肥料经销网点设置"触摸屏"向农民提供科学施肥指导服务；在江苏、湖北、广东等省开发示范了数字化、智能化配肥供肥系统，农户持农业部门发放的测土配方施肥 IC 卡，到乡村智能化配肥供肥网点，根据作物种类、面积和配方信息，即可获得智能化现场混配的定量配方肥，做到施肥配方科学、施肥结构合理、施肥数量准确，满足了农民一家一户个性化施肥需要，促进了测土配方施肥工作的顺利开展，提高了科学施肥管理服务水平（《中国农业农村信息化发展报告 2010》）。

（6）土肥办公自动化系统建设　办公自动化是将现代化办公和计算机网络功能结合起来的一种新型的办公方式。办公自动化没有统一的定义，凡是在传统的办公室中采用各种新技术、新机器、新设备从事办公业务，都属于办公自动化的领域。通过实现办公自动化，或者说实现数字化办公，可以优化现有的管理组织结构，调整管理体制，在提高效率的基础上，增加协同办公能力，强化决策的一致性，最后实现提高决策效能的目的。土肥办公自动化系统建设除涉及办公过程中的公文管理、信息管理、公务管理以外，还包括其相关的管理工作，主要包括耕地质量监管、土肥检测、肥料监管等业务工作的数字化、自动化，提高土肥工作效率。

（7）专家与决策支持系统建设　我国的施肥专家系统研究与应用始于 20 世纪 80 年代中期，起步虽然较晚，但步子大、发展快。中国科学院人工智能所提出的砂礓黑土小麦施肥专家系统；福建农业科学院研制的土壤识别与优化施肥系统；国家"七五"科技攻关黄淮海平原计算机优化施肥推荐和咨询系统；江苏扬州市土肥站研制的土壤肥料信息管理系统以及中国农业大学植物营养系研究的综合推荐施肥系统等，这些专家系统不同程度地利用了土壤普查成果、历年肥效试验信息，把配方施肥技术引向深入（田有国、任意，2003）。从20世纪80年代中期开始，我国在全国范围内相继建立了不同层次、不同规模和不同应用目标的专家系统工具，大大提高了资源与环境数据的利用管理效率，并为政府部门的宏观决策提供了有力支持。它们成功地解决了建立大数据量的土壤资源数据库的一系列技术方法和应用问题，建立了分类体系和数据词典，实现了对土壤资源的采集、存储、加工、管理和数据共享。这些系统基本上都是由空间数据库、属性数据库和模型库构成，它们不但能解决空间数据管理和分析等问题，还能应用各种数学模型，解决土壤资源在开发利用过程中的实际问题，从而支持区域内资源、人口、经济、环境协调发展的宏观决策（田有国、任意，2003）。

（8）土肥信息服务系统建设　政府信息上网是土肥互联网发展模式的标志。随着互联网的发展，以及基于互联网的信息服务系统的建设，土肥信息服务网站目前已成为农业部和省级农业部门发布重要信息、宣传重大措施、指导工作、交流经验的平台，为各级农业部门和广大农民群众了解情况、查询信息、反映问题、建言献策提供了高效、便捷的信息服务。目前，相关信息包括监测信息、肥料市场中肥料产品、肥料价格及销量变化情况数据。通过网络这一服务平台，定期发布有关政策、法规、技术等方面的最新信息，使网站成为行业间的纽带，农户间的桥梁，社会的展示板。

四、新技术应用示范基础

随着智能化、智慧化技术的发展，国内外土肥工作者充分利用新技术开展应用示范，并取得了良好的发展效果，这些智慧示范应用也为智慧土肥建设提供了良好的发展基础。

1. 国外智慧土肥的应用示范　目前，卫星定位系统和电脑结合的技术设备，在美国、欧洲和日本已广泛用于拖拉机、播种机和收割机上。比如，将卫星定位系统接收器与电脑显示屏安装在拖拉机上和播种机上，农场主形容开这些农机就像开飞机一样，按照提前设定好的耕作路线图，走得不偏不斜，夜间照样可以均匀地精耕细作。把这些技术设备用在收割机上，收割机在收割行进时，驾驶舱里的显示屏就会准确显示出每块地的庄稼产量和重量。卫星和信息技术还可以准确地监测到每块地庄稼的肥料、水分等庄稼营养成分的现状。

美国加利福尼亚州 Camalie 葡萄园在 $1.78hm^2$ 区域部署了 20 个 Crossbow 公司的 Mica2dot 节点，组建了土壤温、湿度监测网络，同时还监测酒窖内储存温度变化，2005年和2006年葡萄产量分别较上一年翻了一倍，同时也改善了葡萄酒品质，节省了灌溉用水。2002年英特尔公司率先在俄勒冈州建立了第一个无线传感葡萄园。传感器节点被分布在葡萄园的每个角落，每隔1 min检测1次土壤温度、湿度或该区域有害物的数量以确保葡萄可以健康生长，进而获得大丰收（王志宇等，2010）。

2. 国内智慧土肥的应用示范

（1）墒情监测　随着电子技术、无线通信技术、软件开发技术等现代信息技术水平的不断提高，墒情监测在关键技术研究、关键设备研制及监测网络建设等方面都取得了较大进步。墒情监测系统在全国多个地区进行应用。我国贵州、辽宁、黑龙江、河南和江苏等地均建立了使用传感器技术的墒情监测系统。这些系统广泛应用信息技术，在一定程度上实现了墒情自动采集，能够实现土壤墒情信息的统计、检索、列表显示、图形分析显示和预测等功能，并且可对土壤墒情变化规律进行实时监测（《中国农业农村信息化发展报告2010》）。

（2）农业资源和大宗农作物监测　遥感系统广泛应用于农业资源和大宗农作物监测。2010年，农业部继续运用遥感技术对我国大宗农作物面积、长势和产量进行监测和评价，全面实现了水稻、小麦、玉米、大豆和棉花五大作物种植面积、长势、墒情、单产和总产的监测预测，并对甘蔗、油菜进行了遥感监测试点研究。同时对耕地等农业自然资源的数量、质量和空间分布，以及旱灾、洪涝灾害等主要农业自然灾害分布进行监测、调查和评价（《中国农业农村信息化发展报告2010》）。

（3）设施农业示范应用　南京蔬菜温室设施智能控制系统在荷兰引进设备的基础上，根据实际需要，重点开发完善环境无线检测、环境因子显示和实时播报、分级智能控制远程管理（故障诊断）等功能；张家港葡萄种植大棚智能监控系统，能自动采集葡萄园内温度、湿度、土壤含水量等环境参数，实时视频监控大棚内的葡萄生长情况，通过上网、触摸屏等随时随地访问系统，及时获取葡萄园现场信息。

（4）精准农业开始在全国小范围内进行推广　全球卫星定位系统、地理信息系统、遥感系统和自动控制系统等技术继续在各省（自治区、直辖市）、新疆生产建设兵团、各地农垦系统以及各地大型国有农场进行推广应用。2010年国家农业信息化工程技术研究中心在河南、山东等地结合当地具体情况，探索适合当地的小麦精准生产作业技术示范模式并进行示范性应用（《中国农业农村信息化发展报告2010》）。

（5）智能配肥应用　宁夏回族自治区农牧厅组织专家研制了"宁夏农作物施肥决策系统智能化机"，被农民兄弟称为"傻瓜施肥决策机"，它是在实施测土配方施肥项目的基础上，利用"耕地地力评价"成果、各类农作物田间肥效试验、土壤化验分析测试结果以及农户粮食生产各类信息，通过计算机信息操作平台，由技术依托单位研发的数据处理操作软件。主要针对小麦套种玉米、单种玉米、水稻及经济作物的施肥方案提供决策。它不仅可以提供某一区域和某一地块的施肥方案，同时还可以根据土壤化验结果和目标产量确定施肥方案。在施肥方案中，根据各类作物的生长特点、需肥时期确定作物的施肥数量、施肥种类，为农民提供便捷的服务。其配方由自治区组织的土壤、农化、植保、栽培等多学科、百余名专家提供。

（6）智慧服务应用　3G 等现代信息技术的快速发展，为信息服务模式的创新带来了机遇，社会各界积极探索，亮点突出。一些地区充分利用 3G 等现代信息技术创新基层农技推广与管理手段，通过为基层农技推广人员配备 3G 手机、无线上网本、便携式打印机等先进信息装备，使他们依托信息服务平台，在进村入户开展农业技术推广服务时，由"一张嘴，两条腿"的传统农技推广模式变为"信息化专家"这一现代农技推广模式。目前，该模式已在北京大兴、江苏兴化、河南漯河和新疆吐鲁番等地选点示范，并取得初步成效（《中国农业农村信息化发展报告 2010》）。

第四节　土肥智慧化发展的愿景

土肥智慧化发展的终极目标是人与自然的和谐，是劳动者某种程度上的解放与能力的加强，是经济效益与生态平衡的完美统一。

1. 施肥的靶向性和投入产出比更为精确　智慧土肥基于精准的土肥传感器进行实时监测，利用云计算、数据挖掘等技术进行多层次分析，并将分析指令与各种控制设备进行联动完成农业生产、管理。这种智能机械代替人的农业劳作，不仅能够解决农业劳动力日益紧缺的问题，而且基于智能设备采集的实时数据，实现土肥工作的智能化处理，可以根据土壤养分状况、作物生长情况开展变量施肥，施肥的靶向性和投入产出比将显著提高。

2. 农业生态环境有效改善　在生产管理环节，实现了精准灌溉、施肥、施药等，不仅节约投入而且绿色健康；将农田和周边的生态环境视为整体，并通过对其物质交换和能量循环关系进行系统、精密运算，保障农业生产的生态环境在可承受范围内，如定量施肥不会造成土壤板结，经处理排放的畜禽粪便不会造成水和大气污染，反而能培肥地力等。

3. 农业管理和服务模式发生根本性变革　通过智慧土肥建设，形成了完善的农业科技和土肥信息服务体系，专家系统和信息化终端成为农业生产者的大脑，指导农业生产，改变了单纯依靠经验进行农业生产的模式，彻底转变了农业生产者和消费者对传统农业落后、科技含量低的观念。土肥工作者可以实时了解各个地块的土壤养分情况、肥力情况、作物生长情况，可以通过智能系统自动生成特定地块的施肥配方，并通过手机、电视等多媒体渠道及时向农民进行施肥推荐；农民可以足不出户，就实时了解地块、大棚等中种植的作物的生长情况，通过电脑、电视、手机等渠道可以随时了解需要使用什么样的肥料，收获时，农机自动完成作物的收获；肥料生产企业，根据智慧土肥提供的数据，针对不同的地块、不同的作物种植情况，生产特定的复合肥料，肥料提供与服务的个性化得以实现。各级土肥决策者可以根据各类数据开展实时决策，土肥工作决策更科学、更及时、更合理。

下面是美国一个普通农场主实施智慧土肥的过程。首先，在种植作物前，先对土壤进行检测。农场主把采集到的土壤样品送到检测部门，检测部门通过仪器检测和电脑分析，向农场主提供数据图表，表明这块土地在种植各种作物时所需要的肥料、水分以及未来产量等各种情况。农场主据此选择栽培作物种类，随后制订相应的施肥、播种配方，并输入相应农业机械的电脑中。这些同样装有定位系统的农业机械，在运行时可以做到施肥和播种的定位与定量。在作物生长过程中，农场主可以通过航拍照片发现杂草蔓延情况情况，及时防治。到了收获的季节，还可以把定位系统安装在联合收割机上，再配以传感器和电脑，收割机工作时便可自动记录农作物产量。通过这些方式，农场主基本做到了按时按需灌溉、施肥、喷药，不但节省了种植成本，而且避免了盲目过量地使用化学用品对环境的污染（董暐，2012）。

第二章　土肥业务智慧化需求分析

需求分析是在可行性研究的基础上，将用户对系统的描述，通过开发人员的分析概括，抽象为完整的需求定义，再形成一系列文档的过程。可行性研究旨在评估目标系统是否值得开发，问题是否能够解决，而需求分析旨在回答"系统做什么"的问题，确保将来开发出来的软件产品能够真正满足用户的需要。软件需求是指用户对目标软件系统的功能、行为、性能、设计约束等方面的期望。需求分析的任务是发现需求、求精、建模和定义需求的过程。本章在简要分析土肥业务工作的基础上，分析土肥智慧发展的业务需求和土肥智慧发展的技术需求。

第一节　土肥业务概述

一、土肥工作对象与内容

1. 土肥工作框架　如图 2-1 所示，土肥工作框架由基础层、工作层、决策层共同组成（赵永志、王维瑞，2012）。

（1）基础层　基础层是开展土肥工作的基础信息对象的集合，包括土壤、作物、肥料和水的基本情况，相关信息来源于工作层。其中土壤信息包括地理位置、自然条件、生产条件、土壤情况、来年种植意向、监测点信息、田间试验结果信息、土壤检测信息、配方推荐信息等；肥料信息包括生产单位信息、施肥情况、肥料检测信息、肥料执法信息、肥料登记信息、肥料实验信息等；作物信息主要来源于农事调查，包括作物种植情况等信息；水资源是对作物生长具有重要影响的要素之一，同时也是肥料发挥作用的重要因素。基础层的作用是通过土壤、肥料、作物、水等基础信息的管理实现"底数清、情况明、数字准"。

（2）工作层　工作层是针对土壤、肥料、作物、水开展相应的管理工作，工作过程中产生的信息沉淀于基础层，经过加工、整合后的信息支撑决策层。工作层包括四个方面的工作，主要有土壤管理工作、肥料管理工作、作物管理工作和水管理工作，另外工作层还包括四项工作的统一与协调管理。其中，土壤管理工作主要包括耕地质量监测工作、土壤检测工作、土壤培肥工作等内容；肥料管理工作包括肥料登记工作、肥料执法工作、肥料检测工作、肥料试验工作等内容；作物管理工作包括田间作业调查工作、农户测土配方施肥准确度评价工作等内容；水管理工作是对农田用水的统筹管理。四项工作的统筹协调管理则包括土肥技术推广工作等内容。工作层的作用是通过具体的工作，实现基础信息的"底数清、情况明、数字准"，通过具体的监测、检测、培肥、推广工作，实现"信息灵、参谋好"，并通过信息化手段实现"效率高"。

（3）决策层　决策层是对基础层、工作层产生的各类信息进行汇总、综合、加工，多维整合、融合，通过信息化实现空间化、可视化服务，支撑领导决策和业务决策，为政府部门提供所辖行政区内各种类型土壤分布状况，农民对土壤的投入、产出，土壤肥力动态等，以便政府根据土宜规划作物布局，制订改土培肥策略；为农资供销部门作化肥用量预测及分配规划，将有限的化肥资源投放到最需要的地区和茬口（主要指磷、钾肥以及微量元素肥料），以得到最大的经济效益和社会效益，为化肥厂提供适合当地农业生产的复合肥料配方等。决策层信息来源于基础层和工作层，决策信息同时用于指导基础层和工作层相关工作。

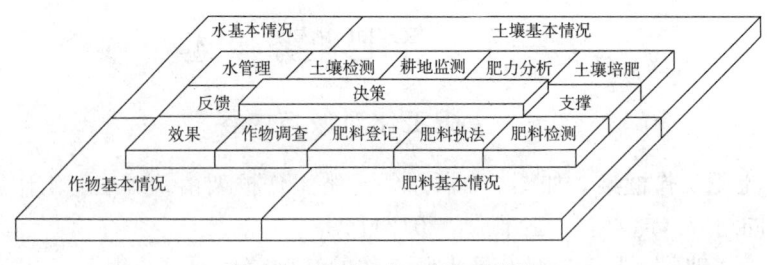

图 2-1　土肥工作三层工作框架

二、土肥基本业务框架

通过分析土肥工作内容不难发现，土肥工作紧紧围绕土壤、肥料、作物展开，并将土壤和肥料相结合，衍生出土壤培肥改良、土肥技术推广等业务。土肥工作中的耕地质量监测体系、土肥检测体系、土壤肥力培育体系、肥料管理体系、土肥技术推广体系构成了土肥工作的核心业务。根据土肥工作框架和土肥工作流程可以将上述5大核心业务细化。具体情况如图 2-2 所示（赵永志、王维瑞，2012）。

1. 耕地质量监测业务　建设与现代农业发展相适应的耕地质量监测体系和预警机制的目的是实时掌握全国和各地区土壤养分和生产力状况，为发展现代农业，调整种植结构，优化区域布局，合理地配置土、肥，提供及时、准确的土、肥信息服务。耕地质量监测体系建设就是要建立代表各种地力水平的国家、省、县级监测点，形成国家、省、县三级监测体系。统一各监测点的监测

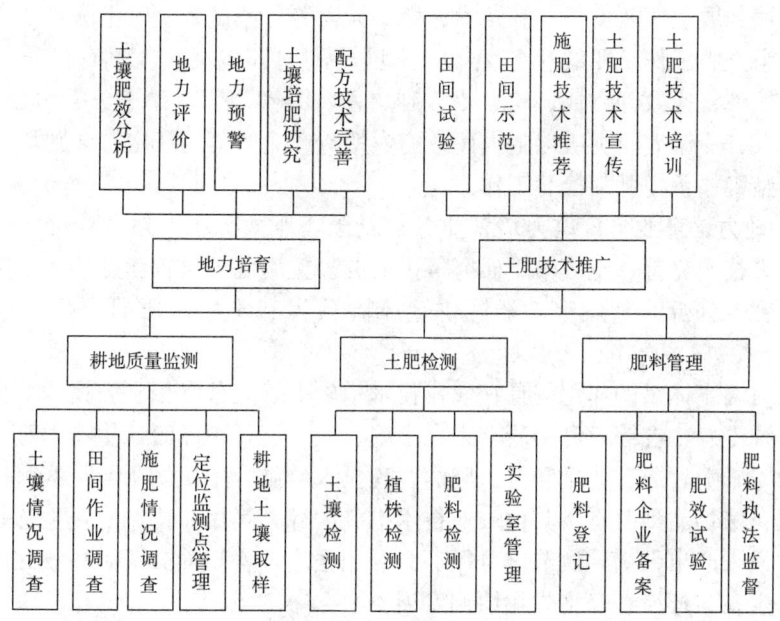

图 2-2　土肥工作业务框架

内容、指标及检测项目，并配备必需的数据和信息处理及传输设备，以确保信息、数据的及时传递，为宏观决策及指导农业生产服务。通过监测体系建设，形成规范、完善的土壤肥力长期定位监测网络，监测土壤肥力安全因素与变化，为耕地质量建设提供基础数据。耕地质量监测业务，包括土壤情况调查、施肥情况调查、田间作业调查、定位监测点管理和耕地土壤取样等子业务。耕地质量监测是土肥工作的核心业务，耕地质量监测的核心业务流程是通过对监测点的田间作业情况、土壤指标检测来评价耕地质量情况和预警土壤指标风险。耕地质量监测成果主要为农业综合开发、中低产田改良、吨粮田建设、化肥的生产和科学施肥等提供重要依据，并提出耕地地力建设对策。其作用分为两个方面，一是为领导决策提供依据，起到参谋的作用；二是为农民服务，有针对性地提出解决区域性土壤存在问题的对策。

2. 土肥检测业务　土肥检测体系建设就是要科学规划、合理布局，配置齐全的仪器设备，为耕地质量监测、肥料质量检测提供基础手段，便利地为农业生产、为农民服务。土肥检测体系建设包括土肥测试中心、化验室的建设等。包括土壤检测、肥料检测、植株检测、实验室管理等子业务。土壤检测是评价耕地土壤质量的主要手段，是制订肥料配方的重要依据之一，其指标检测结果是耕地评价与预警的主要依据。随着我国种植业结构不断调整，高产作物品种不断涌现，施肥结构和数量发生了很大变化，土壤养分库也发生了明显改变。通过开展土壤氮、磷、钾及中、微量元素养分测试，了解土壤供肥能力状况，成为土肥工作重要的业务环节。土壤检测内容包括全氮、有机质、碱解氮、有效磷、速效钾、镉、铬、铅、砷、汞、游离态氨、硝态氮、水分、铁、锰、铜、锌、钼等。省级以上人民政府农业行政主管部门认定符合肥料检验条件的检验机构承担肥料检验工作。

3. 地力培育业务　地力培育业务包括土壤肥效分析、地力评价、地力预警、配方技术完善、土壤培肥研究等子业务。土壤地力培育就是要在土壤地力评价、肥料分析的基础上，开展耕地风险预警和土壤培肥研究，提高土壤肥力。

地力培育体系的作用就是在农业技术措施下，充分利用土肥技术，从农田生态系统出发，在综合利用所有来自土壤、大气沉降、灌溉、生物固氮等养分资源的基础上，通过化肥和有机肥的合理投入，结合土壤培肥与土壤保护、合理灌溉、植物品种改良及其他农业技术措施的综合运用，协调农业生态系统中养分的投入产出平衡，调节养分循环与利用强度，实现养分资源高效利用，使生产、生态、环境和经济效益协调发展。

测土配方施肥是土壤培肥改良的一项基础性工作，测土配方施肥技术以土壤测试和肥料田间试验为基础，根据作物的需肥规律、土壤供肥性能和肥料效应，在合理施用有机肥料的基础上，提出氮、磷、钾及中、微量元素的施用数量、施肥时期和施肥方法。通俗地讲就是在农业科技人员的指导下科学施用配方肥料。测土配方施肥技术的核心是调节和解决作物需肥与土壤供肥之间的矛盾，有针对性地补充作物所需的营养元素，作物缺什么元素补什么元素，需要多少补多少，实现各种养分的平衡供应，满足作物的需要，达到提高肥料利用率和减少肥料用量、提高作物产量、改善作物品质、节支增收的目的。

4. 肥料管理业务　肥料管理业务包括肥料登记、肥料企业备案、肥效试验、肥料执法监督等子业务。根据农业部对肥料产品的管理要求和《中华人民共和国肥料管理条例》，各级土肥站肩负着对肥料产品的登记备案、肥料市场监督和重点项目用肥招标等工作。肥料监督管理核心业务为肥料产品的登记和肥料执法监督。肥料管理体系建设的目的是增强对肥料生产、销售、施用全过程的监督管理，保障肥料投入品的安全。特别要加强肥料生产企业的质量监督管理，保证用肥的产品质量。

肥料管理体系建设还要建立国家肥料效益试验网，实时掌握全国和各主要农区主要作物对氮、磷、钾和中、微量元素肥料的反应和施肥的增产效益；借助信息、数据库、网络技术等，建成全国性的土肥信息交流和管理系统。

5. 土肥技术推广业务　土肥技术推广业务包括田间试验、田间示范、施肥技术推荐、土肥技术培训、土肥技术宣传等子业务。土肥技术推广具有技术性和专业性强、技术推广难度大、技术更新缓慢、涉及面广、其作用不易显现等特点。土肥技术推广示范主要包括田间试验、田间示范、施肥技术推荐、土肥技术宣传、土肥技术培训等业务工作。土肥技术推广体系包括肥料技术推广、施肥技术推广、土肥技术培训、土肥技术咨询、土肥技术宣传等工作，通过土肥技术推广更好地为农民增收提供技术服务。

第二节　土肥智慧业务需求分析

土肥智慧发展，就是要充分利用各类智慧技术，实现土肥各项业务从数字化向自动化、智能化和智慧化的转变。综合来看，在智慧土肥建设过程中，其智慧化主要表现在作物生长及需肥水规律智慧管理，耕地质量用肥力智慧管理，作物、肥、水关系动态控制管理，土肥投入品智能监管、智慧土肥决策以及土肥信息智慧服务等方面。

一、作物生长及需肥水规律智慧管理

作物生长发育取决于营养状况的好坏，包括来自空气、土壤、水肥的无机营养和作物自身通过光合作用所制造的有机营养；它们在作物体内酶系统的作用下转化成碳水化合物、纤维素等，通过氧化形成有机酸，组成蛋白质，再还原形成脂肪；在代谢过程中还能形成维生素、激素、酶和各种中间产物。这些产物的形成是与作物品种、发育阶段，营养物质供应情况及环境条件等紧密相关的。因此，栽培管理措施是创造良好的条件，满足其生长发育的要求。作物生长及需肥水规律智慧管理是栽培管理的基础性工作，主要包括作物生长相关情况监测、作物生长土肥水模型以及作物生长土肥水智能管理等业务需求。

1. 作物生长相关信息智能监测　农业措施的正确决策，来自对农田环境生物系统的功能、结构和环境特征的了解，即信息的采集、分析和利用。作物信息主要包括农作物生理功能信息、农作物种植结构信息以及农作物病、虫、杂草等生物信息。

（1）作物长势监测　作物在生长发育的不同阶段，其内部成分、结构和外部形态特征等都会存在一系列的变化。叶面积指数是综合反映作物长势的个体特征与群体特征的综合指数。遥感具有周期性获取目标电磁波谱的特点，因此通过建立遥感植被指数和叶面积指数的数学模型，就能够监测作物长势和估测作物产量。可使用基于GPS接收机的产量监视仪来采集作物产量数据。使用这些带有GPS的联合收割机进行收获作业，可以得到产量分布图、土地高程分布图和粮食水分分布图。

（2）土壤水分含量和分布监测　在植被条件和非植被条件下，热红外波段都对水分反应非常敏感，所以利用热红外波段遥感监测土壤和植被水分十分有效。研究表明，不同热惯量条件，遥感光谱间的差异性表现得最明显，所以通过建立热惯量与土壤水分间的数学模型，就能够监测土壤水分含量和分布。

（3）作物水分亏缺监测 干旱时，作物供水不足，一方面作物的生长受到影响，植被指数降低；另一方面由于缺水，没有足够的水分供给植物蒸腾蒸发，迫使叶片关闭部分气孔，导致植物冠层温度升高，因此通过遥感植被指数和作物冠层间数学模型的建立，能够监测作物水分的亏缺。

（4）自然灾害信息 干旱、水涝、霜冻、大风、冰雹、高温等都能给农业生产带来不同程度的危害。这些灾害的发生，从长期看，在空间上和时间上有其规律性。农业自然灾害是农业气候资源的反常变化，对资源起限制、破坏作用。例如，水是资源，但太少就发生旱灾，过多就发生涝灾；温度是资源，但过低就发生寒害，太高就发生热害；微风对作物有好处，大风就造成风灾。

（5）气候信息 气候信息包括光、热、水、气等要素。太阳光辐射带来光和热，是动、植物生命活动的主要能源，降水量、土壤有效水分存储量以及可能蒸散量是作物生长的重要条件。热指生长季的热量条件，包括各种农业界限温度的出现日期、持续日数、积温、早晚霜出现日期与无霜期、最高温度与最低温度、日温差、土壤温度、植物体温等。水包括降水量、蒸发量、干燥度（可能蒸发量与降水量之比）或湿润度、干期或湿期长短、土壤湿度等。气主要指空气中的二氧化碳。一般情况下，二氧化碳能满足作物的要求，但在光合作用强盛时，如果无风，二氧化碳可能不足。微风可以补充二氧化碳。温室中补充二氧化碳，可促进作物生长。

2. 作物生长土肥水模型 作物生长土肥水模型主要包括作物生长模拟模型、作物生长需肥模型和作物生长需水肥模型等。

（1）作物生长模拟模型 作物生长模拟模型着重利用系统分析方法和计算机模拟技术，对作物生长发育过程及其与环境的动态关系进行定量描述和预测。因此，作物模型以作物生长发育的内在规律为基础，综合作物遗传潜力、环境效应、技术调控之间的因果关系，是一种面向作物生长发育过程的生长模型或过程模型。作物生长模拟模型具有较强的机理性、系统性和通用性，作物模型的成功开发和应用促进了对作物生育规律由定性描述向定量分析的转化过程，为作物生长决策系统的开发与应用奠定了很好的基础，特别是为持续农业和精确农业的研究提供了科学的工具（王亚莉、贺立源，2005）。

（2）作物生长需肥模型 不同的作物需肥情况，同一作物不同发展阶段需肥情况均不相同，作物生长需肥模型就是根据不同的作物、作物不同的生长阶段，建立作物生长与肥料施用的关系，从而模拟不同阶段、不同作物施肥的用法、用量。肥料施用量和作物产量之间的关系式称为肥料效应函数。

（3）作物生长需水肥模型　不同的作物需水情况，同一作物不同发展阶段需水情况均不相同，作物生长需水模型就是根据不同的作物、作物不同的生长阶段，建立作物生长与水灌溉的关系，从而根据作物的不同、生长阶段的不同开展针对性的灌溉。

3. 作物生长土肥水智慧管理　养分平衡法是以作物与土壤之间养分供求平衡为目的，根据作物需肥量与土壤供肥之差，求得实现计划产量所需肥料量。作物生长土肥水智慧管理是一个动态的过程，要求及时摸清土肥资源的现状，了解农作物田间生产状况，监测其变化并预测其发展，并根据预测结果，依据作物生长土肥水模型对作物用肥、灌溉进行智慧决策，以达到作物养分平衡。

二、耕地质量及肥力智慧管理

耕地质量指的是构成耕地的各种自然因素和环境条件状况的总和，表现为耕地生产能力的高低、耕地环境状况的优劣以及耕地产品质量的高低。耕地质量不仅受气候、地形、土壤等自然因素影响，还受农田灌排基础设施、水土保持设施等众多社会经济因素的影响。耕地质量的内涵包括耕地基础地力、土壤肥力、土壤健康、耕地生产力等几个概念（颜国强、杨洋，2005）。

耕地质量智慧管理就是充分利用智慧技术，建立动态监测体系，开展耕地质量监测，及时了解耕地基础地力、土壤肥力、土壤健康、耕地生产力，发现耕地质量退化的征兆，开展耕地质量管理智慧决策。

1. 建立耕地质量动态监测体系　建立国家、省、县 3 级耕地质量动态监测体系，满足不同决策者的需要。随着智慧技术的发展，应用智慧技术结合土壤定点监测，准确及时发现耕地质量存在的问题，通过设定阈值，可以建立预警机制。利用物联网技术和网络技术，实现数据采集标准化、数据录入的现势性、准确性、存储格式的通用性，提高数据更新管理速度及开发应用潜能。

2. 耕地质量即时、实时、长期监测　农田土壤信息的采集是从影响作物生长的土壤水分环境条件与营养水平角度获取，这类信息因其时空变异性，可分为两大类。一类为相对稳定、时空变异性较小的土壤信息，如地理位置、自然条件、生产条件、来年种植意向、监测点信息、土壤类型结构、磷、钾、SOM、pH 及耕层深度等；一类为时空变异性较大的农田土壤信息，如土壤含水率和含氮量等。土壤养分的测定包括土壤有机质、pH、氮、磷、钾以及交换性钙和镁的检测。

耕地质量监测的目标是及时准确掌握耕地质量上述信息变化，为农业生产和环境保护服务。耕地质量具有动态变化性，通过智慧技术开展各种类型的动态耕地质量监测，发现耕地质量退化的征兆，为保护耕地采取措施。并通过长期的监测，发现并总结出耕地质量退化的征兆，洞悉其中的机理，为提前发现耕地质量退化的潜在威胁提供支持。通过动态监测，掌握耕地质量变化规律和特征，预测一定时期内耕地质量变化的方向与变化程度，结合作物生长发育要求进行调控，从而避免耕地退化，实现耕地质量的维持和提高。

3. 土壤肥力培育体系建设 土壤肥力培育体系的作用就是在农业技术措施下，充分利用土肥技术，从农田生态系统出发，在综合利用所有来自土壤、大气沉降、灌溉、生物固氮等养分资源的基础上，通过化肥和有机肥的合理投入，结合土壤培肥与土壤保护、合理灌溉、植物品种改良及其他农业技术措施的综合运用，协调农业生态系统中养分的投入产出平衡，调节养分循环与利用强度，实现养分资源高效利用，使生产、生态、环境和经济效益协调发展。

（1）肥效分析 农民是土肥技术的最终执行者和落实者，也是最终受益者。肥效分析的目的是检验土肥技术的实际效果，及时获得农民的反馈信息，不断完善管理体系、技术体系和服务体系。同时，为科学地反映施肥的实际效果，必须对一定的区域进行动态调查，通过汇总田间示范数据信息对实施配方施肥的作物增产情况、肥料节支费用、地力提升及农业增收等进行分析，并对施肥方案修正加工。

（2）地力评价 耕地土壤的地形地貌、成土母质、理化性状、农田基础设施及施肥水平等综合因素构成的耕地生产能力，是耕地内在的、基本素质的综合反映，耕地地力也就是耕地的综合生产能力。

（3）耕地风险预警 耕地风险预警是对监测点调查情况和土壤检测结果进行综合分析，明确土壤指标风险并建立预警机制，实现以点带面的耕地预警功能。耕地风险预警指标有氮盈余量、磷素、土壤综合养分指数、限制元素等指标。

（4）土壤培肥研究 土壤培肥研究的最终目的是开展肥料配方设计，向农民推荐配方。肥料配方设计是测土配方施肥工作的核心，通过总结田间试验、土壤养分数据等，划分不同区域施肥分区；同时，根据气候、地貌、土壤、耕作制度等相似性和差异性，结合专家经验，提出不同作物的施肥配方。土壤培肥研究要开展技术创新工作，技术创新是保证土肥工作长效性的科技支撑。重点开展田间试验方法、土壤养分测试技术、肥料配制方法、数据处理方法等方面的创新研究工作，不断提升土肥工作技术水平。

4. 耕地质量管理智慧决策 利用耕地质量动态监测数据，建立耕地质量动态监测信息系统，进而建立土壤模型和分析系统、耕地质量智慧管理决策系统、预警系统，为决策者提供决策信息。发布全国主要农业区域耕地质量变化的分析和研究报告，为各级政府决策提供参考和依据以及智慧服务。

三、作物、肥、水关系动态控制与管理

作物、肥、水关系动态控制与管理就是要根据作物不同生长阶段需肥、水的规律和关系模型，确定施肥量、用水量，并实现自动控制。

1. 智慧施肥　传统施肥方式因土壤肥力在地块不同区域差异较大，所以在平均施肥的情况下，土壤肥力低而其他生产性状好的区域往往施肥量不足，而某种养分含量高而丰产性状不好的区域则导致过量施肥。智慧土肥可根据不同地区、不同土壤类型及土壤中各养分的盈亏情况，并参考作物类别和产量水平，在土壤测肥的基础上对氮、磷、钾、可促进作物生长的微量元素与有机肥进行科学配方，从而做到有目的地施肥。这样既可减少因过量施肥而造成的环境污染和农产品质量下降，又可降低农业生产成本。智慧施肥不仅体现在对土壤肥力的科学补充和对作物所需营养的精准调配上，而且体现在按作物生育规律的动态营养需求适量供给。它不仅要求肥料质量、品质精优，更要求"三要素"调配和施肥位置精准。因而，智慧施肥是农艺与农业机械技术的高度紧密结合。

智能化土肥业务工作通过智慧土肥的建设得以实现，通过智慧土肥建设，传统的依赖于手工的测土配方施肥工作将被智能化的工具所代替。在实施测土配方施肥项目的基础上，充分利用智慧技术采集、土壤、作物、气象等各类生产环境信息，利用"耕地地力评价"成果、各类农作物田间肥效试验、土壤化验分析测试结果以及农户粮食生产各类信息，针对不同类型的农作物开展智慧施肥决策，提供不同的施肥方案。不仅可以提供某一区域和某一地块的施肥方案，同时还可以根据实时采集的土壤结果信息、作物信息、生产环境信息、气象信息和目标产量确定施肥方案。在施肥方案中，根据各类作物的生长特点、需肥时期确定作物的施肥数量、施肥种类，为农民提供便捷的智慧施肥服务。

2. 智能控制　土肥智慧发展模式下，精准是首要要求。自动精准控制涵盖农田整理和农作物播种、施肥、灌溉及收获等农业生产的各个环节，具体包括自动作业、自动播种、自动灌溉及自动收获等方面的业务需求。

（1）自动作业　在平整地机械中应用卫星定位导航技术、红外激光扫描技术和土壤样品采集技术，可以精确地平整土地，使之具有精耕细作的基本条件，同时建立土地信息模块，为后续的自动播种、施肥打下良好基础。此技术适于在大型农场或高效农业中推广应用。

（2）自动播种　自动播种是指将计算机技术和GPS技术应用于精量播种机，使其精量播种、均匀播种、播深一致。自动播种（包括自动栽植）是在精准种子的前提下对土地潜力（水分、肥料）的最佳利用，也是对光能、空气的最大限度利用。自动播种不仅要求种子质量（发芽率、整齐度）优良，更要求

播种到田后的种子分布"三维空间"坐标位置精准、均匀一致、深浅一致，为作物创造最佳的生长空间。自动播种是精准农业的核心技术，既能节约大量优质种子，又能使作物在田间获得最佳分布，从而为作物的生长发育创造最佳环境，并大大提高作物对营养和太阳能的利用率。

（3）自动灌溉　自动灌溉是自动监测、自动控制条件下的精准灌溉工程技术，如喷灌、滴灌、微灌和渗灌等。它可根据不同作物不同生育期间的土壤墒情和作物需水量，自动实时实施精量灌溉，从而大大节约水资源，提高水资源的有效利用率，促进农产品增产增收。自动灌溉技术是按照田间每一操作单元的具体条件，精细准确地调整各项土壤和作物管理措施。最大限度地优化灌溉水用量，以获得最高产量和最大经济效益，同时保护生态环境的一种高科技灌溉技术。在我国北方缺水地区实施灌溉精准化，社会效益和经济效益尤其显著，是精准农业机械的重点发展方向。

（4）自动收获　自动收获是指根据地理信息系统或遥感技术掌握作物的生长情况，适时利用精准收获机械做到颗粒归仓，并根据一定标准对作物果实进行精确分级。它要求实现对作物收获过程的最少损失和最快捷收集，同时又要求对作物秸秆进行科学处理。

四、土肥投入品智能监管

土肥工作中的投入品主要包括种子、化肥、农药等，这些投入品的质量直接影响着土肥工作的效果和农作物的质量及产量。智慧土肥建设过程中就是要充分利用电子标签、条码、传感器网络、移动通信网络和计算机网络等技术构建土肥投入品（种子、化肥、农药）智能监管系统，可实现土肥投入品（种子、化肥、农药）质量跟踪、溯源和可视数字化管理与全程智能追溯。

1. 土肥投入品智能监管的依据　根据农业部对肥料产品的管理要求和《中华人民共和国肥料管理条例》，各级土肥站肩负着对肥料产品的登记备案、肥料市场监督和重点项目用肥招标等工作。肥料监督管理核心业务为肥料产品的登记和肥料执法监督。2013年国务院下发的《国务院办公厅关于加强农产品质量安全监管工作的通知》（国办发〔2013〕106号文件）中明确提出要求："要落实监管任务。要加强对农产品生产经营的服务指导和监督检查，督促生产经营者认真执行安全间隔期（休药期）、生产档案记录等制度。加强检验检测和行政执法，推动农产品收购、储存、运输企业建立健全农产品进货查验、质量追溯和召回等制度。加强农业投入品使用指导，统筹推进审批、生产、经营管理，提高准入门槛，畅通经营主渠道。加强宣传和科普教育，普及农产品质量安全法律法规和科学知识，提高生产经营者和消费者的质量安全意识。各级农业部门要加强农产品种植养殖环节质量安全监管，切实担负起农产品从种植养殖环节到进入批发、零售市场或生产加工企业前的质量安全监管职责。"

2. 作物产品的全流程智能监管　我国食品安全方面事故频发，其中一个很重要的原因是从生产到销售缺乏监管。加大对农副产品从生产到流通整个流程的监管，则可以将食品安全隐患降至最低，而智慧土肥的建设则可在这方面发挥重要的作用。提取作物产品，如水果、粮食的生产、加工、流通、消费等供应链环节消费者关心的公共追溯要素，建立了食品安全信息数据库，一旦发现问题，能够根据溯源进行有效的控制和召回，从源头上保障消费者的合法权益。

3. 种子、化肥、农药全程智能监管　开展化肥、农药使用记录，实现产品溯源，开展种子、化肥、农药全程智能监管。在种子、化肥、农药产品上加封电子标签，将种子、化肥、农药零售机构联网，实现种子、化肥、农药产品销售及使用的监控，将何时何地使用品种和使用量，可以掌握一个地区整体的用肥、用药水平，控制化肥、农药过量使用和超安全间隔期使用。另外掌握了整个地区用肥、用药品种和用量，可以从整体管理层次上适时调整用种、肥、用药品种，减缓产生抗药性的风险。如果能将化肥、农药使用记录系统与农产品产地管理和农产品溯源连接，可以在农产品销售终端查到该产品在生产过程中使用的化肥、农药品种和使用量等信息，增加信息透明度，减少消费者对产品安全的疑虑。

五、智慧土肥决策

"作物生产系统"（也称农作系统）是以农作物、环境和社会经济为基础的一个复杂系统，包括作物、气象、土壤、耕作措施和经济等多个子系统。土肥管理工作涉及上述多个子系统。因此，土肥管理与决策是一个复杂的过程，主要包括作物布局、品种选择、播期确定、因苗施肥、合理密植、精量灌溉、适时收获等，不论哪一个环节出现纰漏，都会造成作物减产或绝产。因此，智慧土肥建设要整合来源于不同的管理对象、传感设备、来源于不同的应用的片断的、多样的信息，进行耕地资源（包括数量与质量两个方面）综合分析，为各级土肥工作者和管理者可以实时掌握耕地土壤肥力情况、耕地质量情况、化肥生产情况、化肥使用情况等，定期向各级政府报告耕地土壤肥力状况、化肥施用情况、化肥生产情况，提出耕地培肥、退化防治、科学合理施肥和肥料管理的对策措施。通过对策分析及预警预报为农民提供及时、准确的可进行土肥信息查询和服务，为领导提供针对某个事件的全景信息，实现更加直观的掌控全局；为各管理部门提供领域全景信息、专题信息融合，以及可视化、空间化信息化支撑，为各级土肥部门业务工作提供支撑。

六、土肥信息智慧服务

通过数字土肥的建设，农民所面临的已经不再是土肥信息获取难的问题，他们的生活生产基本信息需求已经得到满足。依据马斯洛的需求层次理论，农民在满足基本信息需求之后，对信息的需求也必然转为更高层次。"十二五"期间，经济发达地区农业发展正处于从传统向现代化大农业过渡的进程中，现在农民更加关注信息资源和现代信息技术如何在农业产业化过程中的应用，以提高农业生产效率。智能土肥信息服务是智慧土肥建设的重要内容之一。因此，针对农民信息需求特征，建设土肥信息智慧服务，提升土肥信息服务水平，满足农民在现代农业中的土肥信息需求问题是农村信息服务发展的重要内容。

简单地说，土肥信息智慧服务就是利用高新科技，将"有用的"土肥信息准确地、智能地传输给特定人群或个人。与传统的土肥信息服务相比，它有三大特点。一是可以自动抓取所需的信息。通过传感器将田间的温度、湿度、作物生长状况等数据精确、快速地收集起来，比传统的人工采集土肥信息方式效率大大提高。二是可以对获取的土肥信息进行自动处理，直接生成简单明了的结果。三是迅速将土肥信息"智能"地推送给用户。过去农民面对海量的信息不知如何处理，如今可通过手机等各类终端随时得到自己需要的信息。土肥信息智慧服务目前已经取得了多项成果，正在悄悄地改变着传统的、经验式的农耕方式。针对土肥信息智慧应用服务的多终端状况，土肥信息智慧服务具体分属于以下几种模式：

（1）网站服务模式 网站服务模式是比较常用和普及阶段的服务模式。用户通过建设网站可查询所在大田区域和温室田块的肥料配方、施肥方案；具备上网条件的种田大户还可以查询承包农田的土壤理化性状和具体的施肥建议以及作物的灌溉、施肥与日常管理等主要环节的有关注意事项。有一定技术基础的人员和农技专业推广人员可以查询作物不同生育期的有关参数，如叶面积指数（LAI）、植物冠层的叶绿素、氮含量、作物水分含量、土壤含水量等信息。该模式适用于全国所有的地区。

（2）触摸屏查询模式 触摸屏查询系统可以方便直观地查询各个田块的土壤养分丰缺情况和具体的施肥建议。触摸屏查询系统简单易用，适用乡村肥料销售点以及村级应用。

（3）掌上电脑模式 掌上电脑施肥和作物生长阶段咨询系统将成果图和施肥建议以及灌溉等信息贮存于掌上电脑。比较适合集约化程度较高的农场和农产品生产基地。

（4）智能手机模式 土壤的肥力状况以及障碍因素概况和作物的施肥建议

以及灌溉等信息贮存于智能手机。用户带上该手机,走到辖区内任意地块,软件就能自动定位并显示该地块的土壤养分状况、施肥和作物不同生长阶段的特征以及有关措施等。比较适合集约化程较高的农场和农产品生产基地。

在以上诸多农业智能化服务模式中,共性的有价值的基础信息主要包括以下几类:

(1) 作物生长环境信息 感知层传感器实时采集土壤信息、作物信息、肥料信息、气象信息、气候灾害信息以及其他管理信息,将这些信息直接提供给农民、管理者和决策者。

(2) 预测预报信息 感知层传感器和病情虫情记录装置收集信息后,通过各种接口将数据发送到网络层,经过数据分析系统分析,参照土肥专家系统和农药销售管理系统,生成预测预报信息和用药指导信息,经网络推送到应用层设备,使农民及时自动收到土肥预测预报信息,如利用移动手持设备如手机,也可随时随地获取预测预报信息。预测预报信息还包括天气预报信息。天气预报是重要和首要的农业信息之一,但现代农业的发展需要更多支持因素,应为农民打造更宽广的农业信息渠道,所包含的信息内容也应从天气预报到施肥选择,从种子选择到病虫害防治,从幼苗培育到收割入库等方面。

(3) 疑难问题的咨询和解答 当农民在生产中遇到疑难问题。可以利用手持设备的摄像头拍摄现场信息,配以文字或声音信息发送到网络后台服务器。服务器通过查询土肥专家系统或咨询专家,生成解决方案,通过网络推送到应用层移动设备。农民可以随时随地提问,随时随地获得解决方案。

(4) 智慧施肥信息 包括作物生长需肥特性数据、作物缺素症识别信息与推荐施肥技术信息、肥料使用效果评价信息、量级试验信息、田间示范信息、施肥模型信息和施肥决策信息、施肥配方等信息。

(5) 土肥技术培训信息 针对生产新情况,植保新技术,可以利用多媒体技术制作培训课件,通过网络推送到应用层移动手持设备或个人电脑,实现农民随时随地获取植保知识。

(6) 土肥投入品(种子、肥料、农药)溯源信息 在产生土肥投入品(种子、肥料、农药)问题时,农民、执法队伍可以对土肥投入品(种子、肥料、农药)的产地、生产商等进行追溯,以减少农民的损失。

第三节 土肥智慧技术需求分析

一、土肥业务的技术过程分析

土肥工作的业务过程是与农业种植管理紧密相连的,土肥业务工作就是要实现农业生产的产前、产中、产后的信息,技术、物资(化肥)、(化肥)经营等的全程管理，充分实现农业资源的合理分配。如图 2-3 所示，农业种植管理计划（Agricultural Cultivation Management Plan，ACMP）模型将一体化管理思想融入种植管理过程中（卢闯等，2013），明确了种植过程中产前、产中、产后土肥业务工作的技术过程。ACMP 基于信息技术实现农业产前、产中、产后全过程的一体化、标准化、规范化管理，实现农产品溯源，保障农产品质量。通过智慧土肥技术获取及分析得到的种植业生产数据、种植区域农作物品种及产量信息，为农产品市场的宏观调控提供数据支持，为农产品交易提供高效透明的信息保障，实现产销对接，减少农业风险，保障农业再生产。对农产品市场信息进行数据挖掘分析，为农业产前工作的确定提供信息保障，进而形成产前、产中、产后信息的循环。

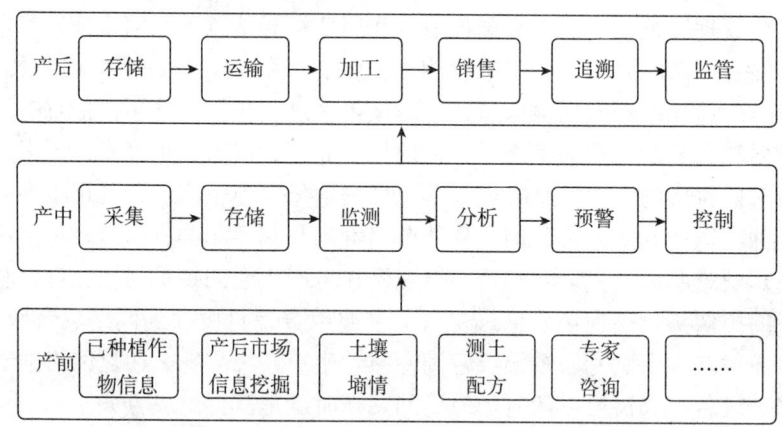

图 2-3　ACMP 管理模型

1. 产前　产前提供农产品市场预测、种植指导、农业生产资料市场信息。农作物生产前期，以利用各类技术实时获取的种植业生产数据为基础，获取当前已经种植的作物信息，包括种植种类及已经种植面积、种植区域等信息，并根据市场信息的挖掘分析、种植区域土壤墒情、测土配方施肥等建议信息，配以专家咨询，合理安排种植计划，并遵循物料标准化要求，准备所需农业生产资料，为产中做好准备。

传统作物生长环境要素土肥水情况，以及作物生长情况的信息来源于采样，需要较长时间进行样品采集、处理和分析测试，耗费大量的人力物力，周期长效率低。智慧土肥建设情况下，对于作物生长环境动态监测采用现代信息技术，对土壤基本情况，可以实现对作物生长情况的实时监测，以及时获取监测作物的养分水平，并开展相应的管理工作，从而可以提高管理水平。

2. 产中　产中基于农业区划、专家系统等农业生产所需信息，通过信息技术实现对生产过程中环境参数的采集、存储、监测、预警、分析展示、控制，进而实现对种植业生产的全过程指导和控制。农作物生产中期，依据专家指导形成作物种植规程库，对该作物各个生长期所需环境参数（空气温湿度、土壤、二氧化碳浓度等参数）进行设定。通过智慧土肥技术，依据作物种植堆积库提供的种植意见对作物生长全程进行监测、控制、管理，实现科学种植；对农业生产过程的管理，以保证农作物按照标准要求进行种植，实现农作物生产的全程标准化、规范化操作。产中的信息也可以用于辅助农业资源调查土地适宜性调查、土地得用率、农业区域规划、农产品产量估算等。产中管理主要依据种植标准对生产环境因子的采集、存储、监测、分析、预警和控制方法进行管理。

3. 产后　产后对农产品信息发布和农产品市场、农产品物流管理。对农业经营、生产、管理与决策起到了指导和数据支持作用，进一步推动农业生产精准化、农业资源信息化、农业决策科学化的实现。农作物生产后期，实现对农作物的储存、运输、加工、销售等过程的信息化管理，依据物联网技术获取种植业生产数据、种植区域农作物品种及产量信息，为农产品市场的宏观调控提供数据支持。

4. 全过程　实现产前、产中、产后的一体化管理，包括种子、化肥的全过程管理，实现基于智慧技术的全程可追溯，从而既保障农产品的质量，也能够保障农资产品的安全，在提高土肥业务工作水平的同时，提高执法水平和能力、规范执法行为，做好肥料管理与服务；有利于加大肥料监管力度，净化肥料市场，规范肥料生产；方便肥料信息宣传，提高农民和肥料企业法制意识。

二、土肥智慧支撑技术需求分析

基于农业种植管理计划模型的土肥业务过程分析可以确定，土肥业务的技术过程包括采集、传输、存储、监测、分析、预警、控制、服务和综合管理等环节，而在智慧土肥建设过程中，每一环节均需要特定的技术支撑。

1. 土肥信息采集技术需求　土肥信息采集技术是实现智慧土肥的基础技术。传统上，土肥工作中的数据采集依赖于手工操作，数据的管理依赖于纸介质。随着数字化技术的发展，土肥数据的自动采集得以实现。从实现方式上分析，土肥数据采集技术主要有实现已有传统介质土肥资料数字化的数字化技术，实现空间信息自动采集的遥感技术和卫星导航技术，实现移动采集的PDA技术，实现土壤、作物实时数据采集和控制的农业自动化技术，实现土壤、作物、肥料检测的土肥检测技术，实现土肥数据实时、自动采集的传感技术等。当前，土肥管理工作中的数据获取主要有三种方式：

（1）手工方式　手工方式完全依赖于人的主动性采集，主要方法有：基于网络的信息登记与填报、土壤普查、农事调查样品采集等。

（2）半自动化方式　传统条件下的数据采集方式多以手工为主，设备为辅，数据采集需要耗费大量的人力、不具有实时性，而且数据的获取量有限，即使采用了自动数据采集技术，也存在覆盖面窄、成本高、应用范围有限等问题。半自动化方式方式主要是依赖于某些设备结合人工开展数据采集工作，主要方法有：手持设备的人工获取方式，如手持 GPS 设备采集数据，手持终端数据采集等；试验检测，包括土壤检测、作物检测和肥料检测等；传统资料数字化，如 OCR 技术等；分析技术，如光谱分析、计算机图形、图像处理技术等。

（3）自动化方式　自动化方式是通过某类技术或设备实现土、肥、水、作物信息的自动采集。主要有实现空间信息自动采集的遥感技术和卫星导航技术，以及传感技术等。

智慧土肥的生产和管理是一个动态的过程，要求及时摸清土肥资源的现状，了解农作物田间生产状况，监测其变化并预测其发展。利用智能传感器可实现农业生产环境信息的实时采集，组织智能物联网可以对采集数据进行远程实时报送。采用不同的传感器节点构成无线网络来测量土壤湿度、土壤成分、pH、降水量、温度、空气湿度、气压、光照度和 CO_2 浓度等物理量参数，同时将生物信息获取方法应用于无线传感器节点，通过各种仪器、仪表实时显示或作为自动控制的参变量参与到自动控制中，为农作物大田生产和温室精准调控提供科学依据，优化农作物生长环境，不仅可获得作物生长的最佳条件，提高产量和品质，还可以提高水资源、化肥等农业投入品的利用率和产出率，从而实现生产资料生产的智能化、科学化及集约化。农业逐渐从以人力为中心、依赖于孤立机械的生产模式转向以信息和软件为中心的生产模式，从而大量使用各种自动化、智能化、远程控制的生产设备，促进了农业发展方式的转变。

2. 传输技术需求　传统上，来源于农田环境的各类监测信息的传输或依赖于直接采用人工实地传递，或依赖于传输网络，而传输网络多采用有线组网方式。这两种方式均具有一定的局限性。有线组网方式缺乏灵活性，受地理环境的限制，线路资源损耗较大，难以实现远距离监测；人工实地检测传递更耗费人力、物力，且获取的数据量有限，此外受主观因素限制，测量结果难免出现误差。随着智慧土肥的建设，对数据传输网络提出了新的要求：

（1）在覆盖范围上　从单一地点向广域方向发展，能够部署在人不能或不宜到达的地域，它可以在无人干预的情况下自动组网、自动运行，真正实现无人值守。而且，无线传感器网络应减少维护的复杂性和成本。

（2）在网络载体上　从有线向无线、物联网方向发展。

（3）在传输设备上　从固定设备向移动设备方向发展。

（4）在网络特性上　要具有简单灵活、自组织、强健壮性、动态拓扑、规模大等显著特点，同时具有低成本、低功耗、高性能、高可靠性等特点。

（5）在网络内数据传输上　由于无线传感器网络采用无线通信方式，通信信号可能会被陡坡、农作物、建筑物或其他电子信号干扰而受到影响。因此，如何进行安全有效的数据传输是面临的难题。为此，应该寻求适合于农业环境的无线通信技术，建立安全高效的数据融合机制，对无线传感器网络的各层进行优化，来实现数据的高效传输。

（6）在网络系统的安全性问题上　在农业环境中部署的无线传感器网络系统很少考虑系统的安全性问题，使得系统很容易遭受各种类型的攻击。虽然农业系统对安全性要求较低，但为基于无线传感器网络的精准农业环境监测系统部署轻量级的安全机制也是非常必要的，在未来将会引起越来越多人的重视。

因此，在智慧土肥建设过程中，无线传感器网络技术、自组网技术，以及移动互联网技术等将成为支撑智慧的重要技术。计算机网络是数字土肥业务系统运行的基础，网络是数字土肥应用系统建设过程中不可或缺的基础环境，如果没有网络，智慧土肥业务系统只能是单机系统，无法实现整体的关联和融合，无法形成智慧土肥的整体业务系统体系。计算机网络是智慧土肥与其他农业领域共享的基础。通过计算机网络，可以共享其他农业部门的专业数据，通过网络实现了各级、各类部门的互联互通，形成了数字共享的通道，节约了数据采集成本。计算机硬件是保障计算机网络畅通的基础，也是智慧土肥平台运行的硬件环境基础。计算机网络与硬件是智慧土肥的基础支撑环境，网络与硬件技术是构建智慧土肥网络环境的基础性关键技术。近年来，随着网络与硬件技术的发展，广域网的普及与覆盖，使得全国性的国家、省、市、县四级土肥工作体系能够互联互通；无线技术的发展以及无线网络的建设，促进了基于移动设备（手机等）信息服务的开发和应用，人们获取信息服务更为方便、快捷，使得随时、随地、随需为公众、企业、业务人员、领导提供土肥服务成为可能；物联网技术的发展以及物联网应用的建设，使得土肥管理过程中的各类工具、设备、人员、技术相互联结在一起，土肥工作的手段更为先进，信息采集更为及时、准确，范围更大，信息处理能力更强，为数字土肥向智慧土肥方向发展奠定了良好的基础。

3. 存储以及数据处理技术需求　数据存储是智慧土肥建设的核心技术。经过加工处理的数据需要保存到一定的介质中，并最终提供服务。传统上，数据存储技术主要基于数据库技术、数据仓库技术、GIS 数据管理技术等。数据库是土肥数字资源保存的工具，数据仓库（DW）是 20 世纪 90 年代信息技术体系结构中一个重要组成部分，是数据库产业发展的重点，是建立在一个比较全面和完善的信息应用基础之上，用于支持高层决策的分析，并不是要替代数据库。随着智慧土肥的建设，无线传感器作为物联网末端信息存储，分布区域越来越广，规模越来越大，产生信息量飞速增长，对海量信息存储技术提出了新的要求：

（1）云存储及云计算技术　海量信息存储的方法很多，硬件服务商提供了存储系统及硬件，比较经典的是 RAC，RAC 已经在工业和信息界得到广泛应用。然而这些数据库都是基于关系和对象模型的，对复杂数据存储有较高的表现能力，但是存储代价及系统消耗比较大。近年来，随着云计算技术的发展，学术界对海量数据存储进行深入探讨，以集群为代表的分布式计算技术以及存储系统技术的研究和应用日益广泛。云存储技术的出现和应用，为智慧土肥数据存储提供了新的思路，通过云存储平台的建设，可以避免存储平台的重复建设，节约了昂贵的软硬件基础设施投资，同时也解决了海量信息存储与利用的问题。

（2）大数据技术　"大数据"是需要新处理模式才能具有更强的决策力、洞察发现力和流程优化能力的海量、高增长率和多样化的信息资产。从数据的类别上看，"大数据"指的是无法使用传统流程或工具处理或分析的信息。大数据分析相比于传统的数据仓库应用，具有数据量大、查询分析复杂等特点。大数据需要特殊的技术。适用于大数据的技术，包括大规模并行处理（MPP）数据库、数据挖掘、分布式文件系统、分布式数据库、云计算平台、互联网和可扩展的存储系统，而这些技术将为解决智慧土肥建设过程中的数据处理问题提供技术支撑。

4. 监测技术需求分析　传统上，土肥领域通过建立监测点，建立土肥监测体系的方式对土肥水及作物进行监测。随着农业发展，种植业区域布局、作物结构、品种和品质的结构各方面出现了重大变革，给农田生态系统也带来了重大变化，传统的测报技术多以手工为主、辅助工具为辅，使得监测点的范围有限，监测数据处理时间长、更新慢，而面对新的结构作物、品种及对象，传统的监测技术已不能满足农田生态系统变化的需要。因此，需要自动的、实时的自动化监测手段和方法开展土肥水作物监测工作。

自动的、实时的自动化监测手段和方法多依赖于传感技术和无线传感网络实现，通过监测因子的确定和监测点的数量和布点方式的选择来完成。监测因子的确定既要考虑参照我国目前施行的无公害农产品、绿色食品认证工作等相关工作对农业生产环境质量监测的要求，同时也要综合考虑气候因子、土壤因子、地形因子、生物因子、人为因子等生态因子；在监测布点方式上，既要根据作物的生产环境需求精确度和环境因子需求程度确定作物的布点数量，同时也要依据无线传感距离、功能区特殊要求、环境特殊要求等方式确定监测布点方式。

5. 分析展示技术需求　分析即是对有组织、有目的收集来的数据进行分析，使之成为有用信息的过程。而通过展示可以将信息进行传送和表达，展示兼顾平台展示和信息可视化展示。可视化技术是将信息或者数据以图形、图像的方式展现，以方便使用者使用。当前智慧土肥建设中需要实现信息的图示化、空间可视化。

（1）信息图示化　利用计算机图形学来创建视觉图像，帮助人们理解科学技术概念或结果的那些错综复杂而又往往规模庞大的数字表现形式。科技信息图示化侧重于抽象数据集，如非结构化文本或者高维空间当中的点。该学科领域是创造性设计美学和严谨的工程科学的产物。用直观易阅读的形式呈现沉闷繁冗的数据，读取和呈现抽象的管理和决策支撑信息。饼图、直方图、散点图、柱状图、雷达图等是数据可视化应用最基础和常见的形式。

（2）空间可视化　GIS 空间信息分析功能用于土肥信息的分析，能极大地提高分析效率。如空间自相关分析中空间权重矩阵的配置，采用 GIS 分析功能，能够迅速得到任意区域的权重矩阵。GIS 为信息分析模型提供了可视化输出工具。GIS 能实现分析过程与分析结果的可视化表达与信息支持，利用 GIS 在地图上标记坐标相关信息，清晰明了。

6. 预警与决策支持技术需求　智慧土肥的建设就是在广泛采集土壤、肥料、作物相关数据的基础上，进行数据的综合、融合、分析和处理，以支持农业生产的自动控制，以及土肥工作的综合决策。这需要预测预警技术、专家系统技术、知识推理技术、知识表示技术以及人工智能技术的支撑。

（1）预测预警技术　预警是预报环境数据、预告农作物生长期的安全状况等并对异常情况进行报警，从而为调控系统提供行为依据。预警分析是产中信息的输出模块，及时而准确的预警是农业环境数据监测控制系统运行的保证，预警信息和自动控制相结合，可以根据需求选择周期预警、指标预警、专家预警或者上述方法相组合的预警方法，选定具体的预警模式，实现警情的实时处理。

（2）专家系统技术　专家系统是一个智能计算机程序系统，其内部含有大量的某个领域专家水平的知识与经验，能够利用人类专家的知识和解决问题的方法来处理该领域问题。也就是说，专家系统是一个具有大量的专门知识与经验的程序系统，它应用人工智能技术和计算机技术，根据某领域一个或多个专家提供的知识和经验，进行推理和判断，模拟人类专家的决策过程，以便解决那些需要人类专家处理的复杂问题，简而言之，专家系统是一种模拟人类专家解决领域问题的计算机程序系统。

（3）知识表示技术　知识是人们在自然界作生存斗争中产生的精神产物，是人类历经数千年所取得的智慧成果，也可以理解为是经过加工改造的信息，它一般由特定领域的描述、关系和过程组成。而专家系统中的知识表示是将某领域的知识编码成一种适当的数据结构的过程。不同领域的专家系统,根据领域信息的特征有可能要采用不同的知识表示。它研究的主要问题是设计各种知识的形式表示方法,研究表示与控制的关系,表示和推理的关系以及知识表示和其他领域的关系。在解决某一问题时,不同的表示方法可能产生完全不同的效果。

(4)推理技术 推理机制是专家系统的"CPU",是构成专家系统的核心部分,其作用是模拟领域专家的思维过程,完成对领域问题的求解。推理机制是影响专家系统性能的一个重要因素,推理机制设计不合理容易使专家系统在运行中出现"组合爆炸"、"无穷递归"和"匹配冲突"等问题,从而影响系统性能。常见的推理机制包括基于故障树的推理机制、基于神经网络的推理机制等。

(5)人工智能技术 更深入的智能化技术使得人工智能技术在农业中的应用不仅限制在专家系统方面,机器学习、神经元网络等智能技术将得到全面的发展和应用,而且应用领域不断扩展。从应用范围看,智能技术不仅应用在传统的大宗农作物上,而且在经济作物、特种作物上开展应用。所开发的对象既包括作物全程管理的综合性系统,也包括农田施肥、栽培管理、农田灌溉等专项管理系统。智能技术的应用也不再局限于示范区,有望较大面积的推广应用。从研究角度看,理论层面的研究将集中在专家知识的采集、存贮和表达模型、作物生长模型,形成智能技术的研究的核心和应用的基础。技术层面的开发将聚焦于集成开发平台、智能建模工具、智能信息采集工具和傻瓜化的人机接口生成工具。而且,智能应用系统的产品化水平将有质的飞跃,智能应用系统将像傻瓜相机一样,普通农民也能操作自如。

7. 自动控制技术需求 传统的人工控制存在实时性相对较差;需要大量农村劳动力,而农村劳动力成本在不断提高,同时需要农作物生长环境的掌握和控制都需要专门的知识,对控制人员提出了很高的要求等问题。

自动控制技术的研究与应用既是精准农业的要求,也是智慧土肥建设的关键技术。通过自动控制实现信息的实时、准确的处理,使得计划和管理处于最佳状态。农业自动化技术就是通过计算机对来自于农业生产系统中的信息进行及时采集和处理,以及根据处理结果迅速地去控制系统中的某些设备、装置或环境,从而实现农业生产过程中的自动检测、记录、统计、监视、报警和自动启停等。

由于农业水土管理区管理点较为分散,用传统方法进行数据采集和信息传输精度差、速度慢。把电子技术、微电子技术和通信技术紧密结合起来,采用现代方法进行自动化监控和管理非常必要,如在渠系、灌水、泵站等方面实现自动化监控与管理。农业自动化向智能化方向发展,进一步发展精准农业重点发展节水、节肥精准农业技术体系的自动化控制，实施精准灌溉、精准施肥，提高水资源和化肥资源的利用率。

8. 智慧服务技术需求 土肥信息服务通过技术获取及分析得到的种植业生产数据、种植区域农作物品种及产量信息，为农产品市场的宏观调控提供数据支持，为农产品交易提供高效透明的信息保障，实现产销对接，减少农业风险，保障农业再生产。对农产品市场信息进行数据挖掘分析，为农业产前工作的确定提供信息保障，进而形成产前、产中、产后信息的循环。

（1）个性化技术 土肥门户网站的政务信息资源、综合业务服务资源非常多，整体上是面向所有用户服务。但对于与土肥信息资源和业务管理相密切的农民、企业、农业科技人员，在使用门户网站上只能是按照栏目进入各个功能，并去查看信息，使用非常不方便。个性化定制功能则是一种主动、目标性强的方式，由门户网站按照用户性质，将与各层次用户密切性强的土肥信息资源、网上办事服务进行主动推送，这样用户可以获取个性化的信息资源和办事服务，从而提高服务质量，提高用户访问效率。

（2）综合技术 视频制作与压缩技术、数字动漫技术、虚拟仿真技术、手机网络传媒技术等多媒体技术，具有传播快、覆盖广、形象生动、丰富多彩、易于操作等特点，为农业复杂问题的简化表达与传播提供了空前的便利。计算机网、电信网、广播电视网三网融合，将使主流信息媒体实现高层业务应用的融合，网络层上可以实现互联互通、无缝覆盖，业务层上互相渗透和交叉，应用层上趋向使用统一的 IP 协议。因有着向人类提供多样化、多媒体化、个性化服务的同一目标而逐渐交汇在一起，三大网络通过技术改造，能够提供包括语音、数据、图像等综合多媒体的通信业务。通过信息网络与多媒体技术，将为农业技术推广应用、对农民开展远程教育和培训等提供形式多样化、渠道多元化、内容多媒体化的手段。

（3）智能推送化 传统的网络信息服务方式从根本上讲是一种被动的服务方式，它使用的是一种被形象地称为"拉"（Pull）的技术。"拉"技术即信息的传输方式是浏览器发送服务需求，服务器就在所属数据库中进行检索，查找到用户所需要的信息后就把信息传送回浏览器所属的计算机。这样，网络上传输的只是用户的请求和服务器针对该请求所作的响应，信息传输量小，网络负担轻。但是服务器所提供的服务是被动的。

信息推送就是网络公司通过一定的技术标准和协议，从网上的信息源资源或信息制作商获取信息，通过某种方式向用户发送信息的新型的信息传播系统。在信息推送系统中，服务器把信息"推"给客户机系统。虽然数据传输的方向仍然是从服务器流向客户，但操作的发起者却成了服务器，而不是客户。服务器根据客户预先设定好的触发事件和发送内容，在条件满足时自动向客户发送信息。

9. 全程管理技术需求

（1）追溯技术　土肥业务的全过程管理涉及种子、化肥的全程管理和追溯。种子、化肥的全程管理和追溯要利用 RFID 等技术并依托网络技术及数据库技术，实现信息融合、查询、监控，为每一个生产阶段以及分销到最终消费领域的过程中提供针对每件货品安全性、食品成分、肥料来源及库存控制的合理决策，实现种子、化肥安全预警机制。追溯技术贯穿于种子、化肥安全始终，包括生产、加工、流通、消费各环节，全过程严格控制，建立了一个完整的产业链的种子、化肥安全控制体系，形成各类种子、化肥企业生产销售的闭环生产，以保证向社会提供优质的放心种子、化肥，并可确保供应链的高质量数据交流，让种子化肥行业彻底实施种子、化肥的源头追踪以及在种子、化肥供应链中提供完全透明度的能力。

（2）安全技术　农业生产特点决定了其数据获取的分散性，通过借助网络将分散的数据集中并加以利用。但在信息爆炸增长、互联网日新月异的时代，数据的安全、可靠存储成为重中之重。特别是那些处于生长过程中，对环境参数等数据要求较高的植物来说，数据获取不实时、数据传输过程中丢失或服务器数据遭到破坏等都可能造成巨大的经济损失。因此，需要根据具体需求提出保障数据安全的措施。

第三章　智慧土肥关键技术

当前科学技术迅猛发展，正在引发社会生产方式的深刻变革。互联网、云计算、物联网等信息网络技术的广泛应用不断推动生产方式发生变化。智慧农业、智慧土肥的产生和发展与这些新技术的出现并不断深入应用息息相关，一方面，正是这些新技术的广泛应用，为智慧农业和智慧土肥发展提供了契机和动力；另一方面，智慧农业、智慧土肥的建设，也极大地带动了这些技术的进一步完善。本章首先提出了智慧土肥建设的关键技术体系框架，然后逐一解析了这些技术的基本内涵及其目前在智慧土肥中的应用情况。

第一节　关键技术体系框架

如图 3-1 所示，按照智慧土肥信息的采集与处理过程，智慧土肥关键技术框架由感知技术、传输技术、支撑技术、智慧技术和应用技术组成。

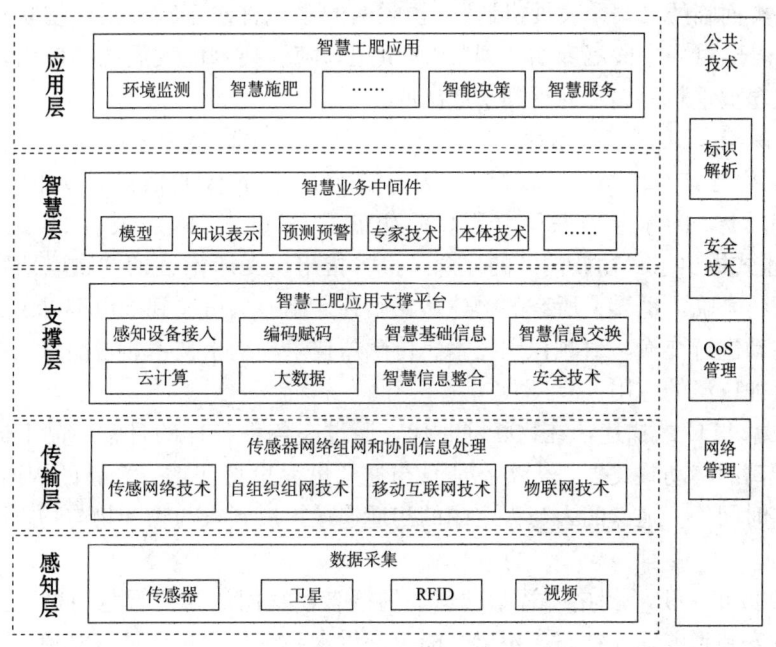

图 3-1　智慧土肥关键技术框架

1. 感知技术　感知技术主要用于智慧土肥信息采集与处理，包括土肥信息传感技术、土肥图像信息采集技术、遥感技术、土肥个体信息识别技术、卫星导航技术以及地理信息系统技术。

2. 传输技术　传输技术主要用于智慧土肥信息的传输，包括物联网技术、土肥无线传感网络技术、自组织网络技术、移动互联网技术等。

3. 支撑技术　支撑技术是智慧土肥建设过程中的通过模块或技术的总和，一般是构成智慧土肥应用支撑平台的基本功能模块和技术，主要包括传感设备接入技术、编码赋码技术、智慧基础信息登记技术、智慧信息交换技术、智慧信息整合技术、云计算技术、大数据技术等。

4. 智慧技术　智慧技术是智慧土肥的核心部分，正是由于智慧技术的支撑才能实现智慧土肥中各类应用的"智慧"，主要包括模型建模技术、知识表示及知识推理技术、预测预警技术、专家系统技术、本体技术等。

5. 应用技术　应用技术用于支撑智慧土肥的各项智慧或智能应用。

第二节　物　联　网

一、物联网的提出

1999 年，在美国召开的移动计算和网络国际会议提出"传感网是下一个世纪人类面临的又一个发展机遇"，物联网的概念首次正式提出。物联网概念提出后，经过了一段沉寂期，到了 21 世纪，随着技术的发展以及应用，物联网的概念被重新提起，并得到了广泛的重视。

2003 年，美国《技术评论》提出传感网络技术将是未来改变人们生活的十大技术之首。2005 年 11 月 17 日，在突尼斯举行的信息社会世界峰会（WSIS）上，国际电信联盟（ITU）发布了《ITU 互联网报告 2005：物联网》，正式提出了"物联网"的概念。报告指出，无所不在的"物联网"通信时代即将来临，世界上所有的物体从轮胎到牙刷、从房屋到纸巾都可以通过因特网主动进行交换。射频识别技术、传感器技术、纳米技术、智能嵌入技术将得到更加广泛的应用。

根据 ITU 的描述，在物联网时代，通过在各种各样的日常用品上嵌入一种短距离的移动收发器，人类在信息与通信世界里将获得一个新的沟通维度，从任何时间任何地点的人与人之间的沟通连接扩展到人与物和物与物之间的沟通连接。

2008 年，IBM 提出"智慧地球"的概念，它们认为"智慧地球"把传感器设备安装到电网、铁路、桥梁、隧道、供水系统、大坝、油气管道等各种物体中，并且普遍连接形成网络，即"物联网"。

在中国，2009 年 8 月 7 日，温家宝在无锡传感网工程技术研发中心视察工作时表示：中国要抓住机遇，大力发展物联网技术。2010 年 3 月 5 日，在十一届全国人大三次会议上温家宝又首次在政府工作报告中要求加快物联网的研发应用。至此，物联网建设在我国上升到国家战略高度。

二、物联网的内涵

物联网从提出到发展至今已有 20 多年的时间，但对其内涵的界定仍未取得一致，为了从根本上了解物联网的内涵，不妨从其本源字面解释，并结合一些典型的定义进行界定。

1. Internet of Things　物联网的英文名称是 Internet of Things，从字面上分析，这三个字的含义如下：

（1）Internet　计算机通过标准协议连接形成的全球性网络。

（2）Things　客观世界的物理实体。

（3）Internet of Things　由可唯一标识的物理实体通过标准协议形成的全球性网络。

2. 几个典型的定义　维基百科将物联网定义为：物联网就是把传感器装备到电网、铁路、桥梁、隧道、公路、建筑、供水系统、大坝、油气管道以及家用电器等各种真实物体上，通过互联网连接起来，进而运行特定的程序，达到远程控制或者实现物与物的直接通信。

百度百科将物联网定义为：通过射频识别、红外感应器、全球定位系统、激光扫描器等信息传感设备，按约定的协议，将任何物品与互联网相连接，进行信息交换和通信，以实现智能化识别、定位、追踪、监控和管理的一种网络。

在北京 2009 年 9 月举办的"物联网与企业环境中欧研讨会"上，欧盟委员会信息和社会媒体司 RFID 部门负责人 Lorent Ferderix 博士给出了欧盟对物联网的定义：物联网是一个动态的全球网络基础设施，它具有基于标准和互操作通信协议的自组织能力，其中物理的和虚拟的"物"具有身份标识、物理属性、虚拟的特性和智能的接口，并与信息网络无缝整合。物联网将与媒体互联网、服务互联网和企业互联网一道，构成未来互联网。

3. 物联网的界定　基于上述的理解，可以将物联网定义为：物联网指的是将无处不在（Ubiquitous）的末端设备（Devices）和设施（Facilities），包括具备"内在智能"的传感器、移动终端、工业系统、楼控系统、家庭智能设施、视频监控系统等和"外在使能"（Enabled）的，如贴上 RFID 的各种资产（Assets）、携带无线终端的个人与车辆等"智能化物件或动物"或"智能尘埃"（Mote），通过各种无线、有线的长距离、短距离通信网络实现互联互通

（M2M）、应用大集成（Grand Integration），以及基于云计算的 SaaS 营运等模式，提供安全可控乃至个性化的实时在线监测、定位追溯、报警联动、调度指挥、预案管理、远程控制、安全防范、远程维保、在线升级、统计报表、决策支持、领导桌面（集中展示的 Cockpit Dashboard）等管理和服务功能，实现对"万物"的"高效、节能、安全、环保"的"管、控、营"一体化。

三、物联网的技术架构

从技术架构上来看，物联网可分为三层：感知层、网络层、应用层。

（1）感知层由各种传感器以及传感器网关构成，包括二氧化碳浓度传感器、温度传感器、湿度传感器、二维码标签、RFID 标签和读写器、摄像头、GPS 等感知终端。感知层的作用相当于人的眼、耳、鼻、喉和皮肤等含神经末梢的器官，它是物联网识别物体、采集信息的来源，其主要功能是识别物体，采集信息。

（2）网络层由各种私有网络、互联网、有线和无线通信网、网络管理系统和云计算平台等组成，相当于人的神经中枢和大脑，负责传递和处理感知层获取的信息。首先包括各种通信网络与互联网形成的融合网络，是目前比较成熟的部分，除此之外还包括物联网管理中心、信息中心、专家系统等对海量信息进行智能处理的部分。网络层是物联网成为普遍服务的基础设施，有待突破的方向是向下与感知层的结合，向上与应用层的结合。

（3）应用层是物联网和用户（包括人、组织和其他系统）的接口，它与行业需求结合，实现物联网的智能应用。应用层将物联网技术与行业专业领域技术相结合，比如精准农业、环境监测、工业控制、远程诊断、楼宇监控、智能家居、车辆调度、城市管理等。物联网通过应用层最终实现信息技术与行业专业技术的深度融合，因此发展针对行业应用的物联网最切实际需求。物联网的应用几乎可以包罗万象，目前能够预见到的领域包括工业、农业、水利、环保、气象、城市、交通、金融、市场、安全、物流等。农业作为分布最为广阔的领域，物联网的应用大有可为。

四、物联网的关键技术

物联网的建设与应用依赖于技术的发展，下面从感、传、知、用四个层次分析物联网可能用到的关键技术，需要说明的是，这些技术只是物联网建设与发展需要用到的一部分技术，难以穷尽。

1. 感

（1）传感器网络　短距无线传输、自组织、高效协同。

（2）传感器　高精度、抗干扰、低功耗、长寿命。

（3）芯片　高精度、高集成度。

2. 传

（1）智能接入网关。

（2）通用标识（ID）编码与鉴别。

（3）Internet 的 IP 地址短缺。

3. 知

（1）智能分析。

（2）海量数据挖掘。

（3）嵌入式软件和系统。

（4）高性能计算/云计算。

4. 用

（1）智能物联终端。

（2）智能多媒体交互。

（3）嵌入式器件（图 3-2）。

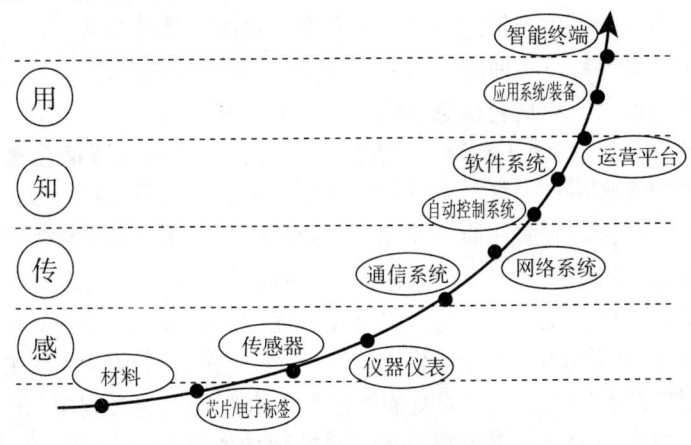

图 3-2　物联网关键技术

五、物联网在土肥中的应用

物联网技术在农业中的应用产生了农业物联网的概念。农业物联网就是物联网技术在农业生产、经营、管理和服务中的具体应用，具体来说就是运用各类传感器，广泛地采集大田种植、设施园艺、畜禽水产养殖和农产品物流等相关信息；通过建立数据传输和格式转换方法，集成无线传感器网络、电信网和互联网，实现农业信息的多尺度（个域、视域、区域、地域）传输；最后将获取的海量农业信息进行融合、处理，并通过智能化操作终端实现农业产前、产中、产后的过程监控、科学管理和即时服务，进而实现农业生产集约、高产、优质、高效、生态和安全的目标（李道亮，2012）。随着农业物联网的建设与发展，物联网技术在土肥领域也得到了广泛的应用，主要表现在以下几个方面：

1. 农情信息监测　利用传感技术和无线传输技术进行农作物田间及温室环境控制和信息反馈，用其检测作物的环境信息，监测收集土壤的温、湿度大气气压风速作物生长情况等数据，并对这些信息进行处理，为农业专家进行决策并制订农田变量作业处方提供主要数据源和参数；也可自动触发相关行为，如智能灌溉或自动调节温度，保证作物良好的生长环境。

2. 智能化培育控制　通过在农业园区安装生态信息无线传感器和其他智能控制系统，可对整个园区的生态环境进行检测，从而及时掌握影响园区环境的一些参数，并根据参数变化，适时调控诸如灌溉系统、保温系统等基础设施，确保农作物有最好的生长环境，以提高产量、保证质量。

3. 节水灌溉　无线传感器网络自动灌溉系统利用传感器感应土壤的水分，并在设定条件下与接收器通信，控制灌溉系统的阀门打开、关闭，从而达到自动节水灌溉的目的。由于传感器网络具有多跳路由、信息互递、自组网络及网络通信时间同步等特点，使灌区面积、节点数量可以不受限制，因此可以灵活增减轮灌组。加上节点具有土壤、植物、气象等测量采集装置，利用通信网关的 Internet 功能与 RS 和 GPS 技术结合，形成灌区动态管理信息采集分析技术，配合作物需水信息采集与精量控制灌溉技术、专家系统技术等，可构建高效、低能耗、低投入、多功能的农业节水灌溉平台。用户还可在温室、庭院花园绿地、高速公路中央隔离带、农田井用灌溉区等区域，实现农业与生态节水技术的定量化、规范化、模式化、集成化，促进节水农业的快速和健康发展。

4. 质量追溯　物联网中的 RFID 技术易于操控、简单实用，在食品安全管理中得到广泛的应用。如果发现农产品质量有问题，能够利用 RFID 技术快速地反应、追本溯源，确定问题所在，有效地控制产品质量安全带来的问题。运用 RFID 技术、二维码技术等融合数据库技术和无线网络技术等多学科技术，可以解决农产品信息的可追溯监测性。一旦在市场上发现危害消费者健康的农产品，通过查询电子标签上的信息就可以获得农产品的产地等相关信息。物联网技术成功实现了农民对大棚温湿度实时监控，提高蔬菜品质的目标。消费者利用二维码追溯查询蔬菜生产、检测、物流、销售等全过程的记录，提高了产品品牌价值的目标。

5. 土肥决策支持　现代农业中，应用物联网可以实时地收集温度、湿度、风力、大气、降水量，精准地获取土壤水分、压实程度、电导率、pH、氮素等土壤信息，从而进行科学预测，帮助农民抗灾、减灾，科学种植，提高农业综合效益，实现农业生产的标准化、数字化、网络化。

第三节　土肥信息采集技术

土肥工作的目标是做到"底数清、情况明、数字准、信息灵、参谋好和效率高"，实现农业的"高产、优质、高效、生态、安全"，其中，只有做到"底数清、情况明、数字准"，才能①通过土壤管理，保护有限耕地、培肥土壤、提升耕地质量、保护农业生态环境；②通过肥料管理，净化肥料市场，规范肥料生产，提高农民和肥料企业法制意识，指导肥料生产与合理使用；③通过作物管理，为土壤管理和肥料管理提供参考，指导农民开展作物种植；④通过土壤、肥料和作物相互作用的管理，实现土壤、肥料、作物的有机和谐发展。

土肥信息采集是做到土肥信息"底数清、情况明、数字准"的基础性工作，需要各类智慧信息采集技术的有效支撑，主要包括土肥信息传感技术、土肥图像信息采集技术、土肥信息遥感技术、土肥个体信息识别技术、卫星导航信息采集技术以及地理信息系统技术等。

一、土肥信息传感器技术

（一）土肥信息传感技术概述

传感器是一种物理装置或生物器官，能够探测、感受外界的信号、物理条件（如光、热、湿度）或化学组成（如烟雾），并将探知的信息传递给其他装置或器官。

1. 传感器的分类　根据不同的分类标准可以将传感器分为不同的类型：

（1）根据能量传递方式分可分为有源传感器和无源传感器两类。

有源传感器能将一种能量形式直接转变成另一种，不需要外接的能源或激励源。

无源传感器本身并不是一个换能器，被测非电量仅对传感器中的能量起控制或调解作用，所以它必须具有辅助能源——电源。

（2）根据工作原理分可分为物理传感器、化学传感器、生物传感器三大类。大多数传感器是以物理原理为基础运作的。

物理传感器应用的是物理效应，诸如压电效应，磁致伸缩现象，离化、极化、热电、光电、磁电等效应，被测信号量的微小变化都将转换成电信号。

化学传感器包括那些以化学吸附、电化学反应等现象为因果关系的传感器，被测信号量的微小变化也将转换成电信号。

生物传感器是利用生物或生物物质做成的、用以检测与识别生物体内的化学成分的传感器。生物或生物物质是指酶、微生物、抗体等，被测物质经扩散作用进入生物敏感膜，发生生物学反应（物理、化学反应），通过变换器将其转换成可定量、可传输、处理的电信号。按照所用生物活性物质的不同，生物传感器包括酶传感器、微生物传感器、免疫传感器、生物组织传感器等。

（3）根据用途分为压力敏和力敏传感器（常见有压阻式压力传感器和压电式压力传感器两种）、位置传感器（分为直线位移传感器和角位移传感器）、液面传感器、能耗传感器、速度传感器、热敏传感器、加速度传感器（分低频高精度力平衡伺服型、低频低成本热对流型和中高频电容式加速度位移传感器）、射线辐射传感器、振动传感器、湿敏传感器、磁敏传感器、气敏传感器、真空度传感器、生物传感器等。

（4）根据输出信号为标准分可以分为模拟传感器、数字传感器和开关传感器。

模拟传感器：将被测量的非电学量转换成模拟电信号。

数字传感器：将被测量的非电学量转换成数字输出信号（包括直接和间接转换）。

开关传感器：当一个被测量的信号达到某个特定的阈值时，传感器相应地输出一个设定的低电平或高电平信号。

（5）按照其所用材料的类别分，可分为金属、聚合物、陶瓷、混合物。按材料的物理性质分，可分为导体、绝缘体、半导体、磁性材料。按材料的晶体结构分，可分为单晶、多晶、非晶材料。

（6）根据制造工艺分，可分为集成传感器、薄膜传感器、厚膜传感器、陶瓷传感器。

（7）根据转换过程可逆与否，可分为双向传感器和单项传感器。

2. 土肥信息采集中的传感器　在智慧土肥建设过程中，用于土肥信息采集的传感器主要包括：

（1）土壤信息采集传感器　土壤信息采集传感器主要包括土壤湿度传感器、土壤水分传感器、土壤电导率传感器、土壤酸碱度传感器等。

（2）水质水文信息采集传感器　水质水文信息采集传感器主要包括溶氧量传感器、水温传感器、pH 传感器、电导率传感器、流量传感器、流量累计传感器、水位传感器等。

（3）气象信息采集传感器　气象信息采集传感器主要包括风速传感器、风向传感器、雨量传感器、大气压力传感器、空气温度传感器、光照传感器、太阳辐射传感器、累计热量传感器、热能量传感器等。

（4）气体参数信息传感器　气体参数信息传感器主要包括烟感传感器、甲烷传感器、二氧化碳传感器等。

（5）植物参数信息传感器　植物参数信息传感器主要包括分蘖传感器、分叶传感器、株高传感器、株径传感器、叶面湿度传感器等。

（6）视频图像　视频图像主要包括高清摄像头、图像传感器等。

（7）执行器　执行器主要包括开关控制，主要有卷帘开关执行器、照明开关执行器、通风开关执行器、滴灌控制开关执行器、阀门开关执行器；定量控制，主要包括卷帘幅度执行器、外遮阳幅度执行器。

（二）土壤信息传感技术

土壤信息采集传感器主要包括土壤水分传感器、土壤电导率传感器、土壤酸碱度传感器、壤耕作层深度和耕作阻力传感技术、土壤养分传感技术等。

1. 土壤湿度（水分）传感技术　土壤水分是土壤的重要物理参数，它对植物生长、存活、净生长力等具有极其重要的意义，同时土壤水分状况是气候、植被、地形及土壤因素等自然条件的综合反映，对降雨产流、蒸散（植被蒸腾和土壤蒸发）具有重要影响。因此，对土壤水分及其变化的监测，是生态、农业、水分、环境和水土保持等研究工作中的基础。农田土壤水分是农业、气象及水文等学科的一个重要参数。它不仅影响着农业的产量、质量及灌溉制度、而且还影响着径流、入渗等水资源分配与管理以及太阳净辐射的分配等因素。因此，定期监测土壤含水量，对上述领域的研究和应用来讲，是必不可少和相当重要的。

（1）土壤水分检测技术概述　到目前为止，国内外的科学家和工程技术人员，从不同的途径提出的土壤水分测定方法多达几十种。土壤水分含量的测定方法尽管有很多，但大致可分为取样测定法和定位测定法两大类。取样测定法包括物理法和化学法，而每种方法中又有一些不同的方法；定位测定法中包括非放射性法和放射性法。每种方法中也包括一些不同的方法。根据各种测定方法的基本原理不同，土壤水分测定方法主要包括（邓英春、许永辉，2007）：

①质量法，也称重量法　通过测定土样的质量（重量）变化来确定含水量，包括烘（烧）干称重法和密度（比重）法等。

②电测法　通过测定土壤（体）中的电学反应特性，如电阻、电容、电位差、微波、极化现象等的变化确定土壤含水量，以及时域反射法（TDR）、时域传播法（TDT）、频域反射法（FDR）、驻波率法（SWR）等，应用被测介质中表观介电常数随土壤含水量变化确定土壤含水量的方法。

③热学法　通过测定土壤导热性能大小确定土壤含水量。

④吸力（能量）法　通过测定土壤中负压或土壤水分子吸附力的大小确定含水量等方法。

⑤射线法　通过测量 γ 射线或中子射线在土壤中的变化确定土壤含水量。

⑥遥感法　通过遥感技术测定发射或反射电磁波的能量不同确定土壤含水量等方法。

⑦化学法　通过测定土壤水分与其他物质的化学反应确定土壤的含水量等方法。

（2）介电传感器法　利用土壤的介电特性测量土壤水分是一种行之有效、快速、简便、可靠的方法。土壤的介电特性迅速应用于土壤含水量的测量技术中，而且具体实现方法千差万别。其中，高频电容探头测量土壤含水量、甚高频晶体管传输线振荡器测量土壤含水量、微波吸收法、时域反射法（包括时域传播法）、频域反射法（包括频域分解法）、驻波率法（也有学者将其归入频域反射法）等测量方法都属于基于土壤介电特性的土壤含水量测量方法（邓英春、许永辉，2007）。

①时域反射法（Time Domain Reflectometry，TDR）　土壤中水的介电常数约为80，固体的介电常数约为4，而空气的介电常数约为1，由于水的介电常数比一般物料的介电常数要大得多，当土壤中的水分增加时，其介电常数相应增大，测量时水分传感器给出的电容值也随之上升，根据传感器的电容量与土壤水分之间的对应关系可测定土壤水分。电容式水分传感器的特点是精度高，量程宽，可测的物料品种多，而且响应速度较快，可应用于在线监测，便于实现自动化，但这种传感器价格高，系统的性价比低，实际生产推广难度大。

②频域反射法（Frequency Domain Reflectometry，FDR）　是通过测量传感器在土壤中因土壤介电常数的变化而引起频率的变化来测量土壤的水分含量。这些变化转变为与土壤含水量对应成为三次多项式关系的电压信号。频域反射法仪器工作频率一般为20～150 MHz，由多种电路将介电常数的变化转换为直流电压或其他输出形式，输出的直流电压在广泛的工作范围内与土壤含水量直接相关。该方法对传输电缆没有严格的要求。

③驻波率法（Standing-Wave Ratio）　有的学者认为驻波率法是介电法中的另一种方法，也有学者将驻波率法归为频域反射法。驻波率法是基于无线电射频技术中的驻波率（Standing-Wave Ratio）原理的土壤水分测量方法，不再利用高速延迟线测量入射-反射时间差 At 和拍频（频差），而是测量它的驻波比，试验表明三态混合物介电常数 Ka 的改变能够引起传输线上驻波比的显著变化。由驻波比原理研制出的仪器在成本上有很大幅度的降低。频域反射法和驻波率法传感器的探头多为探针式，使用方法与针式 TDR 类似。可以埋设在土壤剖面连续测量，也可以与专用测量仪表配合做移动巡回测量。

（3）主要传感器　土壤湿度（水分）传感主要包括电容式传感器、微波水分传感器、高分子湿度传感器、电阻湿度传感器、半导体陶瓷湿度传感器、电解质湿度传感器（谢红彪等，2013）等。

①电容式传感器　随着集成电路技术的发展，出现了与微型测量仪表封装

在一起的电容式传感器。这种新型的传感器能使分布电容的影响大为减小，使其固有的缺点得到克服。电容式传感器是一种用途极广，很有发展潜力的传感器。电容器传感器的优点是结构简单，价格便宜，灵敏度高，零磁滞，真空兼容，过载能力强，动态响应特性好和对高温、辐射、强振等恶劣条件的适应性强等。缺点是输出有非线性，寄生电容和分布电容对灵敏度和测量精度的影响较大，以及连接电路较复杂等。

②微波水分传感器　微波雷达水分传感器是利用雷达检测技术获取被测介质对特定制式电磁波的透射或反射（或称为二次散射）传播信息来确定有关介质中水分含量大小的传感器。微波雷达水分传感器涉及的雷达测量技术包含：反射式、透射式（遮挡式）和混合式（导波式）三种微波雷达水分传感器。

反射式微波雷达（非接触式）传感器：通过收发发射出特定调制的频率信号，经被测介质反射后，天线接收回波信号，比较两信号的能量损失，由于回波信号能量主要受介质水分含量的影响而变化，故将检测回波与发射信号瞬间的能量差异和介质的温度等信息进行融合，通过标准的水分标定表（模板）刻度，就可以得到被测介质的水分含量。

透射式（遮挡式）水分传感器：这种传感器技术就是由发射天线发射一束调制脉冲信号，该信号透过被测介质并由接收天线接收到信号后进行解调，取出信号的幅度和相位变化信息，这些信息再综合其他参数，如温度补偿后，由DSP进行多传感器信息融合，经水分标定模板（表）比较后，直接输出介质水分含量的大小，对气体介质而言，则求出湿度的大小。这种传感器对被测介质有要求，即介质对电磁波既不能全反射，也不能全吸收，这种传感器类似于射频电容法测试的组合，两电容极板等效于两侧天线，介质也等效于被测介质。

混合式（导波式）微波雷达水分传感器：为了弥补透射式（遮挡式）水分传感器的不足之处，混合式（导波式）微波雷达水分传感器应运而生，其工作原理与前述两种非常相似，其基础是电磁波的时域反射性 TDR 和 ETS 等时采样原理的应用。混合式（导波式）微波雷达水分传感器运用 TDR 原理，TDR发生器产生一个沿导波杆向下传送的调制电磁脉冲波，当遇到比先前传导介质（空气或蒸发气）介电常数大的介质表面时，脉冲波会被反射。用超高速计时电路来计算脉冲波的传导时间差，从而可精确测量水分含量大小。

③高分子湿度传感器　高分子湿度传感器是根据环境中水分的变化，高分子材料的感湿特征量发生变化，从而来检测环境中的水分含量。特征量的变化可以是材料的介电常数、导电性能等的变化，也可以是材料长度或者体积的变化。高分子湿度传感器的感湿部分一般是采用厚度适合的薄膜。按照其测量原理，一般可分为电容型、电阻型、声表面波型、光学型等，以高分

子电阻型薄膜湿度传感器为例，高分子材料由于其具有相对较低的成本、制作工艺简单、易沉积在基底上成膜、分子结构可塑性强等优点，在传感器中受到越来越广泛的应用。而平面薄膜传感器具有灵敏度高，响应时间快等特性。高分子电阻型薄膜湿度传感器兼具上述两种特性，具有响应特性好、测湿范围宽、易于集成化、小型批量生产等优点，而且由于无需蒸镀上电极，可采用成熟的浸涂等工业化生产方法，制作简便，价格低廉，因此高分子电阻型薄膜湿度传感器现已成为湿度传感器发展的重点方向。

高分子湿度传感器优点是：可在高温环境下工作，化学稳定性、热稳定性好，机械强度高，十分坚固。高分子湿度传感器缺点是：长期稳定性不好，尤其在高湿（>50%）或非洁净环境下使用时漂移严重，需经常校准或加热清洗，成本高，可靠性和一致性差。

④电阻湿度传感器　电阻式湿度传感器的敏感元件为湿敏电阻，其主要材料一般为电介质、半导体、多孔陶瓷、有机物及高分子聚合。这些材料对水的吸附较强，其吸附水分多少随湿度而变化。而材料的电阻率（或电导率）也随吸附水分的多少而变化。这样，湿度的变化可导致湿敏电阻阻值的变化，电阻值的变化就可转化为需要的电信号。

⑤半导体陶瓷湿度传感器　陶瓷烧结体微结晶表面对水分子进行吸湿或脱湿时，引起电极间电阻值随相对湿度成指数变化，从而湿度信息转化为电信号。这类元件的可靠性比涂覆元件好，且由于个体导电，不存在表面漏电，元件结构也简单，测湿范围宽，能用电热进行反复清洗，响应速度快，稳定性好。

⑥电解质湿度传感器　离子实体，当其溶液置于一定湿度环境中，若环境相对湿度高，溶液的导电能力将受到水蒸气在空气中的分压作用而加强，即湿敏组件电阻降低；反之，环境相对湿度变低，溶液的导电能力将下降，其电阻上升。这种传感器将湿度信息转化为容易测量的电信号，使得湿度的测量变得十分简便。

2. 土壤电导率传感技术　土壤学的研究结果表明，土壤电导率能不同程度地反映土壤中的盐分、水分、有机质含量、土壤质地结构和孔隙率等参数的大小。有效地获取土壤电导率值，对于确定各种田间参数时空分布的差异具有一定意义。快速测量土壤电导率的方法有：

（1）电流—电压四端法　该方法属于接触式测量方法，虽为接触测量但却不需要取样，基本不用扰动土体，而且在作物生长前和生长期间都可以实现实时测量，可测量不同深度的土壤电导率。但要求土壤和电极之间接触良好，在测量干或多石土壤电导率时可靠性差。

（2）基于电磁感应原理的测量方法　该方法属于非接触式测量方法，测量精度高，可测量不同深度的土壤电导率，但测量深度不如电流—电压四端法容易确定。

（3）基于时域反射仪原理的测量方法 基于时域反射仪原理的测量方法测量精度高，可在同一点连续自动测量。但由于是点对点测量，绘制的土壤电导率图空间分辨率比上述两种方法低。土壤的体电导与含水量密切相关，土壤在含水量变化较大的情况下，直接用土壤的体电导来指示溶质的含量就很困难。将 TDR 测定的土壤含水量与土壤体电导率结合起来，通过体电导和溶液电导之间的关系来确定物质的迁移。这种方法在国外用于土壤含水量和电导率的测定已经相当成熟，具有不破坏样本、快速、但不易操作等特点。

3. 土壤 pH 传感技术 土壤 pH 检测大多采用 pH 试纸或 pH 玻璃电极，前者只能定性检测，后者不能在线测量，因此，这两种方法均无法满足智慧土肥对农情信息获取技术的要求。目前适合智慧土肥要求的方法有光纤 pH 传感器和 pH-ISFET 电极。其中光纤 pH 传感器虽然易受环境光干扰，但在精度和响应时间上基本能满足田间实时快速采集的需要。现已研制出适用于 pH1～14 范围内不同区间 pH 测量的光极，测量精度可达±0.001 个 pH 单位，响应时间短，可进行连续、自动测量。基于 pH-ISFET 电极测量的方法具有良好的精度和较短的响应时间，但基于 pH-ISFET 电极测量的方法易受温度影响，需要温度补偿，且电极的寿命较短，在田间实时快速采集时要加以注意。

4. 土壤耕作层深度和耕作阻力传感技术 圆锥指数（Cone Index，CI）可以综合反映土壤机械物理性质，研究表明，它可用以表征土壤耕作层深度和耕作阻力。圆锥指数 CI 是用圆锥贯入仪（简称圆锥仪）来测定的。圆锥仪的研制工作不断发展，从手动贯入到机动贯入，从目测读数到电测记录，出现了多种多样的圆锥仪。美国研制成功了空投圆锥仪，德国利用卫星测定土壤的 CI 值。中国最初都是采用先从现场采样再在室内进行试验的方法。目前，我国的圆锥仪，以电动机为贯入动力，用微型计算机控制、记录和处理数据的机械式电测圆锥仪，可保证贯入速度均匀，减少对测量精度的影响，可用于室内土槽、野外土壤的测试，但仍是逐点测量，尚未实现连续测量。

5. 土壤养分传感技术 土壤的肥力具有时间和空间的连续性和变异性特征，这种变化取决于各种内在的结构因子（如土壤形成因子，包括土壤母质、地形等）和外在的随机因子（如土壤耕作措施，包括施肥、灌溉和作物轮作等）的综合作用。土壤肥力监测可以及时了解施肥对作物及土壤养分的影响及其变化规律，掌握土壤肥力动态变化趋势，为合理利用土壤资源、保护和提高地力、指导农业生产提供科学依据。

（1）土壤养分信息采集方法概述 当前获取土壤肥力的方法较多，主要有土壤化学分析法、比色分析法、光谱分析法、离子选择电极测量法，其中，前三种方法均需要有特定的测量环境，而且测量时间较长，很难实时获取土壤养分情况。土壤养分的快速测量一直是精细农业信息采集技术的难题。目前采用的测量仪器主要有 3 类：一是基于光电分色等传统养分速测技术基础上的土壤养分速测仪，国内已有产品投入使用，其稳定性、操作性和测量精度虽然尚待改进，但对农田主要肥力因素的快速测量具有实用价值。二是基于近红外技术（NIR）通过土壤或叶面反射光谱特性直接或间接进行农田肥力水平快速评估的仪器，已在试验中使用。三是基于离子选择场效应晶体管（ISFET）集成元件的土壤主要矿物元素含量测量仪器。

（2）离子选择电极测量法　离子敏感器件由离子选择膜（敏感膜）和转换器两部分组成，敏感膜用以识别离子的种类和浓度，转换器则将敏感膜感知的信息转换为电信号。离子敏场效应管在绝缘栅上制作一层敏感膜，不同的敏感膜所检测的离子种类也不同，从而具有离子选择性。以 Si_3N_4、SiO_2、Al_2O_3 为材料制成的无机绝缘膜可以测量 H^+、pH；以 AgBr、硅酸铝、硅酸硼为材料制成的固态敏感膜可以测量 Al^+、Br^-、Na^+；以聚氯乙烯＋活性剂等混合物为材料制成的有机高分子敏感膜可以测量 K^+、Ca^{2+} 等。在实际测量时，含有各种离子的溶液与敏感膜直接接触，在待测溶液；阳敏感膜的交界处将产生一定的界面电位 φ_0，根据能斯特方程，电位 φ_0 的大小和溶液中离子的活度 α_i 有关。在待测溶液中，一般总是有许多离子，其他离子对待测离子的测量会起到干扰作用。考虑到干扰离子的作用，能斯特方程可以表示为：

$$\varphi_l = \varphi_0 = \frac{RT}{n_l F} \mathrm{in}(x_i + \sum_j K_{ij} \alpha_j^{\frac{n_i}{n_j}})$$

式中 φ_0——广常数；

　　R——气体常数 [8.3 14J/（K·mol）]；

　　T——器件的热力学温度；

　　F——法拉第常数（9.694×10^4 C/mol）；

　　n_i——溶液中待测离子的价数；

　　n_j——溶液中干扰离子的价数；

　　α_i——待测离子的活度；

　　α_j——干扰离子的活度；

　　K_{ij}—— 离子敏场效应管的选择系数。

能斯特方程建立了电位 φ_0 和溶液中离子 α_i 的活度的关系。活度 α_i 表征了溶液中参加化学反应的离子浓度 $C_{i\circ}\alpha_i = v_i C_i$ 其中 v_i 为离子的活度系数，其值与溶液中参加化学反应的离子浓度 C_i 有关。一般的离子选择电极其界面电势达到恒值所需要的时间大部分为 10s 至几分钟，但视不同电极及测试浓度而异。由于土壤复杂多变，干扰因子较多，所以测定必须在标准条件下进行。一般离子选择电极的寿命较短，为几个月至一年不等（袁朝春、陈翠英、江永真，2005）。

（三）植物生理信息传感技术

国内外对植物生长信息的检测研究中，植物养分诊断的研究和应用起始于19世纪。目前国内外植物养分诊断的手段有外观诊断、化学诊断、叶绿素计氮营养诊断和光谱诊断等。氮素是影响作物生长与产量的主要因素之一。由于叶片含氮量和叶绿素含量之间的变化趋势相似，所以可以通过测定叶绿素含量来监测植株于作物氮素含量的无损检测研究，主要采用机器视觉技术、光谱分析技术以及多光谱与高光谱成像技术。机器视觉和光谱技术具有非破坏性、速度快、效率高、信息量大等特点，目前已在主要的农作物和经济作物，包括小麦、玉米、水稻、大豆、油菜等养分诊断方面有广外的应用。在植物生理信息检测方面，初步研究结果表明，多源光谱检测技术有着广阔的应用前景。在植物生态信息，包括植被指数、叶面积指数等对作物长势估产具有重要意义的参数等方面，近地遥感技术也发挥了巨大的作用。基于机器视觉或图像处理技术的植物三维形态信息数字化技术的相关研究对建立植物三维生长模型、长势预测、产量估计等具有重要意义（聂鹏程，2012；李映雪、谢晓金、徐德福，2009）。

1. 作物长势的遥感监测　作物长势的遥感监测主要包括叶面积指数信息的采集和生物量的监测。

（1）叶面积指数信息的采集　叶面积指数（LA）是作物冠层结构的一个重要参数，它不仅决定着作物的许多生物物理过程，还提供着作物生长的动态信息，同时叶面积指数也是许多作物生长模型和决策支持系统的重要输入参数。利用遥感数据提取植被叶面积指数的方法可以采用传统植被指数与LA的相关分析，也可以借助于冠层辐射传输模型。另外，敏感波段分布表和神经网络方法也被用于LA的遥感估测，其中植被指数的方法应用最为广泛。最近，随着高光谱遥感的兴起，导数光谱技术以及基于植被反射光谱波形分析的红边参数也越来越多地用于反演植物叶面积指数。研究表明作物的叶面积指数在光谱中有较好的体现，利用高光谱遥感技术获取作物的叶面积指数，能够克服传统获取作物叶面积指数费时耗力，并减少作物叶片的破坏性。

（2）生物量的监测　生物量是作物重要的生物物理参数之一，作物生物量与叶面积指数和产量密切相关，因此以作物生物量的遥感监测通常与叶面积指数或者产量结合起来讨论。用于监测作物叶面积指数的方法都适用于生物量的光谱监测，主要利用植被指数、高光谱参数与生物量进行相关分析。许多研究表明，生物量与两个区域波段的光谱反射率存在良好的相关性，在近红外波段（740～1 100 nm）正相关，而红光波段（620～700 nm）表现为负相关。因此，植被指数与高光谱参数都能较好地估测作物的生物量。

2. 作物生物化学参数的遥感监测　作物生物化学参数的遥感监测包括氮素营养的监测、叶绿素的监测和叶片碳氮比的监测。

（1）氮素营养的监测　氮素是作物生长最为重要的营养元素之一，受氮肥胁迫时，作物的生长受到影响，引起叶面积指数、生物量、盖度、叶绿素含量和蛋白质含量等降低，从而影响作物群体的反射光谱发生改变。由于作物冠层光谱反射特征易受到植株叶片含水量、冠层几何特征以及土壤覆盖度等各种时空因子的影响，因此所建立氮素光谱诊断模型可靠性与普及性都较低，目前如何提高氮素光谱诊断模型在实际生产中的广泛应用应是高光谱氮素监测的一个重要研究内容。

（2）叶绿素的监测　叶绿素是作物光合作用的主要色素，是吸收光能的物质，其含量的高低直接影响作物的光合同化和物质积累能力。通常叶绿素可以作为作物氮素胁迫、光合作用能力和发育阶段（特别是衰老阶段）的指示器，因此，叶片及冠层光谱反射率对光合色素的响应可以作为一种监测光合作用、氮素状况的有力手段。

（3）叶片碳氮比的监测　在植被遥感研究中，植物体内含碳物质和含氮物质的定量监测是国内外的一个重要研究方向。有关植株氮素的光谱监测比较多，碳监测的研究主要集中在纤维素和木质素等方面，而对碳氮比的研究鲜有报道。作物体内的碳氮比是表征作物生理代谢协调的一项重要指标，因此，快速、无损和准确地监测叶片的碳氮比状况，有助于进行实时的生长诊断及管理调控，实现作物高产、优质和高效。

3. 作物品质的遥感监测　相对于作物长势、氮素营养状况以及叶绿素等方面的遥感监测，有关品质光谱监测的研究较晚，但随着优质作物以及人们生活营养的要求，目前作物品质监测在生产和应用研究上已逐步显示其重要作用。

4. 作物产量传感器　作物产量是众多影响作物生产因素综合作用的结果，是变量作业管理的重要依据。获取作物产量信息，建立产量分布图，是实现作物生产过程中科学调控投入和制订管理决策措施的重要基础，也是实施精细农业的先决条件。

（1）谷物流量传感器　目前应用的谷类作物产量传感器主要有冲量式流量传感器、γ射线式流量传感器及光电式容积流量传感器。

冲量式流量传感器基于冲击原理，当谷物流冲击感力板时会改变运动方向，造成冲量的变化，在感力板上反映为力的变化，检测该变化即可得到谷物流量值。该测量方法的精度取决于集谷绞龙的速度、谷物类型和粮食的湿度。动态试验表明，该方法测量精度达 96%。由于冲量式流量传感器结构简单，使用安全，测量精度较高，被认为是较实用的传感器类型。

γ射线式流量传感器虽然可以得到较高的测量精度，但是由于它造价高，且对操作者的人身健康可能造成潜在伤害，限制了其推广。

光电式容积流量传感器直接测量谷物的容积流量，但测量结果受谷物密度、含水率、机器倾斜度、探头污染等的影响，需经常清洗和标定，性能不稳。测量误差为±3%。

（2）谷物水分传感器　影响产量的另一主要因素是谷物水分，因此谷物水分传感器也是测产系统的重要组成部分。常见的谷物水分传感器有电阻式、电容式、红外式、微波式和中子式传感器。

电阻式水分传感器已利用于谷物等固体物料的水分连续测量，其特点是结构简单，价格便宜，但对低水分或高水分测量不准，对被测物料的接触状态要求较高。

电容式水分传感器是使用较广泛的一种测水装置，其结构简单，易于进行连续测水，但测量精度不高，稳定性差，不同品种谷物对测量的影响较明显。

红外式水分传感器为非接触测量形式，易于快速连续测量水分，但因受被测物料的形状、大小、密度的影响，不能测量物料内部水分。

微波式水分传感器优点是灵敏度高，非接触测量，可实现快速连续测定，其缺点是受被测物料的形状、密度的影响，不能测量物料内部水分。

中子式水分传感器是非接触式测量，对动态物料可进行快速连续测量，并能测量物料内部水分，不受被测物料的形状、密度、水的形态影响。

（四）植物生长环境气象信息传感技术

植物生长环境气象信息传感技术包括太阳辐射测定技术、光照度测定技术、空气温湿度测定技术、风速风向测定技术、雨量测定技术、大气压力测定技术等。

1. 太阳辐射测定技术　辐射指太阳、地球和大气辐射的总称。通常称太阳辐射为短波辐射，地球和大气辐射为长波辐射。观测的物理量主要是辐射能流率，或称辐射通量密度或辐射强度，标准单位瓦/平方米。气象上常测定以下几种辐射量：

（1）太阳直接辐射　指来自日盘0.5°立体角内与该立体角轴垂直的面的太阳辐射。

（2）天空辐射（或称太阳散射辐射）　指地平面上收到的来自天穹2π立体角向下的大气等的散射和反射太阳辐射。

（3）太阳总辐射　指地平面接收的太阳直接辐射和散射辐射之和。

（4）反射太阳辐射　指地面反射的太阳总辐射。

（5）地球辐射　指由地球（包括大气）放射的辐射。

（6）净辐射　指向下和向上（太阳和地球）辐射之差。

测量太阳总辐射和分光辐射的仪器的基本原理是将接收到的太阳辐射能以最小的损失转变成其他形式能量，如热能、电能，以便进行测量。用于总辐射强度测量的有太阳热量计和日射强度计两类。太阳热量计测量垂直入射的太阳辐射能。使用最广泛的是埃斯特罗姆电补偿热量计。测量辐射的仪器主要有：

（1）直接日射表　是测定太阳直接辐射的常规仪器。进光筒对感应面的视张角为10°，感应面是一块涂黑的锰铜片，它的背面紧贴热电堆正极，负极接在遮光筒内壁，热电堆的电动势正比于太阳辐射。用于遥测的直接日射表将进光筒安装在"赤道架"上，借助电机和齿轮减速器，带动日射表进光筒准确地自动跟踪太阳。

（2）净辐射表　用于测量地表面吸收和支出辐射之差。仪器有上下两片感应面，由绝热材料将其隔开，并分别罩上聚乙烯防风薄膜。向上和向下感应面分别感应地面对辐射的收入和支出，热电堆测量它们的温差，净辐射强度正比于温差电动势。

2. 光照度测定技术　光照度，即通常所说的勒克司度。它表示被摄主体表面单位面积上受到的光通量。环境光照度对于工农业生产、气候研究、日常生活等方面都有重要影响，因此光照度的测量也是很重要的内容。在农业生产中，光照度是影响农作物生长的重要参数之一。

光照度传感器的转换元件能将光量转换为电量，其主要完成对环境光线的检测，根据其工作原理通常可分为：内光电效应元件和外光电效应元件。内光电效应元件，分为光电导效应元件、光生伏特效应元件、光磁电效应元件等，此类光电转换元件有光电池、光敏电阻、光电二极管等。外光电效应元件包括摄像管、光电倍增管等（孙勇，2011）。

（1）光电池　光电池是一种自发式光电转换元件，它不需要外加电源直接把光能转换为电能。由于硅光电池具有性能稳定、转换效率高、耐高温辐射、光谱灵敏度和人眼灵敏度相近等优点而得到广泛的应用。硅光电池的工作原理是基于光生伏特效应。它是在一块 N 型硅片上掺入一些 P 型杂质而形成一个大面积的 PN 结，根据光照强度不同，即光子量不同形成不同的电势差，通过测量电流的差异确定光照度的大小。

光电池虽是光强测量采用较多的器件，但在实际制作时，为了符合人的视觉灵敏度，尽可能提高光能转换为电能的效率，通常对光信号还要进行一定的光学处理。但当探测度、响应速度、线性度等跟转换效率发生冲突的时候就会舍弃以上指标，影响到整体测量质量。而且与光电二极管相比，光电池的漏电流、结电容较大，并联电阻较小。因此，用光电池探测时有噪声大、动态范围和线性区小、响应慢等缺点。

（2）光敏电阻　光敏电阻是一种由具有光电效应的半导体材料构成的无极性电阻器件。它的作用机理就是基于半导体的光电效应。光敏电阻的基本参数为光谱特性、照度特性、响应特性和温度特性等，根据不同的用途对各参数的要求有差别。其照度特性指光敏电阻的阻值随它的照射光不同而发生变化。当光敏电阻没有受到光照时。其阻值很大，当受到一定波长范围的光照后，其阻值会急剧变小。而且光敏电阻的制作材料、尺寸、形状等因素的不同，会导致照度与光敏电阻阻值之间对应关系也不同，因此通常用照度与光电阻曲线来表达其照度特性。

光敏电阻由于它具有体积小、灵敏度高、性能稳定、价格低等特点，在自动控制、家用电器等领域应用较广。例如，其在城市照明中路灯控制、船舶航行中航标灯自动控制电路中应用较多，同时在电视机亮度自动调节、照相机自动曝光、音乐石英钟控制晚间不奏鸣报点、防盗报警装置等都起了重要作用。

（3）光敏二极管　光敏二极管也是将光信号变成电信号的半导体器件，它是根据硅 PN 结受到光照后产生的光电效应原理构成的，其光谱响应特性主要由半导体材料中所掺的杂质所决定。和普通二极管相比，为了便于接受入射光照，光敏二极管的 PN 结面积做的尽量大，电极面积尽量小，PN 结的结深也很浅。当它不受光照时，通过 PN 结的仅是由环境温度产生的微小暗电流及反向偏压所产生的漏电电流：当光照射到 P 型硅层的外表面时，按照光的对应波长，光被吸收到二极管内形成电子和空穴，在 PN 结处产生了电势。因此，只有当受光照时，光能才能转换成电能，产生光电流。如果在外电路上接上负载，负载上就获得了电信号，而且这个电信号随着光的变化而相应变化。不同光敏二极管光信号与电信号变化规律也不同，因此往往采用特性曲线实现光强测量。

3. 空气温湿度测定技术　湿度测量从原理上划分有二三十种之多。对湿度的表示方法有绝对湿度、相对湿度、露点、湿气与干气的比值（重量或体积）等。常见的湿度测量方法有：动态法（双压法、双温法、分流法），静态法（饱和盐法、硫酸法），露点法，干湿球法和形形色色的电子式传感器法等。

（1）双压法、双温法是基于热力学 P、V、T 平衡原理，平衡时间较长，分流法是基于绝对湿气和绝对干空气的精确混合。由于采用了现代测控手段，这些设备可以做得相当精密，但存在设备复杂，昂贵，运作费时费工等问题，主要作为标准计量之用，其测量精度可达±1.5%RH～±2%RH。

（2）静态法中的饱和盐法，是湿度测量中最常见的方法，简单易行。但饱和盐法对液、气两相的平衡要求很严，对环境温度的稳定要求较高。用起来要求等很长时间去平衡，低湿点要求更长。特别在室内湿度和瓶内湿度差值较大时，每次开启都需要平衡 6～8 小时。

（3）露点法是测量湿空气达到饱和时的温度，是热力学的直接结果，准确度高，测量范围宽。计量用的精密露点仪准确度可达±0.2℃甚至更高。但用现代光电原理的冷镜式露点仪价格昂贵，常和标准湿度发生器配套使用。

（4）干湿球法，使用最普遍。干湿球法是一种间接方法，它用干湿球方程换算出湿度值，而此方程是有条件的：即在湿球附近的风速必须达到2.5m/s以上。普通用的干湿球温度计将此条件简化了，所以其准确度只有5%～7%RH，明显低于电子湿度传感器。显然干湿球也不属于静态法。

4. 风速风向测定技术　风速风向测定多采用风速风向仪。风速风向仪是智能风速传感报警设备，其内部采用了先进的微处理器作为控制核心，外围采用了先进的数字通信技术。系统稳定性高、抗干扰能力强，检测精度高，机械强度高、抗风能力强，显示器机箱设计新颖独特，坚固耐用，安装使用方便。风速风向仪由风速风向监控仪表、风速传感器、风向传感器、连接线缆组成。现在市面上销售的风速风向传感器种类很多，就其原理有以下几种：

（1）旋转式风速计是利用测速发电机原理，通过测速电机的输出电压跟转速呈线性关系原理得到风速。

（2）压力风速计又称达因风速计，根据气流对物体的压力和风速的平方成正比的原理制成。

（3）热线风速仪是利用散热速率和风速的平方呈线性关系的原理制成。

（4）基于互相关原理的风速风向传感器，可以同时测量三维空间的风速风向，不破坏风场、结构简单、价格低廉、实时高效，微风时测量精度高。

（5）除上述仪器外另外还有超声波风速计、激光多普勒风速计、单摆式风速计、压差式风速计等。

风速风向仪具有技术先进，测量精度高，数据容量大，遥测距离远，人机界面友好，可靠性高的优点，广泛用于气象、海洋、环境、机场、港口、工农业及交通等领域。

5. 雨量测定技术　降水量是衡量一个地区在某段时间内降水多少的数据。降水量就是指从天空降落到地面上的液态和固态（经融化后）降水，没有经过蒸发、渗透和流失而在水平面上积聚的深度。它的单位是毫米。降水根据其不同的物理特征可分为液态降水和固态降水。液态降水有毛毛雨、雨、雷阵雨、冻雨、阵雨等，固态降水有雪、雹、霰等，还有液态固态混合型降水，如雨夹雪等。

（1）单翻斗式技术　雨量传感器用来测量降雨量及降雨强度。采用单翻斗式技术原理，其输出的开关信号，通过电缆直接与数据采集系统连接，适用于自动气象站及雨量站使用。翻斗式雨量传感器是用来测量自然界降雨量，同时将降雨量转换为以开关量形式表示的数字信息量输出，以满足信息传输、处理、记录和显示等的需要。翻斗式雨量传感器适用于气象台（站）、水文站、农林、国防等有关部门用来遥测液体降水量、降水强度、降水起止时间。用于防洪、供水调度、电站水库水情管理为目的水文自动测报系统、自动野外测报站，为降水测量传感器。

（2）超声波传感器　超声波传感器是利用超声波的特性研制而成的传感器。超声波是一种振动频率高于声波的机械波，由换能晶片在电压的激励下发生振动产生的，它具有频率高、波长短、绕射现象小，特别是方向性好、能够成为射线而定向传播等特点。超声波对液体、固体的穿透本领很大，它可穿透几十米的深度。超声波碰到杂质或分界面会产生显着反射形成反射成回波，碰到活动物体能产生多普勒效应（洪峰，2011）。

根据声学原理，当声波从一种介质向另一种介质传播时，在两种密度不同、声速不同的介质界面上，会发生反射和折射。其反射率为：

$$R = \frac{\cos a_1/\cos a_2 - p_2c_2/p_1c_1}{\cos a_2/\cos a_1 - p_2c_2/p_1c_1} \tag{1}$$

$$Y = Y_1 + Y_2 \tag{2}$$

$$S_0 = 1/2(Y + X_1 + X_2) \tag{3}$$

$$X_1 = 0.5v\Delta t, X_2 = 0.5v\Delta t \tag{4}$$

$$S = \frac{2\sqrt{0.5(S_0+X_1)(S_0+X_2)(S_0+Y)}}{Y} \tag{5}$$

$$h = H - S \tag{6}$$

当声波传播到水面时，$R \approx 1$，超声波测距是通过不断检测超声波发射后遇到的障碍物所反射的回波来测出发射和接收回波的时间差 Δt，然后求出距离 S 测量雨量液位是属于测量面与点距离的性质，液位、换能器与换能器所在测量参考平面之间存在一个角度，其测量如图 3-3 所示。

式中 Y——换能器之间的距离；

S_0——测量三点构成的几何图形面积；

X_1——换能器到测量反射点之间的距离；

v——超声波在上层介质中传播的速度；

Δt——从发射到接收一次的传播时间；

S——测量桶顶部距离液位的距离；

H——桶顶部距离底部的距离；

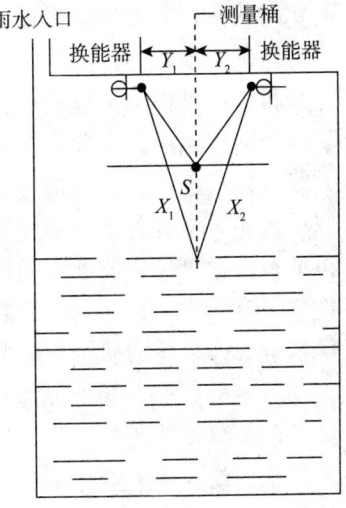

图 3-3　超声波测量基本原理

h——液位高度。

6. 大气压力测定技术　测量大气压力有多种方法：第一种方法是测量海拔高，根据一个公式求得大气压，该方法的原理是大气压随海拔高升高而减少。第二种方法是采用"二力平衡"的原理、用"等效替代"的思想测大气压力值。也就是让大气压把一定长度的液体柱（常用汞柱）托住，汞柱底部平面的压力和大气压力平衡，测量该汞柱的高度（用毫米汞柱等作为单位），既可用××毫米汞柱表示大气压，也可以把汞柱重力对底部平面的压强求出，用该压强数值代替大气压强。第三种方法是用大气压力让金属盒压缩，测量压缩距离（或者将其转换为指针偏转角），利用改距离或者角度对应的刻度读取大气压。

二、土肥图像信息采集技术

农业物联网的基本概念是实现农业上作物与环境、土壤及肥力间的物物相连的关系网络，通过多维信息与多层次处理实现农作物的最佳生长环境调理及施肥管理。但是作为管理农业生产的人员而言，仅仅数值化的物物相连并不能完全营造作物最佳生长条件。视频与图像监控为物与物之间的关联提供了更直观的表达方式。比如，哪块地缺水了，在物联网单层数据上看仅仅能看到水分数据偏低。应该灌溉到什么程度也不能死搬硬套地仅仅根据这一个数据来作决策。因为农业生产环境的不均匀性决定了农业信息获取上的先天性弊端，而很难从单纯的技术手段上进行突破。视频监控的引用，直观地反映了农作物生产的实时状态，引入视频图像与图像处理，既可直观反映一些作物的生长长势，也可以侧面反映出作物生长的整体状态及营养水平。可以从整体上给农户提供更加科学的种植决策理论依据。

当前视频图像主要用摄像头采集，摄像头主要有以下几类：

（1）根据所传达的信号分　分为模拟摄像头和数字摄像头，模拟摄像头可以将视频采集设备产生的模拟视频信号转换成数字信号，进而将其储存在计算机里；模拟摄像头捕捉到的视频信号必须经过特定的视频捕捉卡将模拟信号转换成数字模式，并加以压缩后才可以转换到计算机上运用；数字摄像头可以直接捕捉影像，然后通过串、并口或者 USB 接口传到计算机里。

（2）根据形态分　分为桌面底座式、高杆式及液晶挂式三大类型。

（3）根据功能分　分为防偷窥型摄像头、夜视型摄像头。防偷窥摄像头是在摄像头的主体上增加一个电源开关，在不使用的时候把摄像头的电源切断，从而避免在黑客远程启动摄像头，达到反偷窥的目的。夜视型是指摄像头是否具备 LED 灯。该灯可以弥补低照度下光线的不足。

（4）根据是否需要安装驱动分　可以分为有驱型与无驱型摄像头。有驱型指的是不论在什么系统下，都需要安装对应的驱动程序；无驱型，是指无需安装驱动程序，插入电脑即可使用。

三、遥感技术

（一）概述

广义上讲，遥感技术是指从远处探测、感知物体或事物的技术，即不直接接触物体本身，在远处通过传感器探测和接受来自目标的信息（如电场、磁场、电磁波、地震波等），经过信息的传输和处理分析，识别目标的属性及其空间分布等特征的技术（李军等，2009）。

通常意义上的遥感，更多的是在对地观测的范畴内，从空中对地面进行遥感，即从远离地面的不同工作平台上，通过传感器，采集地球表面反射或发射的电磁波（辐射）信息，并进行传输、处理、分析，对地球的资源、环境、人类活动等进行探测和监测的综合性技术。其基本原理是利用不同物体具有不同电磁波谱特性，通过遥感平台和传感器来获取目标的信息。

遥感平台是传感器的载体，它的作用就是稳定地运载传感器，除了卫星，常用的遥感平台还有飞机、气球等。而传感器则是安装在遥感平台上探测物体电磁波的仪器，其主要任务是采集获取目标信息，它可以是照相机、多谱段扫描仪、微波辐射计或合成孔径雷达。针对不同的应用和波段范围，人类已研究出很多种传感器，可探测和接收物体在可见光、红外线和微波范围内的电磁辐射，并把这些电磁辐射按照一定的规律转换为原始图像。原始图像需要经过一系列复杂的处理，才能提供给不同的用户使用。

按遥感平台飞行高度分类，可分为航天遥感、航空遥感和地面遥感。其中，航天遥感（Space Remote Sensing），泛指利用各种航天飞行器（如卫星、航天飞机、宇宙飞船等）为平台的遥感技术系统。卫星遥感（Satellite Remote Sensing）是航天遥感的主要组成部分，主要以人造地球卫星作为遥感平台，搭载光学、红外、电磁波等各类传感器对地球表面和大气层进行光学和电磁观测。航空遥感泛指从飞机、飞艇、气球等空中平台对地观测的遥感技术系统。地面遥感主要指以高塔、车、船为平台的遥感技术系统，地物波谱仪或传感器安装在这些地面平台上，可进行各种地物波谱测量。

按所利用的电磁波波长频段分类，则可分为可见光/反射红外遥感、热红外遥感、微波遥感三种类型：

可见光/反射红外遥感，主要指利用可见光（$0.4 \sim 0.7 \mu m$）和近红外（$0.7 \sim 2.5 \mu m$）波段的遥感技术统称，前者是人眼可见的波段，后者是反射红外波段，人眼虽不能直接看见，但其信息能被特殊传感器所接收。它们的共同特点在于其辐射源均是太阳，在这两个波段上只反映地物对太阳辐射的反射，根据地物反射率的差异，就可以获得有关目标物的信息，它们都可以用摄影方式和扫描方式成像。

热红外遥感，指通过红外敏感元件，探测物体的热辐射能量，显示目标的辐射温度或热场图像的遥感技术统称，其波段范围为 $8\sim14\mu m$。地物在常温（约 300K）下热辐射的绝大部分能量位于此波段，在此波段地物的热辐射能量大于太阳的反射能量，这使得热红外遥感具有昼夜工作的能力。

微波遥感，指利用波长 $1\sim1\,000mm$ 电磁波的遥感技术统称。通过接收地面物体发射的微波辐射能量，或接收传感器本身发出的电磁波束的回波信号，对物体进行探测、识别和分析。微波遥感的特点是对云层、地表植被、松散沙层和干燥冰雪具有一定的穿透能力，具有全天时、全天候的工作能力。

按研究对象分类，可分为资源遥感与环境遥感两大类。资源遥感是以地球资源作为调查研究对象的遥感方法和实践，调查自然资源状况和监测再生资源的动态变化，是遥感技术应用的主要领域之一。利用遥感信息勘测地球资源，具有成本低、速度快的特点，有利于克服自然界恶劣环境的限制。环境遥感则是利用各种遥感技术，对自然与社会环境的动态变化进行监测或做出评价与预报的统称。由于人口的增长与资源的开发、利用，自然与社会环境随时都在发生变化，利用遥感多时相、重访周期短的特点，可以迅速为环境监测、评价和预报提供可靠依据。

影像数据是地理空间信息资源的重要组成部分，以其直观、可视化等特点，可帮助业务单位在应用中及时、迅速地发现问题，从而可使管理和决策工作更加科学化。通过遥感技术获取到的影像数据及其处理成果，可极大地丰富政务地理空间信息资源的种类与内容。

目前，应用最多的遥感数据主要有两类，一类是卫星影像，另一类是航空影像。这两类数据除了数据采集的工具有所不同外，主要的区别在于影像分辨率。对于遥感影像而言，分辨率通常是指地面分辨率。地面分辨率是指在影像上能够分辨地面最小景物的大小，一般以一个像素代表地面的大小来表示，通常所讲的 2 米分辨率就是指 1 个像素表示地面大约 2 米×2 米的面积。

卫星遥感具有视野开阔、不受地理位置和疆界限制、可重复观测、能快速获取大面积甚至全球性地面动态信息等优点，但由于卫星运行高度通常超过几百千米，采用较长的摄影焦距，导致立体量测的交会条件不够理想，难以取得较好的立体效应，从而影响高程量测精度。因此，目前卫星摄影测量还多用于特殊困难地区或中小比例尺成图的地理空间数据采集获取上。

航空摄影是泛指运用各种飞行器特别是运用轻便型飞机对地面物进行拍摄。从拍摄高度来说，它可分为低空航拍（几十米至 800m）、标准航拍（800～2 500m）、高空航拍（2 500m 以上）等。航空影像数据以其分辨率高、可读性强、信息量丰富等特点，成为弥补卫星影像数据不足的有效方式。政务地理空间信息资源中的数字线划图（Digital Line Graphic，DLG）、数字高程模型（Digital Elevation Model，DEM）、数字正射影像图（Digital Orthophoto Map，DOM）、城市三维模型数据均可利用航空影像数据，通过数字摄影测量技术的处理加工来生成。

（二）遥感技术在土肥信息采集中的应用

遥感技术是获得田间数据的重要来源。土肥的生产和管理是一个动态的过程，要求及时摸清土肥资源的现状，了解农作物田间生产状况，监测其变化并预测其发展。遥感技术具有速度快、信息真、现势性强、多时相、更新快、效益高等特点，是土肥生产管理和决策的重要手段。土肥资源分布在广阔的地理空间，土肥也在广阔的地域上展开，遥感技术在解决我国资源与环境问题，促进农业和农村的可持续发展中起着相当重要的作用，如农业资源调查及动态监测、大面积农作物长势监测与估产、农业灾害遥感监测和损失评估等方面。

1. 利用遥感技术采集土壤、作物等信息　遥感技术具有观测范围广、获取信息量大、速度快、实时性好及动态性强等特点，它能快速、准确、可靠地提供翔实、现实的地理信息和数据，诸如地形、排水特征、植被类型或结构，某些土壤特征或其类型以及某些耕地质量，并运用间接判别获取土层厚度、土壤肥力以至土壤类型、地下水状况等。遥感技术主要通过车载或人造卫星装载的传感器获取即时田间数据，通过多波段的反射光谱分析可得到农田小区内作物的生长环境、作物状态因子、环境胁迫因子数量化的确切信息，了解地块内土壤和作物的空间变异情况进行管理决策。

2. 利用遥感技术采集作物信息　目前国内外均比较重视使用高光谱遥感技术采集作物信息，使用高光谱遥感技术采集作物信息：一是可以快速准确地获取农田作物生长状态的实时信息，为实施精准农业提供重要的技术支撑；二是能够获取作物的叶面积指数，克服了传统方法的弊端，并减少对作物叶片的破坏性，从而实时、快速、准确地获取农田信息；三是能够较好地监测叶绿素含量，叶绿素密度、植被红边特性以及其他色素含量等重要信息；四是快速、无损和准确地监测叶片的碳氮比状况，有助于进行实时的生长诊断及管理调控，实现作物生产过程中的高产、优质和高效。我国有很多研究都是借助于这些方法对作物的生长、产量信等进行推算。归一化植被指数 NDVI 是遥感监测地面植物生长和分布的一种好方法，它能较好抑制大气路径和观测方向的影响，即削弱大气层和地形阴影的影响，提高对土壤背景的鉴别能力。有学者提出采用基于周期性特点时间序列的谐函数处理方法，用于数据的平滑处理，去除云噪声的负面影响，而且提出了利用时序 NDVI 数据提取作物生长过程方法（刘彦等，2010）。

3. 作物产量遥感估测 遥感估产是根据生物学原理，在收集分析各种粮食作物不同光谱特征的基础上，通过卫星传感器记录的地表信息、辨别作物类型、监测作物长势，并在作物收获前，预测作物的产量的技术，该技术在对作物进行识别和提取播种面积的前提下，对长势进行监测并预报产量。

4. 低空遥感的作用 卫星遥感的主要作用是对相对宏观的地理环境与植物生长状况进行监测，地面超低空探测系统使信息获取成本大大降低，且分辨率和探测精度大大提高。超低空飞行器 GPS 自动导航控制装置、机载地面信息自动探测装置（包括可见光、热红外、近红外和多普勒探测器）、探测与预报的数据自动分析处理系统、信息管理系统、智能化分析与决策控制系统平台等，是实现区域性快速地理环境信息采集与植物生长信息数字化的有效手段。基于这种人工智能的精确控制技术和信息化高新技术研究在发达国家已引起重视，如机器视觉与生物信息模式识别、图像信息技术应用、农业机器人研究等（李树君等，2003）。

四、土肥个体信息识别技术

土肥个体信息识别技术用于作物、肥料的个体信息识别，主要包括射频识别技术和条码技术等。

（一）射频识别技术

智慧土肥建设需要在感知层中对大量的物体进行个体标识，即身份识别技术。无线射频识别技术已成为对物体感知识别的主要技术，并且通过与互联网、通信等技术相结合，可实现全球范围内物品跟踪与信息共享。

1. 无线射频识别技术的概念 无线射频识别技术，是在 20 世纪 90 年代逐步新兴起来的自动识别技术。RFID 射频识别是一种非接触式的自动识别技术，它通过射频信号自动识别目标对象并获取相关数据，识别工作无需人工干预，可工作于各种恶劣环境。RFID 技术可识别高速运动物体并可同时识别多个标签，操作快捷方便。RFID 系统主要包括 RFID 标签和阅读器。RFID 标签主要组成部分是芯片与天线，每个标签对应唯一的电子编码。阅读器控制射频模块发射读取信号，处理标签的识别信息。

2. 无线射频识别工作原理 RFID 是一种非接触式的自动识别技术，它通过射频信号自动识别目标对象并获取相关数据，识别过程无需人工干预。RFID 系统由电子标签、读写器和中央信息系统三个部分组成，电子标签可分为依靠自带电池供电的有源电子标签和无自带电源的无源电子标签。RFID 系统的工作原理（图3-4）是：当电子标签进入读写器发出的射频信号覆盖的范围内后，无源电子标签凭借感应电流所获得的能量发送存储在芯片中的产品信息，有源电子标签主动发送某一频率的信号来传递自身的产品信息。当读写器读取到信息并解码后，将信息送至中央信息系统进行数据处理。

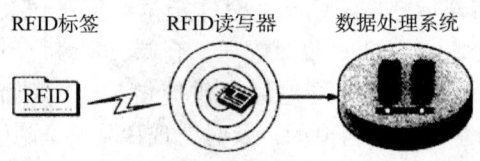

图 3-4　RFID 工作原理

3. 无线射频识别系统的分类　常见的 RFID 系统分类方法有多种。按照不同频率，可分为低频系统、中频系统和高频系统；根据读取电子标签数据的技术手段，分为反射调制式、广播发射式和倍频式；依据标签内是否装有电池，分为无源系统和有源系统；按照标签内保存信息的注入方式，分为现场无线改写式、现场有线改写式和集成电路固化式；另外，还可依据系统工作距离、标签的材质和阅读器的工作状态等方面，对 RFID 系统进行分类。

（1）按应用频率分　RFID 按应用频率的不同分为低频（LF）、高频（HF）、超高频（UHF）、微波（MW），相对应的代表性频率分别为：低频 135KHz 以下、高频 13.56MHz、超高频 860 ～ 960MHz、微波 2.4GHz，5.8GHz。

（2）按能源供给方式分　RFID 按照能源的供给方式分为无源 RFID，有源 RFID 以及半有源 RFID。无源 RFID 读写距离近，价格低；有源 RFID 可以提供更远的读写距离，但是需要电池供电，成本要更高一些，适用于远距离读写的应用场合。

4. RFID 的识读设备　RFID 读写设备有 RFID 读卡器、阅读器、读写模块等，目前市面上性价比比较高的有 CY-TZB-203、CY-TZB-208、YW-201 和 YW-601U 和 YW-601R 等。这些设备可以将 RFID 的数据读取或写入，并且做到很好的加密。远距离的有 CY-RFS-205、CY-RFS-209、WV-CID1500、WV-VID1500 距离能够达到 1.5km。

5. RFID 在土肥领域的应用现状

（1）在农作物智能种植领域中的应用　农业物联网在现代农作物智能种植领域中的应用主要包括：收集温度、湿度、风力、大气、降水量等数据信息，监视农作物灌溉情况，监测土壤和空气状况的变更，根据用户需求，随时进行处理，为现代农业综合信息监测、环境控制以及智能管理提供科学依据。RFID 相关技术（包括标签、读写器、管理软件）可以适应不同作物和作物不同生长阶段。

（2）在农产品质量安全监测中的应用　RFID 技术简单实用、方便操控，在食品安全生产和管理中应用得较为广泛。目前食品行业已经基于 RFID 技术建立了较为完善的食品安全跟踪与追溯系统，即通过为食品及其原材料加贴RFID电子标签，结合传感器、GPS（全球定位系统）、GIS（地理信息技术）等对食品在原材料、生产加工、物流配送、仓储、零售及消费等各环节的状态进行跟踪和记录，形成完整的可追溯的供应链记录，从而实现食品"从农（牧）场到餐桌"的全程跟踪与追溯，及时发现食品安全隐患，排除问题食品，确保食品的安全。迄今为止，RFID技术的应用从生产，到监管，再到物流，防伪，以致追溯，从始至终贯穿了整个食品产业链。

（二）条码技术

条形码技术是自动识别技术的重要领域之一，是电子与信息科学领域内多项技术结合的产物。条形码是用宽度不同、反射频率不同的条和空，按照一定的编码规则（码制）编制而成的，用以表达一组数字或字母符号信息的图形标识符。条形码最初出现在20世纪50年代，主要用于商品包装上的商品标识。条形码可分为一维条形码和二维条形码。

1. 一维条形码　一维条形码即传统条形码，仅在一个方向（一般是水平方向）表达信息，而在垂直方向则不表达任何信息，其一定的高度通常是为了便于阅读器对准阅读。

一维条形码的应用可以提高信息录入速度，减少差错率。但是其也有不足之处：数据容量较小，最大约30个字符；只能包含字母和数字，不能编码汉字；尺寸相对较大，空间利用率较低；抗污损性能差，遭到损坏后不能阅读。由于这些特性，一维条形码仅能充当物品代码，而不能含有更多的物品信息，在使用中需要依赖数据库的存在。一维条形码按应用可分为商品条形码和物流条形码两种。商品条形码包括EAN码和UPC码；物流条形码包括UCC/EAN-128码、ITF码、39码、库德巴码等。

2. 二维条形码　二维条形码是用某种特定的几何图形按一定规律在平面（二维方向上）分布的黑白相间的图形记录数据符号信息的；在代码编制上巧妙地利用构成计算机内部逻辑基础的"0"、"1"比特流的概念，使用若干个与二进制相对应的几何形体来表示文字数值信息，通过图像输入设备或光电扫描设备自动识读以实现信息自动处理：二维条码/二维码能够在横向和纵向两个方位同时表达信息，因此能在很小的面积内表达大量的信息。

二维条码/二维码可以分为堆叠式/行排式二维条码和矩阵式二维条码。在目前几十种二维条码中，常用的码制有：PDF417二维条码、Datamatrix二维条码、Maxicode二维条码、QR Code、Code 49、Code 16K、Code one等，除了这些常见的二维条码之外，还有Vericode条码、CP条码、Codablock F条码、田字码、Ultracode条码，Aztec条码。

（1）堆叠式二维条码　堆叠式/行排式二维条码又称堆积式二维条码或层

排式二维条码，其编码原理是建立在一维条码基础之上，按需要堆积成二行或多行。它在编码设计、校验原理、识读方式等方面继承了一维条码的一些特点，识读设备与条码印刷与一维条码技术兼容。但由于行数的增加，需要对行进行判定，其译码算法与软件也不完全相同于一维条码。有代表性的行排式二维条码有：Code 16K、Code 49、PDF417 等。

（2）矩阵式二维条码　矩阵式二维条码（又称棋盘式二维条码）它是在一个矩形空间通过黑、白像素在矩阵中的不同分布进行编码。在矩阵相应元素位置上，用点（方点、圆点或其他形状）的出现表示二进制"1"，点的不出现表示二进制的"0"，点的排列组合确定了矩阵式二维条码所代表的意义。矩阵式二维条码是建立在计算机图像处理技术、组合编码原理等基础上的一种新型图形符号自动识读处理码制。具有代表性的矩阵式二维条码有：Code One、Maxi Code、QR Code、Data Matrix 等。

二维条码具有以下特点：

（1）高密度编码，信息容量大：可容纳多达 1 850 个大写字母或 2 710 个数字或 1 108 个字节或 500 多个汉字，比普通条码信息容量约高几十倍。

（2）编码范围广：该条码可以把图片、声音、文字、签字、指纹等可以数字化的信息进行编码，用条码表示出来；可以表示多种语言文字，可表示图像数据。

（3）容错能力强，具有纠错功能：这使得二维条码因穿孔、污损等引起局部损坏时，照样可以正确得到识读，损毁面积达 50％仍可恢复信息。

（4）译码可靠性高：它比普通条码译码错误率 0.000 2％要低得多，误码率不超过 0.000 01％。

（5）可引入加密措施：保密性、防伪性好。

（6）成本低，易制作，持久耐用。

（7）条码符号形状、尺寸大小比例可变。

（8）二维条形码可以使用激光或 CCD 阅读器识读。

五、卫星导航信息采集技术

全球导航卫星系统（Global Navigation Satellite System, GNSS）是所有在轨工作的卫星导航定位系统的总称，目前主要包括美国全球定位系统（GPS）、俄罗斯全球导航卫星系统（GLONASS）、中国北斗卫星导航系统以及欧洲正在建设的伽利略卫星导航定位系统（GALILEO）等，它们都能提供全球、全天候、实时、连续的位置信息。

1. 全球导航卫星系统组成及主流服务系统　通常来说，一个卫星导航系统包括导航卫星、地面台站和用户定位设备三部分。导航卫星是卫星导航系统的空间部分，由多颗导航卫星构成空间导航网。地面台站通常包括跟踪站、遥测站、计算中心、注入站及时间统一系统等，用于跟踪、测量、计算、预报卫星轨道以及星上设备工作状态的控制管理等。用户定位设备通常由接收机、定时器、数据预处理机、计算机和显示器等组成，它接收卫星发来的微弱信号，从中调制解调出卫星轨道参数和定时信息等，同时测出导航参数，再由计算机算出用户的位置坐标和速度矢量分量。用户定位设备分为单人（如手持GPS接收机）、车载、舰载、机载、弹载和星载等多种类型（木村小一，1980）。

美国全球定位系统（GPS）是一种可以通过定时和测距进行空间交会定点的导航系统，它是美国政府继阿波罗登月计划、航天飞机计划之后开始研制的第三项重点空间计划，从 20 世纪 70 年代开始研制，历时 20 年，耗资 300 亿美元，于 1994 年全面建成。GPS 不仅可以向全球用户提供连续、实时、高精度的三维位置、三维速度和时间信息，为海、陆、空三军提供精密导航，而且通过向特殊用户授时，还可用于情报收集、核爆监测、应急通信和卫星定位等一些军事目的。

俄罗斯全球导航卫星系统（GLONASS）是由俄军方负责研制并控制的军民两用全球导航卫星系统。GLONASS 可音译为"格洛纳斯"，是俄语中"全球导航卫星系统"的缩写。俄罗斯全球导航卫星系统的原理与美国全球定位系统相似，但导航卫星布置上有所不同，GLONASS 主要用于守卫俄罗斯的军事秘密和保卫俄罗斯的国家利益。GLONASS 由 24 颗卫星组成，其中工作星21 颗，备用星 3 颗，这些卫星分布在 3 个轨道平面上。此 3 个轨道平面两两相隔 120°，同平面内的卫星之间相隔 45°，每颗卫星都在 19 100km 高度、64.8°倾角的轨道上运行，轨道周期为 11h15min。地面控制部分全部都在俄罗斯领土境内。

中国北斗卫星导航系统是我国自行研制的全球卫星定位与通信系统。是继美国全球卫星定位系统和俄罗斯全球卫星导航系统之后第三个成熟的卫星导航系统。系统由空间端、地面端和用户端组成，可在全球范围内全天候、全天时为各类用户提供高精度、高可靠定位、导航、授时服务，并具短报文通信能力，已经初步具备区域导航、定位和授时能力，定位精度优于20m，授时精度优于100ns。2012 年 12 月 27 日，北斗系统空间信号接口控制文件正式版 1.0正式公布，北斗导航业务正式对亚太地区提供无源定位、导航、授时服务。2013 年 12 月 27 日，北斗卫星导航系统正式提供区域服务一周年新闻发布会在国务院新闻办公室新闻发布厅召开，正式发布了《北斗系统公开服务性能规范（1.0 版）》和《北斗系统空间信号接口控制文件（2.0 版）》两个系统文件。北斗卫星导航系统和美国全球定位系统、俄罗斯格洛纳斯系统及欧盟伽利略定位系统一起，是联合国卫星导航委员会已认定的供应商。

伽利略卫星导航定位系统（GALILEO）是欧洲自主、独立的全球多模式卫星导航定位系统，由欧洲空间局和欧盟发起并提供主要资金支持，它也是世界上第一个基于民用的全球卫星导航服务系统，能够提供高精度、高可靠性的定位服务，实现完全的非军方控制、管理，可以进行覆盖全球的导航和定位。

2. 导航卫星设备分类

（1）根据型号分　为测地型、全站型、定时型、手持型、集成型。

（2）根据用途分　分为车载式、船载式、机载式、星载式、弹载式。

（3）按接收机的用途分

导航型接收机：车载型、航海型、航空型、星载型。

测地型接收机：主要用于精密大地测量和精密工程测量。这类仪器主要采用载波相位观测值进行相对定位，定位精度高。仪器结构复杂，价格较贵。

授时型接收机：主要利用 GPS 卫星提供的高精度时间标准进行授时，常用于天文台及无线电通信中时间同步。

（4）按接收机的载波频率分

单频接收机：单频接收机只适用于短基线（<15km）的精密定位。

双频接收机：双频接收机可用于长达几千千米的精密定位。

（5）按接收机通道数分　可分为多通道接收机、序贯通道接收机、多路多用通道接收机。

（6）按接收机工作原理分

码相关型接收机：利用码相关技术得到伪距观测值。

平方型接收机：利用载波信号的平方技术去掉调制信号，来恢复完整的载波信号，通过相位计测定接收机内产生的载波信号与接收到的载波信号之间的相位差，测定伪距观测值。

混合型接收机：综合上述两种接收机的优点，既可以得到码相位伪距，也可以得到载波相位观测值。

干涉型接收机：将 GPS 卫星作为射电源，采用干涉测量方法，测定两个测站间距离。

3. 卫星定位技术在智慧土肥中的应用　卫星定位技术在智慧土肥中，主要有以下几方面的作用：

（1）卫星定位技术为农用机具提供实时位置信息，提高了行走和飞行精度。作业幅宽较大的农机具喷洒作业时，容易造成作业重叠和遗漏。在这类农机具和飞机上安装卫星定位系统，可以显著地提高作业精度，避免作业重叠和遗漏，减少不必要的浪费。

（2）精准农业需要及时了解农田状态信息，如农田中的肥、水、病、虫、草、害和产量的分布情况。卫星定位技术与农田信息采集技术相结合，可以实现定点采集和分析农田状态信息，生成农田状态分布图。农民进而根据农田状态分布图，做出相应的决策并付诸实施。农田状态信息的采集是精准农业实施变量投入的基础。

（3）卫星定位技术为农机具提供实时位置信息，使得农机具可以调用处方图信息，实现行进间变量投入，从而实现按需投入水、种子、肥料和化学药剂等生产要素，既保证了作物的需求，又可以节约投入和减轻环境污染。

（4）使用卫星定位系统导航，农民可以不受时间和气候的限制，不必日出而作、日落而息，为了抢农时，在夜晚也可以作业。有了卫星定位系统为导航，提高作业效率。

六、地理信息系统技术

地理信息系统（GIS）是一门集计算机科学、地理学、环境科学、空间科学、信息科学和管理科学为一体的新兴边缘学科，它是在计算机硬件、软件系统的支持下，以地理空间数据为基础，采集、存储、管理、分析和描述整个或部分地球表面与空间和地理分布有关数据的空间信息系统（李军等，2009）。

网络技术正在深刻地改变着这个世界。随着对地理空间信息需求的增加，基于网络发布地理空间信息数据，提供用户查询、检索以及 GIS 分析等服务的网络地理信息系统（WebGIS）已成为 GIS 在数字土肥中应用发展的重要方向之一。WebGIS 是网络技术应用于 GIS 开发的产物，GIS 通过 Web 服务使其功能得以在电子政务应用中得到延伸和扩展，为地理信息和 GIS 服务在更大范围内发挥作用提供了新的平台。从逻辑上看，WebGIS 由三部分组成：

（1）Web 浏览器 用户可以通过其获取分布在电子政务专网（政务用户）、互联网（主要面向社会公众）上的各种地理信息。

（2）WebGIS 的信息代理 设定地理信息代理机制和地理信息代理协议，并提供数据访问接口，是实现地理信息在网络上进行发布的关键。

（3）WebGIS 服务器 根据用户请求操作地理空间数据，为用户提供地理空间信息的 GIS 服务，以实现客户和服务器的动态交互。

在这三部分中，浏览器负责完成用户的请求，经过一定信息处理后传递给 WebGIS 服务器，由 WebGIS 服务器负责处理，并将相应的处理结果以相反的顺序传递回浏览器。与传统的桌面 GIS 应用系统相比，采用 WebGIS 具有更多的优点：

（1）基于 WebGIS，用户端通常只需使用通用浏览器即可进行浏览和查询（有时可能需要加载一些插件、ActiveX 控件等），显得简单易用，为更多非专业人员对 GIS 使用创造了条件。

（2）WebGIS 拥有良好的跨平台特性，这使得用户无需考虑 WebGIS 服务器端、自身客户端使用何种 GIS 软件，就可以轻松地访问 WebGIS 数据。此外，通过网络可以访问 WebGIS 服务器提供的各种 GIS 服务，包括 GIS 数据查询、统计、分析等。正因为如此，使分布式的多数据源的政务地理空间资源数据管理和合成变得更易于实现。

（3）WebGIS 具备良好的可扩展性，很容易跟数字土肥应用的其他信息服务进行无缝集成，可以充分发挥地理空间信息在数字土肥中的作用。

随着信息和网络技术的飞速发展，GIS 技术和应用正快速朝着网络化、三维化的方向发展，同时，地理空间信息数据采集与更新技术（主要包括航空摄影测量技术、高分辨率卫星遥感技术、地面测绘技术、GPS 测量技术以及激光扫描、近景摄影测量技术等）等的迅速发展，也为土肥地理空间信息资源的广泛和深入应用提供了更广阔的平台。

地理信息系统（GIS）是应用数据存储、分析、处理和表达地理空间属性数据的计算机软件平台，主要用于土地管理、土壤成分、土层厚度、土壤中氮磷钾及有机肥含量、当地历年来的气温、降水、雷雨及大风风速，以及作物苗情的发展趋势、作物产量的空间分布等方面的空间信息数据库和机械空间信息的各种处理，为建立作物栽培管理的辅助决策支持系统、投入产出分析模拟模型和智能化专家系统作出诊断，提出科学处方，指导科学调控制作。全球定位系统（GPS）与智能化的灌溉机械设备（如移动式灌溉车等）配套，可应用于农田土壤墒情、苗情的信息采集，通过电子传感器和安装在田间及移动式灌溉机械上的 GPS 系统，在整个种植季节过程中，可以不断记录下几乎每平方米面积的各种信息（刘大江、封金祥，2006）。

第四节　土肥信息传输技术

从连接属性上区分，通信链接可分为有线和无线两种。有线链路主要是基于各种电缆和光缆进行通信信号的承载和传输，具有链路稳定、带宽高等优点；无线链路主要是基于电磁波的传输进行通信信号的承载和传输，由于无线信号传播的特性，无线通信链路具有不稳定、带宽波动大的问题，但是，由于无线通信无须使用固定线路，可以实现随时随地通信的目标，使用方式灵活，极大地提高了人们通信的便利性。也正是因为这个原因，无线通信近年来得到了长足发展。

一、无线传感网络技术

1. 无线传感器网络概述　无线传感器网络（Wireless Sensor Network,

WSN)，是由分布在给定局部区域内足够多的无线传感器节点构成的一种新型信息获取系统。每一个传感器节点具有一种或多种感知器（如声感应器、红外线感应器、磁感应器等）并且具有一定的计算能力。各节点之间通过专用网络协议实现信息的交流、汇集和处理，从而实现给定局部区域内目标的探测、识别、定位与跟踪。随着通信技术、嵌入式计算技术和传感器技术的飞速发展和日益成熟，具有感知能力、计算能力和通信能力的微型传感器开始在世界范围内出现，由这些微型传感器构成的传感器网络引起了人们的极大关注。

与蜂窝网、无线局域网等其他无线通信网络相比，无线传感器网络具有简单灵活、自组织、强健壮性、动态拓扑、规模大等显著特点。与传统传感器和测控系统相比，无线传感器网络具有低成本、低功耗、高性能、高可靠性等明显的优势。正是由于这些特点使得传感器网络存在很多新问题，提出了很多新的挑战。无线传感器网络非常适合于部署在人不能或不宜到达的地域，它可以在无人干预的情况下自动组网、自动运行，真正实现无人值守。而且，无线传感器网络减少了维护的复杂性和成本。传感器网络的主要特点有：

（1）大规模　为了获取精确信息，在监测区域通常部署大量传感器节点，可能达到成千上万，甚至更多。传感器网络的大规模性包括两方面的含义：一方面是传感器节点分布在很大的地理区域内，如在大田采用传感器网络进行作物生长环境监测，需要部署大量的传感器节点；另一方面，传感器节点部署很密集，在面积较小的空间内，密集部署了大量的传感器节点。传感器网络的大规模性具有如下优点：通过不同空间视角获得的信息具有更大的信噪比；通过分布式处理大量的采集信息能够提高监测的精确度，降低对单个节点传感器的精度要求；大量冗余节点的存在，使得系统具有很强的容错性能；大量节点能够增大覆盖的监测区域，减少洞穴或者盲区。

（2）自组织　在传感器网络应用中，通常情况下传感器节点被放置在没有基础结构的地方，传感器节点的位置不能预先精确设定，节点之间的相互邻居关系预先难以确定，如通过飞机播撒大量传感器节点到面积广阔的大田中，或随意放置到人不可到达或危险的区域。这样就要求传感器节点具有自组织的能力，能够自动进行配置和管理，通过拓扑控制机制和网络协议自动形成转发监测数据的多跳无线网络系统。

在传感器网络使用过程中，部分传感器节点由于能量耗尽或环境因素造成失效，也有一些节点为了弥补失效节点、增加监测精度而补充到网络中，这样在传感器网络中的节点个数就动态地增加或减少，从而使网络的拓扑结构随之动态地变化。传感器网络的自组织性要能够适应这种网络拓扑结构的动态变化。

（3）动态性　传感器网络的拓扑结构可能因为下列因素而改变：首先，环境因素或电能耗尽造成的传感器节点故障或失效；其次，环境条件变化可能造成无线通信链路带宽变化，甚至时断时通；第三，传感器网络的传感器、感知对象和观察者这三要素都可能具有移动性；第四，新节点的加入。这就要求传感器网络系统要能够适应这种变化，具有动态的系统可重构性。

（4）可靠性 传感器网络特别适合部署在恶劣环境或人类不宜到达的区域，节点可工作在露天环境中，遭受日晒、风吹、雨淋，甚至遭到人或动物的破坏。传感器节点往往采用随机部署，如通过飞机撒播或发射炮弹到指定区域进行部署。这些都要求传感器节点非常坚固，不易损坏，适应各种恶劣环境条件。由于监测区域环境的限制以及传感器节点数目巨大，不可能人工"照顾"每个传感器节点，网络的维护十分困难甚至不可维护。传感器网络的通信保密性和安全性也十分重要，要防止监测数据被盗取和获取伪造的监测信息。因此，传感器网络的软硬件必须具有鲁棒性和容错性。

（5）以数据为中心 互联网是先有计算机终端系统，然后再互联成为网络，终端系统可以脱离网络独立存在。在互联网中，网络设备用网络中唯一的IP地址标识，资源定位和信息传输依赖于终端、路由器、服务器等网络设备的IP地址。如果想访问互联网中的资源，首先要知道存放资源的服务器IP地址。可以说现有的互联网是一个以地址为中心的网络。

传感器网络是任务型的网络，脱离传感器网络谈论传感器节点没有任何意义。传感器网络中的节点采用节点编号标识，节点编号是否需要全网唯一取决于网络通信协议的设计。由于传感器节点随机部署，构成的传感器网络与节点编号之间的关系是完全动态的，表现为节点编号与节点位置没有必然联系。用户使用传感器网络查询事件时，直接将所关心的事件通告给网络，而不是通告给某个确定编号的节点。网络在获得指定事件的信息后汇报给用户。这种以数据本身作为查询或传输线索的思想更接近于自然语言交流的习惯。所以，通常说传感器网络是一个以数据为中心的网络。

2. 无线传感器网络的主要结构 无线传感器网络由监控中心、汇聚节点、传感器节点和控制（管理）节点组成。大量传感器节点随机部署在监测区域内部或附近，能够通过自组织方式构成网络。传感器节点监测的数据沿着其他传感器节点逐跳地进行传输，在传输过程中监测数据可能被多个节点处理，经过多跳后路由到汇聚节点，最后通过互联网或卫星到达管理节点。用户通过管理节点对传感器网络进行配置和管理，发布监测任务以及收集监测数据。

（1）传感器节点 传感器节点根据应用的需要布置在监测环境中不同区域，用于采集影响土壤肥力等的环境信息，包括土壤的水、肥、气、热等肥力因素等，这些和土壤肥力密切相关的因子随着气候、地理、水文等自然环境条件的变化以及农业生产活动的影响，不断地产生变化，这些变化对农作物的生长发育有利有弊。无线传感器网络中的传感器节点获取的土壤环境信息，通过无线网络传送到监控中心，由监控中心进行收集汇总和实时分析后发送给观察者或决策者。

传感器节点处理能力、存储能力和通信能力相对较弱，通过小容量电池供电。从网络功能上看，每个传感器节点除了进行本地信息收集和数据处理外，还要对其他节点转发来的数据进行存储、管理和融合，并与其他节点协作完成一些特定任务。

（2）汇聚节点　汇聚节点的处理能力、存储能力和通信能力相对较强，它是连接传感器网络与 Internet 等外部网络的网关，实现两种协议间的转换，同时向传感器节点发布来自管理节点的监测任务，并把 WSN 收集到的数据转发到外部网络上。汇聚节点可以是一个具有增强功能的传感器节点，有足够的能量供给，使所有信息传输到计算机中，通过软件，可很方便地把获取的信息转换成文件格式，从而分析出传感节点所存储的程序代码、路由协议及密钥等机密信息，同时还可以修改程序代码，并加载到传感节点中。

（3）管理节点　管理节点用于动态地管理整个无线传感器网络。传感器网络的所有者通过管理节点访问无线传感器网络的资源。

（4）监控中心　在无线传感器网络中，维持良好的拓扑结构能够提高路由协议和 MAC 协议的效率，为网内数据处理、时间同步和定位等很多方面提供技术支持，有利于延长整个网络的寿命。

3. ZigBee 技术　在网络通信中，传输协议是非常关键的因素，优秀的协议有助于网络的强壮和稳定的传输，所以协议的选择对整个网络的性能非常重要。在 WSN 中，非规则在农业环境中散落的传感器节点，采用的是自组织的网络建设模式。研究结果说明，传感器网络与传统的网络有着不同技术要求重点。前者以数据采集为中心，后者以数据传输为重点。一些 HDHOC 算法并不完全适合于 WSN 中，于是就有了适合自己的传输协议和路由算法（聂洪淼，2013）。

ZigBee 是一种最新流行、近距离、低功耗、低复杂度、低成本的无线网络传输技术。它是一种介于蓝牙和无线标记技术的传输协议。它主要用于距离较近的网络传输，是针对小型设备的无线联网和控制而制定的协议规范，为无线个人局域网（Wireless Personal Area Networks，WPAN）的标准之一，主要适用于无线传感器网络、自动控制和远程控制领域，拥有一套非常完整的协议层次结构，由 IEEE802.15.4 和 ZigBee 联盟共同制订完成。

（1）ZigBee 设备分类　在 ZigBee 网络中存在 3 种逻辑设备类型：协调器（Coordinator）、路由器（Router）和终端设备（End-Device）。ZigBee 网络由一个协调器、多个路由器和多个终端设备组成。其中，协调器和路由器由全功能设备（Full Function Device，FFD）组成。终端设备可由全功能设备，也可由精简功能设备（Reduced Function Device，RFD）组成。

（2）ZigBee 协议栈结构 ZigBee 协议栈结构由一组被称作层的模块组成。每一层为上面的层执行一组特定的服务：数据实体提供了数据传输服务，管理实体提供了所有其他的服务。每个服务实体通过一个服务接入点（Service Access Point，SAP）为上层提供一个接口。每个服务接入点支持多种服务原语，来实现要求的功能。

ZigBee 协议栈结构基于标准的开放式系统互联（Open System Interconnection，OSI）7 层模型。IEEE 802.15.4-2003 标准定义了两个较低层：物理层（PHY）和媒体访问控制子层（Media Access Control，MAC）。ZigBee 联盟在此基础上建立了网络层（NWK）和应用层构架（AF）。应用层构架由应用支持子层（APS）、ZigBee 设备对象（ZDO）和制造商定义的应用对象组成。

（3）ZigBee 网络拓扑 ZigBee 网络层（NWK）支持星形（star）、树形（tree）和网状（mesh）网络 3 种拓扑结构。在星形拓扑中，网络由一个叫做 Zig-Bee 协调器的设备控制。ZigBee 协调器负责发起和维护网络，终端设备直接与ZigBee 协调器通信。在网状和树形拓扑中，ZigBee 协调器负责启动网络，选择关键的网络参数，但是网络可以通过使用 ZigBee 路由器进行扩展。在树型网络中，路由器使用一个分级路由策略在网络中传送数据和控制信息。树型网络可以使用 IEEE802.15.4 规范中描述的以信标为导向的通信。网状网络允许完全的点对点通信，网状网络中的 ZigBee 路由器会不定期发出 IEEE802.15.4 信标（图3-5）。

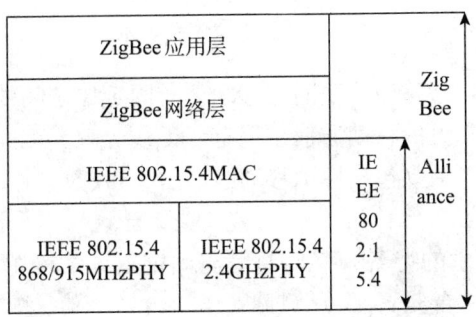

图 3-5 ZigBee 协议栈结构

（4）ZigBee 通信技术的优势 ZigBee 是一种无线连接，可工作在 2.4GHz（全球流行）、868MHz(欧洲流行)和 915 MHz(美国流行)3 个频段上，分别具有最高 250kbit/s、20kbit/s 和 40kbit/s 的传输速率，它的传输距离在 10～75m 的范围内，但可以继续增加。作为一种无线通信技术，ZigBee 具有如下特点：

第一是低功耗。由于 ZigBee 的传输速率低，发射功率仅为 1mW，而且采用了休眠模式，功耗低，因此 ZigBee 设备非常省电。据估算，ZigBee 设备仅靠两节 5 号电池就可以维持长达 6 个月到 2 年的使用时间，这是其他无线设备望尘莫及的。

第二是成本低。ZigBee 模块的初始成本在 6 美元左右，估计很快就能降到 1.5~2.5 美元，并且 ZigBee 协议是免专利费的。低成本对于 ZigBee 也是一个关键的因素。

第三是时延短。通信时延和从休眠状态激活的时延都非常短，典型的搜索设备时延 30ms，休眠激活的时延是 15ms，活动设备信道接入的时延为 15ms。因此，ZigBee 技术适用于对时延要求苛刻的无线控制（如工业控制场合等）应用。

第四是网络容量大。一个星型结构的 Zigbee 网络最多可以容纳 254 个从设备和一个主设备，一个区域内可以同时存在最多 100 个 ZigBee 网络，而且网络组成灵活。

第五是可靠。Zigbee 网络采取了碰撞避免策略，同时为需要固定带宽的通信业务预留了专用时隙，避开了发送数据的竞争和冲突。MAC 层采用了完全确认的数据传输模式，每个发送的数据包都必须等待接收方的确认信息。如果传输过程中出现问题可以进行重发。

第六是安全。ZigBee 提供了基于循环冗余校验（CRC）的数据包完整性检查功能，支持鉴权和认证，采用了 AES-128 的加密算法，各个应用可以灵活确定其安全属性。

二、移动通信技术

所谓移动通信，指移动体之间或移动体与固定体之间的通信，即通信中至少有一方可移动。常见的移动通信系统有：无线寻呼、无绳电话、对讲机、集群系统、蜂窝移动电话（包括模拟移动电话、GSM 数字移动电话等）、卫星移动电话等。

1. 移动通信技术的特点　移动通信与固定物体之间的通信比较起来，具有一系列的特点，主要是：

（1）移动性。就是要保持物体在移动状态中的通信，因而它必须是无线通信，或无线通信与有线通信的结合。

（2）电波传播条件复杂。因移动体可能在各种环境中运动，电磁波在传播时会产生反射、折射、绕射、多普勒效应等现象，产生多径干扰、信号传播延迟和展宽等效应。

（3）噪声和干扰严重，如在城市环境中的汽车火花噪声、各种工业噪声，移动用户之间的互调干扰、邻道干扰、同频干扰等。

（4）系统和网络结构复杂。它是一个多用户通信系统和网络，必须使用户之间互不干扰，能协调一致地工作。此外，移动通信系统还应与市话网、卫星通信网、数据网等互连，整个网络结构比较复杂。

（5）要求频带利用率高、设备性能好。

2. 移动通信发展历程

（1）第一代移动通信技术（1G） 主要采用的是模拟技术和频分多址（FDMA）技术。由于受到传输带宽的限制，不能进行移动通信的长途漫游，只能是一种区域性的移动通信系统。第一代移动通信有多种制式，我国主要采用的是 TACS。第一代移动通信有很多不足之处，比如容量有限、制式太多、互不兼容、保密性差、通话质量不高、不能提供数据业务、不能提供自动漫游等。

（2）第二代移动通信技术（2G） 主要采用的是数字的时分多址（TDMA）技术和码分多址（CDMA）技术。主要业务是语音，其主特性是提供数字化的话音业务及低速数据业务。它克服了模拟移动通信系统的弱点，话音质量、保密性能得到大的提高，并可进行省内、省际自动漫游。第二代移动通信替代第一代移动通信系统完成模拟技术向数字技术的转变，但由于第二代采用不同的制式，移动通信标准不统一，用户只能在同一制式覆盖的范围内进行漫游，因而无法进行全球漫游，由于第二代数字移动通信系统带宽有限，限制了数据业务的应用，也无法实现高速率的业务如移动的多媒体业务。

（3）第三代移动通信技术（3G） 与从前以模拟技术为代表的第一代和目前正在使用的第二代移动通信技术相比，3G 将有更宽的带宽，其传输速度最低为 384K，最高为 2M，带宽可达 5MHz 以上。不仅能传输话音，还能传输数据，从而提供快捷、方便的无线应用，如无线接入 Internet。能够实现高速数据传输和宽带多媒体服务是第三代移动通信的另个主要特点。第三代移动通信网络能将高速移动接入和基于互联网协议的服务结合起来，提高无线频率利用效率。提供包括卫星在内的全球覆盖并实现有线和无线以及不同无线网络之间业务的无缝连接。满足多媒体业务的要求，从而为用户提供更经济、内容更丰富的无线通信服务。但第三代移动通信仍是基于地面、标准不的区域性通信系统。

（4）移动通信技术的发展 虽然第三代移动通信可以比现有传输率快上千倍，但是未来仍无法满足多媒体的通信需求。第四代、第五代移动通信系统的提供便是希望能满足提供更大的频宽需求，满足第三代移动通信尚不能达到的在覆盖、质量、造价上支持的高速数据和高分辨率多媒体服务的需要。

三、信息传输技术在土肥领域的应用

无线传感器网络是涉及多学科的综合性技术，已经被视为互联网之后的第二大广泛存在的网络。因其作为信息获取的重要和常用的新技术以及广阔的应用前景而成为当今世界上备受关注的、多学科高度交叉的热点研究领域。随着无线传感器网络技术发展的越来越快、越来越深入，其在农业土壤肥力监测领域的应用前景也越来越广阔。无线传感器网络在农业信息化领域中得到了广泛的应用，如精准农业、智能化专家管理系统、远程监测等方面。目前，全国已在多个省份建立起设施农业数字化技术、大田作物数字化技术和数字农业集成技术等综合应用示范基地。

第五节　土肥信息处理技术

一、大数据技术

"大数据"这个术语最早期的引用可追溯到 Apache 的开源项目 Nutch。当时，大数据用来描述为更新网络搜索索引需要同时进行批量处理或分析的大量数据集。随着谷歌 MapReduce 和 Google File System（GFS）的发布，大数据不再仅用来描述大量的数据，还涵盖了处理数据的速度。

1. 大数据的内涵　作为一个包罗万象的术语，就像"云"这个概念涵盖了不同的技术一样，"大数据"的概念目前还不够清晰。下面是关于大数据的几个典型界定：

（1）维基百科对大数据的定义是："大数据"是指利用常用软件工具捕获、管理和处理数据所耗时间超过可容忍时间的数据集。

（2）研究机构 Gartner 给出的定义是："大数据"是需要新处理模式才能具有更强的决策力、洞察发现力和流程优化能力的海量、高增长率和多样化的信息资产。

尽管学界对大数据的描述不尽相同，但对于大数据的特征，目前能够具有普遍共识的，是大数据的"4V 特征"，这 4 个方面是观察数据本质和软件处理平台的有用视角。"4V 特征"是在 META 集团的分析师 Doug Laney 第一次总结了大数据的 3V 特征基础上发展起来的，所谓 3V 是：数据量大（Volume）、数据增长快（Velocity）、数据类型复杂多样（Variety）。国际数据公司（International Data Corporation，IDC）首次提出在 3V 的基础上增加一个新的特性，即价值性（Value），认为大数据还应当具有价值性，大数据的价值往往呈现稀疏性的特点，也就是价值密度的高低与数据总量的大小成反比。举例来讲，一部 1 小时的视频，在连续不间断监控过程中，可能有用的数据仅仅只有一两秒。

如同其他领域一样，在智慧土肥建设过程中会涵盖体量巨大、结构复杂、增长快速的各类数据。这些数据包括 RFID 等传感网、互联网、移动网络、卫星系统等产生和传输的监测、遥感、视频、语音、文本等各种类型的结构化、半结构化（或称之为弱结构化）及非结构化的海量数据。

2. 大数据处理关键技术　大数据技术，就是从各种类型的数据中快速获得有价值信息的技术。大数据领域已经涌现出了大量新的技术，它们成为大数据采集、存储、处理和呈现的有力武器。大数据处理关键技术一般包括：大数据采集、大数据预处理、大数据存储及管理、大数据分析及挖掘、大数据展现和应用（大数据检索、大数据可视化、大数据应用、大数据安全等）（樊月龙，2013）。

（1）大数据采集技术　重点要突破分布式高速高可靠数据获取或采集、高速数据全映像等大数据收集技术；突破高速数据解析、转换与装载等大数据整合技术；设计质量评估模型，开发数据质量技术。

大数据采集一般分为大数据智能感知层：主要包括数据传感体系、网络通信体系、传感适配体系、智能识别体系及软硬件资源接入系统，实现对结构化、半结构化、非结构化的海量数据的智能化识别、定位、跟踪、接入、传输、信号转换、监控、初步处理和管理等。必须着重攻克针对大数据源的智能识别、感知、适配、传输、接入等技术。基础支撑层：提供大数据服务平台所需的虚拟服务器，结构化、半结构化及非结构化数据的数据库及物联网络资源等基础支撑环境。重点攻克分布式虚拟存储技术，大数据获取、存储、组织、分析和决策操作的可视化接口技术，大数据的网络传输与压缩技术，大数据隐私保护技术等。

（2）大数据预处理技术　主要完成对已接收数据的辨析、抽取、清洗等操作。因获取的数据可能具有多种结构和类型，数据抽取过程可以帮助我们将这些复杂的数据转化为单一的或者便于处理的构型，以达到快速分析处理的目的。对于大数据，并不全是有价值的，有些数据并不是我们所关心的内容，而另一些数据则是完全错误的干扰项，因此要对数据通过过滤"去噪"从而提取出有效数据。

（3）大数据存储及管理技术　大数据存储与管理要用存储器把采集到的数据存储起来，建立相应的数据库，并进行管理和调用。重点解决复杂结构化、半结构化和非结构化大数据管理与处理技术。主要解决大数据的可存储、可表示、可处理、可靠性及有效传输等几个关键问题。开发可靠的分布式文件系统（DFS）、能效优化的存储、计算融入存储、大数据的去冗余及高效低成本的大数据存储技术；突破分布式非关系型大数据管理与处理技术，异构数据的数据融合技术，数据组织技术，研究大数据建模技术；突破大数据索引技术；突破大数据移动、备份、复制等技术；开发大数据可视化技术。

开发新型数据库技术：数据库分为关系型数据库、非关系型数据库以及数据库缓存系统。其中，非关系型数据库主要指的是 NoSQL 数据库，分为：键值数据库、列存数据库、图存数据库以及文档数据库等类型。关系型数据库包含了传统关系数据库系统以及 NewSQL 数据库。

开发大数据安全技术；改进数据销毁、透明加解密、分布式访问控制、数据审计等技术；突破隐私保护和推理控制、数据真伪识别和取证、数据持有完整性验证等技术。

（4）大数据分析及挖掘技术 大数据分析技术：改进已有数据挖掘和机器学习技术；开发数据网络挖掘、特异群组挖掘、图挖掘等新型数据挖掘技术；突破基于对象的数据连接、相似性连接等大数据融合技术；突破用户兴趣分析、网络行为分析、情感语义分析等面向领域的大数据挖掘技术。

数据挖掘就是从大量的、不完全的、有噪声的、模糊的、随机的实际应用数据中，提取隐含在其中的、人们事先不知道的但又是潜在有用的信息和知识的过程。数据挖掘涉及的技术方法很多，有多种分类法。根据挖掘任务可分为分类或预测模型发现、数据总结、聚类、关联规则发现、序列模式发现、依赖关系或依赖模型发现、异常和趋势发现等；根据挖掘对象可分为关系数据库、面向对象数据库、空间数据库、时态数据库、文本数据源、多媒体数据库、异质数据库、遗产数据库以及环球网 Web；根据挖掘方法分，可粗分为：机器学习方法、统计方法、神经网络方法和数据库方法。机器学习中，可细分为：归纳学习方法（决策树、规则归纳等）、基于范例学习、遗传算法等。统计方法中，可细分为：回归分析（多元回归、自回归等）、判别分析（贝叶斯判别、费歇尔判别、非参数判别等）、聚类分析（系统聚类、动态聚类等）、探索性分析（主元分析法、相关分析法等）等。神经网络方法中，可细分为：前向神经网络（BP 算法等）、自组织神经网络（自组织特征映射、竞争学习等）等。数据库方法主要是多维数据分析或 OLAP 方法，另外还有面向属性的归纳方法。

从挖掘任务和挖掘方法的角度，需着重突破：第一，可视化分析。数据可视化无论对于普通用户或是数据分析专家，都是最基本的功能。数据图像化可以让数据自己说话，让用户直观地感受到结果。第二，数据挖掘算法。图像化是将机器语言翻译给人看，而数据挖掘就是机器的母语。分割、集群、孤立点分析还有各种各样五花八门的算法可以挖掘价值。这些算法一定要能够应付大数据的量，同时还具有很高的处理速度。第三，预测性分析。预测性分析可以让分析师根据图像化分析和数据挖掘的结果做出一些前瞻性判断。第四，语义引擎。语义引擎需要设计到有足够的人工智能以足以从数据中主动地提取信息。语言处理技术包括机器翻译、情感分析、舆情分析、智能输入、问答系统等。第五，数据质量与管理是管理的最佳实践，透过标准化流程和机器对数据进行处理可以确保获得一个预设质量的分析结果。

（5）大数据展现与应用技术 大数据技术能够将隐藏于海量数据中的信息和知识挖掘出来，为人类的社会经济活动提供依据，从而提高各个领域的运行效率，大大提高整个社会经济的集约化程度。在我国，大数据将重点应用于以下三大领域：商业智能、政府决策、公共服务。例如：商业智能技术，政府决策技术，电信数据信息处理与挖掘技术，电网数据信息处理与挖掘技术，气象信息分析技术，环境监测技术，警务云应用系统（道路监控、视频监控、网络监控、智能交通、反电信诈骗、指挥调度等公安信息系统），大规模基因序列分析比对技术，Web 信息挖掘技术，多媒体数据并行化处理技术，影视制作渲染技术，其他各种行业的云计算和海量数据处理应用技术等。

二、云计算技术

（一）云计算的内涵与特征

从计算能力的应用服务观点来看，最早的云计算思想可以追溯至 20 世纪60 年代的约翰·麦卡锡（John McCarthy），他曾提出"计算迟早有一天会变成一种公用基础设施"，即"将计算能力作为一种像水和电一样的公用资源提供给用户"。云计算作为一种全新的商业和应用计算方式被提出并得到公众的关注，成为产业界、学术界研究的热点，是在 2007 年 IBM、Google 宣布在云计算领域的合作。随后各个公司相继推出云计算相关的计划和应用，云计算如雨后春笋破土而出，成为下一代互联网革命的代名词（陈如明，2012）。云计算是网格计算、效用计算、并行计算、高性能计算、分布式计算、虚拟化、Web Services 和面向服务的架构（SOA）等诸多概念发展、演进、融合的结果。

维基百科认为云计算是一种基于互联网的计算新方式，通过互联网上异构、自治的服务为个人和企业用户提供按需即取的计算。云计算的资源是动态易扩展而且虚拟化的，通过互联网提供，终端用户不需要了解"云"中基础设施的细节，不必具有相应的专业知识，也无需直接进行控制，只关注自己真正需要什么样的资源以及如何通过网络来得到相应的服务。计算能力和资源被完全集中，支配大量"傻"或"哑"终端，可以实现大规模的计算能力。在云计算时代，一切都是服务（Everything as a Service，EaaS）：存储资源、计算资源、开发环境、软件的使用和维护等，一切服务都在"云"上。

ISO/IEC JTCl N9687 对云计算的定义是：①提取的、高级的可升级的池，和能够为终端用户提供主机应用和通过消费买单的管理计算基础设施。②动态可升级的计算风格和通常虚拟化的资源在因特网上作为一个服务提供。用户不需要精通或者控制支撑他们的"云"中的技术基础设施。③云计算是新出现的探索分享基础设施，连接一起的系统的大型池以提供 IT 服务。④暂时存储在因特网服务器上的信息的范例和关于客户的暂时高速缓冲存储器，包括台式电脑、娱乐中心、桌式电脑、笔记本、墙壁电脑、掌上电脑等。总而言之，从业务的角度，云计算提供了 IT 基础设施和环境以开发/部署/运行服务和应用，在被请求时，以服务的形式到期即付。从用户的角度，云计算以服务的形式在任何设备、任何时间、任何地方提供资源和服务以存储数据和运行应用。

对云计算而言，借鉴了传统分布式计算的思想。通常情况下，云计算采用计算机集群构成数据中心，并以服务的形式交付给用户，使得用户可以像使用水、电一样按需购买云计算资源。从这个角度看，云计算与网格计算的目标非常相似。但是云计算和网格计算等传统的分布式计算也有着较明显的区别：首先云计算是弹性的，即云计算能根据工作负载大小动态分配资源，而部署于云计算平台上的应用需要适应资源的变化，并能根据变化做出响应；其次，相对于强调异构资源共享的网格计算，云计算更强调大规模资源池的分享，通过分享提高资源复用率，并利用规模经济降低运行成本；最后，云计算需要考虑经济成本，因此硬件设备、软件平台的设计不再一味追求高性能，而要综合考虑成本、可用性、可靠性等因素。基于上述比较并结合云计算的应用背景，云计算的特点可归纳如下。

（1）弹性服务 服务的规模可快速伸缩，以自动适应业务负载的动态变化。用户使用的资源同业务的需求相一致，避免了因为服务器性能过载或冗余而导致的服务质量下降或资源浪费。

（2）资源池化 资源以共享资源池的方式统一管理。利用虚拟化技术，将资源分享给不同用户，资源的放置、管理与分配策略对用户透明。

（3）按需服务 以服务的形式为用户提供应用程序、数据存储、基础设施等资源，并可以根据用户需求，自动分配资源，而不需要系统管理员干预。

（4）服务可计费 监控用户的资源使用量，并根据资源的使用情况对服务计费。

（5）泛在接入 用户可以利用各种终端设备（如 PC 电脑、笔记本电脑、智能手机等）随时随地通过互联网访问云计算服务。

正是因为云计算具有上述 5 个特性，使得用户只需连上互联网就可以源源不断地使用计算机资源，实现了"互联网即计算机"的构想。

（二）云计算的框架

如图 3-6 所示，云计算的基础框架由核心服务层、服务管理层和用户访问接口层组成。

1. 核心服务层 云计算核心服务通常可以分为 3 个子层：基础设施即服务层（Infrastructure as a Service，IaaS）、平台即服务层（Platform as a Service，PaaS）、软件即服务层（Software as a Service，SaaS）。

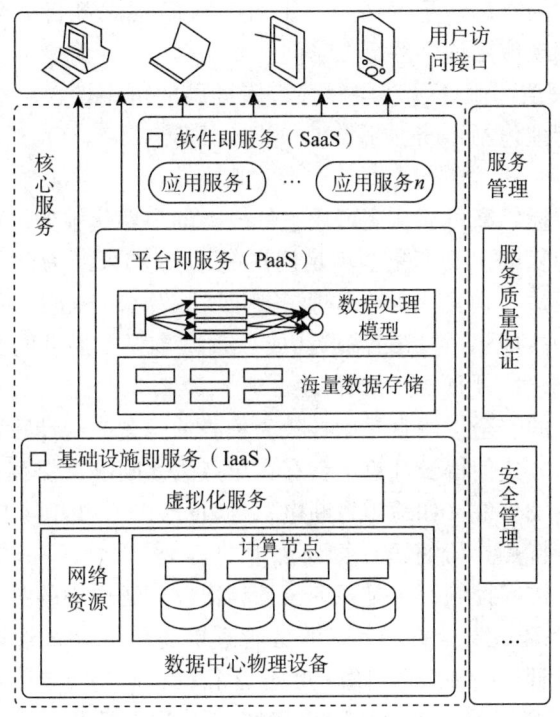

图 3-6　云计算基础架构

（1）IaaS 子层　IaaS 提供硬件基础设施部署服务，为用户按需提供实体或虚拟的计算、存储和网络等资源。在使用 IaaS 层服务的过程中，用户需要向 IaaS 层服务提供商提供基础设施的配置信息，运行于基础设施的程序代码以及相关的用户数据。由于数据中心是 IaaS 层的基础，因此数据中心的管理和优化问题近年来成为研究热点。另外，为了优化硬件资源的分配，IaaS 层引入了虚拟化技术。借助于 Xen、KVM、VMware 等虚拟化工具，可以提供可靠性高、可定制性强、规模可扩展的 IaaS 层服务。

（2）PaaS 子层　PaaS 是云计算应用程序运行环境，提供应用程序部署与管理服务。通过 PaaS 层广的软件工具和开发语言，应用程序开发者只需上传程序代码和数据即可使用服务，而不必关注底层的网络、存储、操作系统的管理问题。由于目前互联网应用平台（如 Facebook、Google、淘宝等）的数据量日趋庞大，PaaS 层应当充分考虑对海量数据的存储与处理能力，并利用有效的资源管理与调度策略提高处理效率。

（3）SaaS 子层　SaaS 是基于云计算基础平台所开发的应用程序。企业可以通过租用 SaaS 层服务解决企业信息化问题，如企业通过 GMail 建立属于该企业的电子邮件服务。该服务托管于 Google 的数据中心，企业不必考虑服务器的管理、维护问题。对于普通用户来讲，SaaS 层服务将桌面应用程序迁移到互联网，可实现应用程序的泛在访问。

2. 服务管理层　服务管理层对核心服务层的可用性、可靠性和安全性提供保障。服务管理包括服务质量（Quality of Service，QoS）保证和安全管理等。

云计算需要提供高可靠、高可用、低成本的个性化服务，然而云计算平台规模庞大且结构复杂，很难完全满足用户的 QoS 需求。为此，云计算服务提供商需要和用户进行协商，并制订服务水平协议（Service Level Agreement，SLA），使得双方对服务质量的需求达成一致。当服务提供商提供的服务未能达到 SLA 的要求时，用户将得到补偿。

此外，数据的安全性一直是用户较为关心的问题。云计算数据中心采用的资源集中式管理方式使得云计算平台存在单点失效问题。保存在数据中心的关键数据会因为突发事件（如地震、断电）、病毒入侵、黑客攻击而丢失或泄露。根据云计算服务特点，研究云计算环境下的安全与隐私保护技术（如数据隔离、隐私保护、访问控制等）是保证云计算得以广泛应用的关键。

除了 QoS 保证、安全管理外，服务管理层还包括计费管理、资源监控等管理内容，这些管理措施对云计算的稳定运行同样起到重要作用。

3. 用户访问接口层　用户访问接口实现了云计算服务的泛在访问，通常包括命令行、Web 服务、Web 门户等形式。命令行和 Web 服务的访问模式既可为终端设备提供应用程序开发接口，又便于多种服务的组合。Web 门户是访问接口的另一种模式。通过 Web 门户，云计算将用户的桌面应用迁移到互联网，从而使用户随时随地通过浏览器就可以访问数据和程序，提高工作效率。虽然用户通过访问接口使用便利的云计算服务，但是由于不同云计算服务商提供接口标准不同，导致用户数据不能在不同服务商之间迁移。

（三）云计算的服务模式

美国国家标准和技术研究院的云计算定义中明确了三种服务模式（美国国家标准和技术研究院，2011）：

1. 软件即服务（SaaS）　软件即服务是指运营商通过互联网，向用户提供软件服务的一种软件应用模式。云 SaaS 要求软件业务运行在云平台服务层或构建在云基础设施层之上。

消费者使用应用程序，但并不掌控操作系统、硬件或运作的网络基础架构。软件即服务是一种服务观念的基础，软件服务供应商，以租赁的概念提供客户服务，而非购买，比较常见的模式是提供一组账号密码。例如 Microsoft CRM 与 Salesforce.com 等。云 SaaS 的优势体现在后台资源的动态伸缩和流转上，资源可扩展性更强，这一重大优势是传统 SaaS 所不具备的。传统的 SaaS

（软件即服务）直接构建在硬件设备之上，不能实现后台资源的多租户共享，也无法实现资源的动态流转，而云计算可以实现后台资源的动态伸缩和流转，可以以公开的标准和服务为基础，提供安全、快速、便捷的数据服务，包括云计算、云存储、云安全等。

2. 平台即服务（PaaS）　云平台即服务是指云计算平台供应商将业务软件的开发环境、运行环境作为一种服务。通过互联网提交给用户。云平台即服务需要构建在云基础设施之上。用户可以在云平台供应商提供的开发环境下创建自己业务应用，而且可以直接在云平台的运行环境中运营自己的业务。云平台即服务中消费者使用主机操作应用程序。消费者掌控运作应用程序的环境（也拥有主机部分掌控权），但并不掌控操作系统、硬件或运作的网络基础架构。平台通常是应用程序基础架构。例如 Google App Engine。

3. 基础架构即服务（IaaS）　基础架构即服务，系统供应商可以向用户提供同颗粒度的可度量的计算、存储、网络和单机操作系统等基础资源。用户可以在之上部署或运行各种软件，包括客户操作系统和应用业务消费者使用"基础计算资源"，如处理能力、存储空间、网络组件或中间件。消费者能掌控操作系统、存储空间、已部署的应用程序及网络组件（如防火墙、负载平衡器等），但并不掌控云基础架构。例如 Amazon AWS、Rackspace。

（四）云计算的部署模型

NIST 提出了四种不同的云部署方式，即公用云，私有云，社区云及混合云。

（1）公用云（Public Cloud）　简而言之，公用云服务可通过网络及第三方服务供应者，开放给客户使用，"公用"一词并不一定代表"免费"，但也可能代表免费或相当廉价，公用云并不表示用户数据可供任何人查看，公用云供应者通常会对用户实施使用访问控制机制，公用云作为解决方案，既有弹性，又具备成本效益。

（2）私有云（Private Cloud）　私有云具备许多公用云环境的优点，如弹性、适合提供服务，两者差别在于私有云服务中，数据与程序皆在组织内管理，且与公用云服务不同，不会受到网络带宽、安全疑虑、法规限制影响；此外，私有云服务让供应者及用户更能掌控云基础架构、改善安全与弹性，因为用户与网络都受到特殊限制。

（3）社区云（Community Cloud）　社区云由众多利益相仿的组织掌控及使用，例如特定安全要求、共同宗旨等。社区成员共同使用云数据及应用程序。

（4）混合云（Hybrid Cloud）　混合云结合公用云及私有云，这个模式中，用户通常将非企业关键信息外包，并在公用云上处理，但同时掌控企业关键服务及数据。

（五）云计算的安全问题

云计算的安全问题，是目前各界均非常关注的问题。关于云计算的安全问题，各界的描述也不尽相同，以下是 CSA 所研究得出的云计算面临的 7 个安全问题以及可能的解决办法（王洪镇、谢立华，2013）。

（1）对云的不良使用问题　IaaS（基础设施即服务）供应商对登记程序管理不严，任何一个持有有效信用卡的人都可以注册并立即使用云服务。通过这种不良的滥用，网络犯罪分子可以进行攻击或发送恶意软件。云供应商需要有严格的首次注册制度和验证过程，并监督公共黑名单和客户网络活动。

（2）不安全的 API　通常云服务的安全性和能力取决于 API 的安全性，用户用这些 API 管理和交互相关服务，这些 API 接 El 的设计必须能够防御意外和恶意企图的政策规避行为，以确保强用户认证、加密和访问控制的有效。

（3）恶意的内部人员　当缺乏对云供应商程序和流程认识的时候，恶意内部人员的风险就会加剧。企业应该了解供应商的信息安全和管理政策，强迫其使用严格的供应链管理以及加强与供应商的紧密合作。同时，还应在法律合同中对工作要求有明确的指定说明，以规范云计算运营商处理用户数据等这些隐蔽的过程。

（4）共享技术的问题　IaaS 厂商用在基础设施中并不能安全地在多用户架构中提供强有力的隔离能力云计算供应商使用虚拟化技术来缩小这一差距，但是由于安全漏洞存在的可能性，企业应该监督那些未经授权的改动和行为，促进补丁管理和强用户认证的实行。

（5）数据丢失或泄漏　降低数据泄漏的风险。意味着实施强有力的 API 访问控制以及对传输过程的数据进行加密。

（6）账户或服务劫持　如果攻击者控制了用户账户的证书，那么他们可以为所欲为：窃听用户的活动、交易，将数据变为伪造的信息，将账户引到非法的网站。企业应该屏蔽用户和服务商之间对账户证书的共享，在需要的时候使用强大的双因素认证技术。

（7）未知的风险　了解用户所使用的安全配置，无论是软件的版本、代码更新、安全做法、漏洞简介，入侵企图还是安全设计。查清楚谁在共享用户的基础设施，尽快获取网络入侵日志和重定向企图中的相关信息。

（六）云计算技术在土肥领域的应用

将云计算应用到农业信息化中，不但能够降低农业信息化的建设成本，加快农业信息服务基础平台的建设速度，还能极大地提升我国农业信息化的服务能力。根据我国农业发展的特点，目前，云计算在农业信息化中的应用主要包括以下几个方面。

（1）基于云的农业信息资源存储与共享　通过云存储可将海量的农业信息资源整合，信息以文字、图片、语音、视频等多媒体库形态存在的海量数据进行采集、存储、处理和复杂分析，突破数据仓库的局限，云存储系统中所有设备对于用户都是完全透明的，用户只需要通过网络与云相连接，就能对数据进行访问。需要存储服务的用户不再需要建立自己的数据中心，只需向存储服务提供商申请存储服务，从而节约了昂贵的软硬件基础设施投资。相对于传统的数据集中存储解决方案，高效集群的云存储系统具有扩容简单、成本低廉、数据安全、服务不中断等优势，很大程度上方便农村信息资源的存储、加工和利用。

（2）大规模计算　随着物联网技术的发展，农业生产过程将连续产生大量复杂的信息，比如对农业环境监测所产生的温度、湿度以及农作物长势等数据，仅凭农户的技术水平是难以直接利用这些原始数据进行决策的，农业专家也只有在定量分析的基础上才能做出准确的判断和决策，所以农业生产过程管理需要智能化的大规模计算系统支持。同时农业物联网入网个体数量巨大、以分钟为时间间隔产生动态性数据，要求进行实时性采集、分析和决策反馈。因此，云计算对智慧土肥有着数据存储、分析、决策和指导的重要应用价值。

三、计算机视觉信息处理技术

计算机视觉是使用计算机及相关设备对生物视觉的一种模拟。它的主要任务就是通过对采集的图片或视频进行处理以获得相应场景的三维信息。计算机视觉既是工程领域，也是科学领域中的一个富有挑战性重要研究领域。计算机视觉是一门综合性的学科，它已经吸引了来自各个学科的研究者参加到对它的研究之中。其中包括计算机科学和工程、信号处理、物理学、应用数学和统计学、神经生理学和认知科学等。

计算机视觉用各种成像系统代替视觉器官作为输入敏感手段，由计算机来代替大脑完成处理和解释。计算机视觉的最终研究目标就是使计算机能像人那样通过视觉观察和理解世界，具有自主适应环境的能力。因此，在实现最终目标以前，人们努力的中期目标是建立一种视觉系统，这个系统能依据视觉敏感和反馈的某种程度的智能完成一定的任务。例如，计算机视觉的一个重要应用领域就是自主车辆的视觉导航，还没有条件实现像人那样能识别和理解任何环境，完成自主导航的系统。因此，人们努力的研究目标是实现在高速公路上具有道路跟踪能力，可避免与前方车辆碰撞的视觉辅助驾驶系统。这里要指出的一点是在计算机视觉系统中计算机起代替人脑的作用，但并不意味着计算机必须按人类视觉的方法完成视觉信息的处理。计算机视觉可以而且应该根据计算机系统的特点来进行视觉信息的处理。但是，人类视觉系统是迄今为止，人们所知道的功能最强大和完善的视觉系统。因此，用计算机信息处理的方法研究人类视觉的机理，建立人类视觉的计算理论，也是一个非常重要和信人感兴趣的研究领域。

计算机视觉信息处理技术在土肥领域的应用主要表现在土壤和杂草等背景的识别、叶面积和株高等外部生长参数的测量、叶片形态的识别、作物营养信息的获取等方面（袁道军，2007）。

（1）土壤和杂草等背景的识别　自然状态下采集的作物图像中，除了作物，还包括土壤、杂草、残茬等背景存在，故在进行图像分析之前，必须先将作物和其他背景识别出来。

（2）叶面积和株高等外部生长参数的测量　叶片是植物进行光合作用和蒸腾作用的主要器官，其发育状况和面积大小对作物生长发育、抗逆性及产量形成的影响很大，是生理生化、遗传育种、作物栽培等方面研究所经常考虑的内容。因此建立方便、准确的叶面积测定方法，对指导作物栽培密度及施肥水平，达到调整群体结构与充分利用光、热资源及合理进行施肥以获得作物高产具有重要的意义。传统的叶面积测量方法多为有损测量，且费时费力、精确度受到影响，而用计算机视觉技术能够做到迅速准确的无损测量。利用计算机视觉技术参考物法测量叶片面积的可行性，且测量精度和效率都很高。

（3）叶片形态的识别　分析图形图像像素的颜色值可以很好地识别出作物和背景，但要作更深层的分析或进行物种的识别，还得依靠形态学。上述大量的研究为数学形态学应用于叶片、作物各器官以及作物种类的识别奠定了坚实的基础，并展现良好的应用前景。

（4）作物营养信息的获取　作物生长期间，缺乏某种营养元素或缺少水分时，都会严重影响作物品质和产量。因而，对作物缺素、缺水信息方面的研究，在农作物营养信息检测中十分必要。大量研究表明利用各种颜色系统中的参量或者新构建的特征分量能够进行准确的作物缺素的识别。目前基于作物缺素和缺水监测方面的研究比较多，而对作物生长发育过程中的生理生化指标监测的研究还比较少。成像光谱数据的分析方法和结论可以借鉴到计算机视觉技术领域。另外，根据对冠层大小的图像可以分析来判断水稻中期生长情况，并建立了根据水稻中期生长情况及施肥量来预测产量的数学模型。

第六节　自动控制技术

自动控制理论是自动控制科学的核心。自动控制理论至今已经过了三代的发展：第一代为 20 世纪初开始形成并于 50 年代在线性代数的数学甚而上发展起来的现代控制理论；第二代为50～60年代在线性代数基础上发展起来的现代控制理论；第三代为 60 年代中期即已萌芽，在发展过程中综合了人工智能、自动控制、运筹学、信息论等多学科的最新成果并在此基础上形成的智能控制理论。

1. 自动控制系统　为了实现各种复杂的控制任务，首先要将被控制对象和控制装置按照一定的方式连接起来，组成一个有机的整体，这就是自动控制系统。在自动控制系统中，被控对象的输出量即被控量是要求严格加以控制的物理量，它可以要求保持为某一恒定值，例如温度、压力或飞行轨迹等；而控制装置则是对被控对象施加控制作用的相关机构的总体，它可以采用不同的原理和方式对被控对象进行控制，但最基本的一种是基于反馈控制原理的反馈控制系统。

2. 反馈控制系统　在反馈控制系统中，控制装置对被控装置施加的控制作用，是取自被控量的反馈信息，用来不断修正被控量和控制量之间的偏差从而实现对被控量进行控制的任务，这就是反馈控制的原理。

3. 自动控制系统的分类　自动控制系统的分类有多种方法。

（1）按控制装置类型，可分为常规控制和计算机控制两种。常规控制采用模拟式控制器，计算机控制采用电子数字计算机。

（2）按有无反馈，可分为闭环控制系统和开环控制系统。

（3）按设定值是否固定，可分定值控制系统和随动控制系统。定值控制系统的设定值固定不变，控制系统可自动克服扰动的影响，使被控变量保持基本恒定。随动控制系统中设定值是变化的，系统使被控变量随设定值而变化。例如，在化工生产中，要求物料 A 的流量与另一物料 B 的流量保持一定的比值，如果物料 B 的流量是变化的，物料 A 的流量就必须随之变化，此时物料 A 的流量控制就属于随动控制类型。

4. 自动控制技术在土肥中的应用　自动控制技术在土肥中的应用主要体现在以下几个方面（赵永志、王维瑞，2012）：

（1）自动排灌系统无线电遥控喷灌装置已开始应用于农田　它由发射装置和接收装置组成，发射装置体积小重量轻，便于随身携带，接收装置安在排灌用的电动机上。管理人员发现出现旱象的地段即用无线电装置发出控制信号，控制电动机和水泵喷灌。当喷灌水量达到要求时再发出控制信号，停止灌水。还有一种不用管理人员参与，根据稻田水分蒸发情况自动决定供水或停水的自动灌溉系统。

（2）作物自动管理系统　它应用电子计算机调整作物布局，根据农作物的生长特点综合分析生态环境诸因素的影响，制订可能获得最佳经济效益的管理方案。例如，选择适宜种植的作物品种和作物的最佳施肥时间、数量，提供应用药剂、药量和防治时间的决策信息。

（3）温室自动控制与管理系统　温室的控制和管理是农业自动化中发展较快的领域。一般的温室控制与管理系统由传感器、计算机和相应的控制系统组成。它能自动调节光、水、肥、温度、湿度和二氧化碳浓度，为植物创造最优的生长环境，促进植物的光合作用和呼吸、蒸发、能量转换等生理活动。

（4）自动控制技术促进了精准农业的发展　精准农业是在传统农业与农机装备技术基础上，运用高新技术进行农业生产管理。精准农业较传统农业其先进之处主要是应用全球定位系统、地理信息技术、计算机控制技术、专家与决策知识系统，实现农业生产的定位、定量、定时，做到精耕细作和管理。由于农业水土管理区管理点较为分散，用传统方法进行数据采集和信息传输精度差、速度慢。把电子技术、微电子技术和通信技术紧密结合起来，采用现代方法进行自动化监控和管理非常必要，如在渠系、灌水、泵站等方面实现自动化监控与管理。农业自动化向智能化方向发展，进一步发展精准农业重点发展节水、节肥精准农业技术体系的自动化控制，实施精准灌溉、精准施肥，提高水资源和化肥资源的利用率。精细设施农业主要发展以温室为主的自动控制系统智能化研究，从而现降低成本、提高作物产量、提高农产品品质。计算机视觉技术在我国农业生产和农业现代化方面已开始应用。

第七节　智慧支撑技术

智慧支撑技术是实现智慧土肥的核心技术，目前，智能化技术在土肥中的应用不仅局限于专家系统方面，预测预警技术、模型技术、机器学习、神经元网络、本体技术等智能技术将得到全面的发展和应用，而且应用领域不断扩展。

一、预测预警技术

1. 预测预警技术概述　预警（Early Warning）一词源于军事，它是指通过预警飞机、预警雷达、预警卫星等工具来提前发现、分析和判断敌人的进攻信号，并把这种进攻信号的威胁程度报告给指挥部门，以提前采取应对措施。预警现指的是在警情发生之前对其进行预测报警，即运用现有知识和技术的基础上，通过对事物发展规律的总结和认识，分析事物的现有状态及特定信息，判断、描述和预测事物的变化趋势，并与预期的目标量进行比较，利用设定的方式和信号，实行预告和示警，以便使预警主体有足够的时间采取相应的对策和反应措施（佘丛国，席西民，2003）。

2. 预警的数学理论基础　预警是对不利于人们的意外事件进行合理评估，了解该类事件引发的危机及影响，以便作应变的准备及预案，更进一步则是了解、描述该类事件的发生发展规律，从而控制或利用该类事件。该类事件称为目标事件（潘洁珠、朱强、郭玉堂，2010）。

预警的数学理论则是预警的基础理论，即它要为预警理论提供数学基础。预警理论不仅需要计算方法，更需要逻辑上完整的成体系的数学思想与之互相支持。预警的数学理论为预警理论服务的具体方法是提供数学模型，即用数学模型来描述目标事件的本质及其发生发展规律。因此，采用的数学模型需能反映、描述目标事件的特性，即数学模型与目标事件是合理匹配的。目标事件具有确定性、随机性、模糊性、不确定性等四种数学性质。根据这四种数学性质，可以建立预警模型。

3. 预警方法概述　预警方法主要有 3 类，即指数预警、统计预警和模型预警。

（1）指数预警　该类方法是通过制定综合指数来评价监测对象所处的状态，目前主要应用于宏观经济领域（如景气指数法），用来预测经济周期的转折点和分析经济的波动幅度。

（2）统计预警　该类方法主要通过统计方法来发现监测对象的波动规律，在企业财务危机预警中应用很广泛，使用变量少，数据收集容易，操作比较简便。

（3）模型预警　该类方法通过建立数学模型来评价监测对象所处的状态，因而在监测点比较多、比较复杂时广泛使用，该类模型分为线性和非线性模型。主要变量之间有明确的数量对应关系时就可用线性模型预警，非线性预警模型则对处理复杂的非线性系统具有较大的优势，但如何对监测对象的复杂表现状况进行有效预警评价是目前在预警方法领域中的难点。

二、模型技术

1. 建模技术　系统动力学（System Dynamics，SD）是系统科学理论与计算机仿真紧密结合、研究系统反馈结构与行为的一门科学，是系统科学与管理科学的一个重要分支。系统动力学认为，系统的行为模式与特性主要取决于其内部结构与反馈机制，只有把整个系统作为一个反馈系统才能得出正确的结论。系统动力学是一个视角，可以帮助我们理解复杂系统的结构和动态行为特征。根据系统动力学建模方法，首先需要对现实系统进行观测，提炼出具有代表性的数据和信息，得到模型结构框架，绘制 SD 模型因果反馈回路图。这是建模的"定性"阶段。进一步，需要区分变量性质，明确系统的反馈形式和控制规律，在存量流量图的基础上，建立模型方程与函数关系。这可以视为模型的"定量"阶段。最后，进行模型仿真，通过改变既定参数，观察模型的运行结果，进行政策分析。系统动力学建模方法主要有：结构方程模型方法、结构建模方法、系统动力学流率基本入树建模方法、基于关键变量的建模方法、基于本体的可拓知识链获取建模方法、基于物质流信息流的建模方法。其中，结构建模方法包括解释结构建模方法（ISM）、模糊解释结构建模方法（FISM）、典型要素建模方法（TEMM）、核心要素建模方法（KEMM）、传递扩大建模方法（TEM）（张善从、董晓欢，2013）。

2. 智能模型在土肥领域的应用

（1）田间作物生产管理　利用作物生长模型可以研究不同播种时期、密度、灌溉时间与次数和肥料使用量在不同环境状况下对长期平均产量和产量潜力的影响，并对栽培措施加以优化。在某些条件下，作物模型指导田间试验用于检测模型所预测的结果。

（2）施肥专家系统建设　施肥专家系统研究与应用始于20世纪80年代中期，起步虽然较晚，但步子大、发展快。中国科学院提出的砂礓黑土小麦施肥专家系统；福建农业科学院研制的土壤识别与优化施肥系统；国家"七五"科技攻关黄淮海平原计算机优化施肥推荐和咨询系统；江苏扬州市土肥站研制的土壤肥料信息管理系统以及中国农业大学植物营养系研究的综合推荐施肥系统等。这些专家系统不同程度地利用了土壤普查成果、历年肥效试验信息，把配方施肥技术引向深入（田有国、任意，2003）。

（3）用于农场经营管理和农业政策制定　美国、英国、澳大利亚等发达国家中的许多农场主应用农业知识管理模型制定经济效益最佳的田间管理策略，评价气候与市场风险对植物产量和农场利润的影响，以便制订长期的经营策略。此外，美国、英国等政府有关部门利用植物模型预测大范围的植物产量，评价植物生长中水土资源流失和污染情况，作为制订相关农业生产政策和农业资源规划管理的依据（金宝石、高天琦，2009）。

三、专家系统技术

专家系统是一个智能计算机程序系统，其内部含有大量的某个领域专家水平的知识与经验，能够利用人类专家的知识和解决问题的方法来处理该领域问题。也就是说，专家系统是一个具有大量的专门知识与经验的程序系统，它应用人工智能技术和计算机技术，根据某领域一个或多个专家提供的知识和经验，进行推理和判断，模拟人类专家的决策过程，以便解决那些需要人类专家处理的复杂问题。简而言之，专家系统是一种模拟人类专家解决领域问题的计算机程序系统。专家系统通常由人机交互界面、知识库、推理机、解释器、综合数据库、知识获取6个部分构成。

（1）知识库用来存放专家提供的知识。专家系统的问题求解过程是通过知识库中的知识来模拟专家的思维方式的。因此，知识库是专家系统质量是否优越的关键所在，即知识库中知识的质量和数量决定着专家系统的质量水平。一般来说，专家系统中的知识库与专家系统程序是相互独立的，用户可以通过改变、完善知识库中的知识内容来提高专家系统的性能。

（2）人工智能中的知识表示形式有产生式、框架、语义网络等，而在专家系统中运用得较为普遍的知识是产生式规则。产生式规则以 IF…THEN…的形式出现，就像 BASIC 等编程语言里的条件语句一样，IF 后面跟的是条件（前件），THEN 后面的是结论（后件），条件与结论均可以通过逻辑运算 AND、OR、NOT 进行复合。在这里，产生式规则的理解非常简单：如果前提条件得到满足，就产生相应的动作或结论。

（3）推理机针对当前问题的条件或已知信息，反复匹配知识库中的规则，获得新的结论，以得到问题求解结果。在这里，推理方式可以有正向和反向推理两种。正向推理是从条件匹配到结论，反向推理则先假设一个结论成立，看它的条件有没有得到满足。由此可见，推理机就如同专家解决问题的思维方式，知识库就是通过推理机来实现其价值的。

（4）人机界面是系统与用户进行交流时的界面。通过该界面，用户输入基本信息、回答系统提出的相关问题，并输出推理结果及相关的解释等。

（5）综合数据库专门用于存储推理过程中所需的原始数据、中间结果和最终结论，往往是作为暂时的存储区。解释器能够根据用户的提问，对结论、求解过程做出说明，因而使专家系统更具有人情味。

（6）知识获取是专家系统知识库是否优越的关键，也是专家系统设计的"瓶颈"问题，通过知识获取，可以扩充和修改知识库中的内容，也可以实现自动学习功能。

四、知识推理技术

1. 知识表示

（1）知识与知识表示　知识是人们在自然界作生存斗争中产生的精神产物，是人类历经数千年所取得的智慧成果，也可以理解为是经过加工改造的信息，它一般由特定领域的描述、关系和过程组成。而专家系统中的知识表示是将某领域的知识编码成一种适当的数据结构的过程。不同领域的专家系统，根据领域信息的特征有可能要采用不同的知识表示。它研究的主要问题是设计各种知识的形式表示方法，研究表示与控制的关系，表示和推理的关系以及知识表示和其他领域的关系。在解决某一问题时，不同的表示方法可能产生完全不同的效果。

（2）知识表示的方法　知识表示方法从应用领域和技术特征上大致可分为两大类：一类是过程性表示方法，这种方法将知识表达成如何应用这些知识的过程；另一类为叙述性表示方法，这种方法将知识表示为一个较稳定的事实集合。一般来说，要求执行速度快，无需修改和解释以及表示动作的知识宜于过程性表示，否则用叙述性表示。

2. 推理机制 常见的推理机制包括基于故障树的推理机制、基于神经网络的推理机制等（梁亮理、王若松、曾东波）。

（1）基于故障树的推理机制 基于故障树的推理机制能从用户描述的故障现象和知识库中构造的故障树进行推理得出故障原因，进而进行故障处理。其推理过程如下：

①构造故障树林，构造合理的故障树林能有效缩小知识空间的搜索范围，提高系统工作效率。

②将用户描述的故障现象与数据库中由规则集所构造的若干故障树进行匹配，其中非叶子节点对应某一故障结论，叶子节点对应某一故障现象或者是某一项辅助信息。

③从故障树深度最大的非叶子节点开始分析规则表达式，看每个需要的事实（子节点）是否存在，如果某个节点的所有子节点都存在，则作为新的事实记录到工作寄存器，依次重复在树的每一层次进行运算直到不能再运算为止。

④对于不同规则集故障树的运算结果，按照可信度和匹配度等参数进行排序，选取最满足条件的结论得到诊断的结论信息，从而完成推理过程。

从推理过程可以看出，基于故障树的推理依赖于故障树的构造，对结构化领域知识的处理能力强，但对非结构和半结构化的领域知识缺乏有效的推理方式，另外当故障树过大时，推理速度受故障树深度限制，难以实现并行计算，而且故障匹配时容易出现冲突现象，会降低求解速度与准确性。

（2）基于神经网络的推理机制 基于神经网络的推理机制一般通过采集征兆向量然后使用正向推理的方式计算出故障向量，从而得出诊断结果。整个推理过程模拟领域专家凭直觉来解决问题的方式，可以解决局部情况的不确定性，具有一定的联想功能和创造性思维。一般分为输入层神经元、隐含层神经元和输出层神经元，其推理过程如下：

①调入故障诊断知识库和各项故障征兆向量（x_1，x_2，$x_3 \cdots x_n$），根据输入数据计算输入层各神经元的输出，把它们作为隐含层单元的输入。

②计算隐含层神经元的输出，并把它们作为输出层单元的输入。

③计算输出层神经元的输出，并由给定的法则判定输出神经元的输出，对输出进行确认，确认完后修正故障征兆向量。

从以上推理过程可以看出，基于神经网络的推理机制能很好地处理非结构和半结构化的领域知识，并能够通过征兆向量记忆诊断结果，从而归纳出新的诊断规则充实知识库的内容。与传统专家系统的推理机制相比，神经网络具有很多的优势：

①神经网络在同一层神经元上是并行处理的，层间的处理是串行的，可以实现并行推理，提高推理效率。

②神经网络推理通过征兆向量与输入数据的运算来完成，由通常的符号运算转变为数值运算，从而可以大大提高推理速度。

③神经网络采用隐式的知识表示方式，通过神经计算来进行求解的推论策略可以完全避免冲突。但单纯使用神经网络推理机制在结构性领域知识的推理上存在可理解性差、推理结果逻辑溢出等情况。

五、本体及其应用

本体是一种知识组织体系，多用在复杂的具有知识关系的系统中组织和描述信息，以方便用户使用。本体是用于描述或表达某一领域中概念和术语的一个基本知识体系，Gruber 把本体定义为关于共享概念的一致约定。本体是共享概念模型的明确形式化规范说明。根据本体不同的属性，对本体有不同的分类方式。其中，基于特定应用领域的规模或试点抽象级别分类，可以把本体分为元级本体、通用本体、领域本体和应用本体。农业领域知识本体是一个领域本体，它包含农业术语、定义以及术语间规范关系说明的体系，是农业学科领域内概念、概念与概念间相互关系的形式化表达。农业领域知识是构建农业领域本体的关键。

本体是对某一领域内可共享的通用的概念的形式化的规范描述，它具有以下特点：为了达到可共享的、通用的概念理解，本体需要借助一定的规范方式，来显性地表示领域中的概念、概念的属性、概念之间的关系以及相应的约束和推理原则。本体的目标是使知识能够在人与人之间、人和系统之间以及各种异构系统之间进行广泛的交流。创建本体的目标就是提供一种机器可以处理的语义描述机制，使得知识语义能够在不同的智能代理（软件和人）之间传递和交流。

本体应该包含声明（Statement）、公理（Axiom）、概念（类）（Concept，Class）、属性（Property，Slot）、函数（Function）和实例（Instance）六个条件。其中：

类是相似术语所表达的概念的集合体，它描述领域中的概念。例如，可以将"人"作为一个类。类还可以细分为更为专指的子类，例如，可以将人分为"黄色人种"、"白色人种"、"黑色人种"和"棕色人种"。实例，也称个体。归根到底，类是实例的类，实例是类的实例。函数是实例的函数，实例是函数的实例。实体是本体中的最小对象。它具有原子性，不可再分。例如，郭某某是类"人"的实例，不可再分。属性用来描述类中的概念，具有限制类中的概念和实例的功能，属性可以分为实例级别属性和类级别的属性。

到目前为止，在农业领域通过使用主题和过程本体进行知识获取，已经开展了相当多的工作。如联合国粮农组织 FAO 的农业本体服务（AOS）项目包括食物和营养本体、食物安全本体、动植物健康本体、渔业本体等，这些本体中的都对某一个专门的农业领域进行知识获取。完整版的多语种 AGROVOC 叙词表，富含译文、同义词和关系，也正在向可以本体的形式被利用的格式进行转换。所有这些本体都已被使用在信息系统中，以改善信息的访问。然而，这些功能大部分可以进一步增强，即通过有效地使用本体进行未知及隐藏的知识抽取，这样不仅可以为用户提供有效的搜索结果，而且可以实现本体迭代式的自改善。只有通过对领域知识进行显式的形式化，通过从专家的提取以及建立与本体的实际或事例数据的连接等方法来达到这一目标。

第四章　智慧土肥总体框架

智慧土肥总体框架设计是智慧土肥顶层设计的基础，智慧土肥总体框架的研究与设计是智慧土肥系统建设的基础，也是指导智慧土肥应用系统建设的关键步骤。智慧土肥总体框架设计就是要根据智慧土肥发展的业务要求，充分运用现代信息技术和计算机网络技术，构建符合土肥业务工作实际的系统总体架构。本章首先提出了智慧土肥建设的总体原则、智慧土肥应用的总体框架，并对总体框架中的基础部分，包括感知终端、传输网络、应用支撑平台进行了设计。

第一节　建设原则

智慧土肥应用建设应遵循以下原则：

1. 顶层设计、集约建设　智慧土肥应用建设是一项长期的工作，智慧土肥应用建设面广，需要在顶层设计的指导下开展，集约建设，避免各自分散建设造成的各项人员、资金等方面的重复建设。

2. 统筹规划、分步实施　统筹规划智慧土肥应用的建设和服务内容，按照智慧土肥应用总体规划开展设计，分步实施，保障各阶段工作的顺利开展。

3. 互联互通、资源共享　加强土肥纵向管理部门、属地化管理部门间的协同与协作，保障和推进各级土肥管理部门及其与农业其他部门间的信息资源的互联互通，打破信息孤岛，促进各类土肥智慧信息资源的共享共用。

4. 标准规范、安全可靠　智慧土肥应用建设相关的部门众多，为了确保各类智慧土肥应用发挥整体效益，必须遵照统一的标准规范进行建设，同时考虑智慧土肥应用的重要性，需要在网络、应用等多个方面保障智慧土肥应用安全。

5. 技术先进、力求实效　智慧土肥应用的建设要与当前的先进技术相结合，重视智慧土肥应用建设的实用和实效，要遵循先进、可靠、实用的原则建设具有可扩展、易于管理和维护的智慧土肥应用。

第二节　智慧土肥应用总体框架

智慧土肥建设是一个发展变化的过程，从系统建设角度看，智慧土肥建设必然经历从单项应用系统到综合应用系统，从综合应用系统到区域管理框架，再从到区域管理框架多级综合框架的发展过程。

一、智慧土肥层次框架

如图 4-1 所示，智慧土肥总体框架由感知层、网络层、数据层、支撑层、智慧层、应用层和服务层组成。

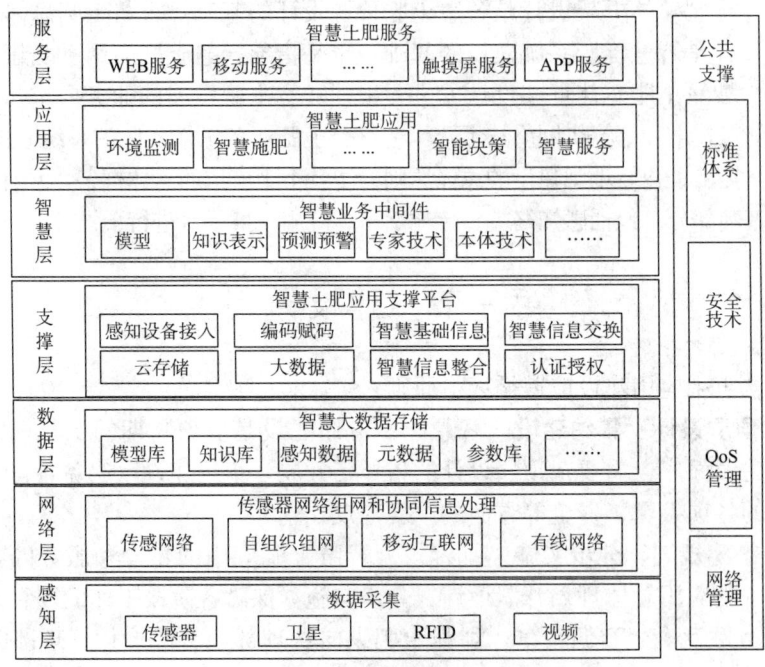

图 4-1　智慧土肥层次框架

（1）感知层　感知层是智慧土肥数据的采集层，负责智慧数据的采集，智慧土肥在传统的网络化、数字化的基础上，增加了传感器采集、RFID 数据采集等新手段。

（2）网络层　网络层负责将利用各种工具、方法采集的数据传输到智慧土肥应用系统，支撑土肥智慧化工作。目前，智慧土肥建设过程中的网络主要有传感网络、自组织网络、移动互联网、各种有线网络等。

（3）数据层　数据层用来存储和处理采集的各种海量数据，具体包括模型数据库、知识库、感知数据库、元数据库、参数数据库等。除传统的文件存储、数据库存储外，大数据技术的应用为智慧土肥带来了方便。

（4）支撑层　支撑层是智慧土肥应用系统建设过程中基础的、共性的功能与服务。主要包括感知设备及信息接入、传感设备编码与赋码、智慧信息交换、智慧信息整合、认证授权等功能。

（5）智慧层　智慧层为智慧土肥应用系统的"智慧"提供功能支撑，主要包括建模、知识推理、预测预警、专家系统、本体等功能。

（6）应用层　应用层为智慧土肥的应用系统，主要包括作物生长环境智能监测系统、智能灌溉系统、智慧施肥系统、农产品与化肥智能监管系统、智慧设施农业系统以及智能决策系统等。

（7）服务层　服务层为农民、土肥工作者、各级领导提供智慧信息服务，从服务手段上看，主要有 WEB 服务、移动服务、触摸屏服务、APP 服务等。

二、智慧土肥多级应用框架

从智慧土肥平台体系建设现状可以看出主要有单项智慧应用、专业领域的应用、区域范围的应用和多级智慧土肥应用体系。

（1）单项智慧应用　采用智慧技术，解决智慧土肥中的某一项业务问题，包括环境自动监测、自动精准控制、耕地质量智慧管理、农产品化肥智能监管、智慧施肥、智慧决策预警以及智能服务等。

（2）专业领域的应用　采用智慧技术，解决某一农业领域的智慧应用，比较典型的就是将智慧土肥技术综合应用于设施农业中，并且取得了一定的成果，目前基于智慧设施农业的应用逐渐得到重视，并不断深入发展。

（3）区域范围的应用　我国农业管理除了行业管理（如土肥、种子等）外，还存在区域管理模式，如区县管理。目前已有某一区域，如某一区县或园区开展智慧土肥应用的案例，以及区域智慧土肥建设并应用的成果。

（4）多级智慧土肥应用体系　我国土肥工作实行国家和地方分级管理负责制，形成了国家、省、市、县四级管理体系。从全国来看，由于各省、自治区、直辖市行政管理机构设置不尽相同，各省、自治区、直辖市，以及地级市、县负责土肥行政指导工作和业务管理工作的部门也不完全相同，但从总体上看，在农业部种植业司的行政指导下，在全国农业技术推广服务中心的业务指导下，国家、省、市、县四级土肥工作体系基本形成，工作体系的建立为推进全国土肥工作奠定了良好的组织基础。目前，多级的、相互整合的多级智慧土肥应用体系建设已提到议事日程。

如图 4-2 所示，基于智慧土肥平台体系顶层视角，科学的合理的智慧土肥平台体系应是上述各类应用的互联互通、资源共享、协同协作的深度整合体系。多级的互联互通的深度整合智慧土肥平台体系一般将智慧土肥应用中共性的、基础性的资源、系统、网络、应用共同建设、共建共享，并将共性的、基础性的资源、系统、网络、应用以智慧土肥应用支撑平台的形式存在。

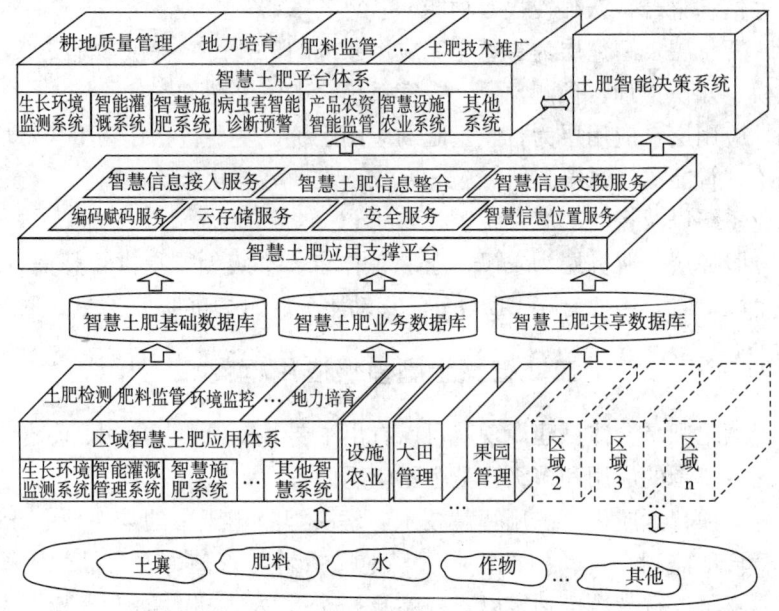

图 4-2　智慧土肥多级应用框架

第三节　感知终端架构设计

一、传感设备布点基本方法

在实际研究工作中，监测样点传感设备的布设经常是较弱的一环，其引起的误差通常是实验室分析误差的很多倍。在传统的传感设备布点方法中，一般选择简单随机、分层或系统抽样，忽略了样点间的空间相关性。目前对传感设备样点布设的研究手段、评价主体和评价因素均走向多元化，计量方法多与地理空间信息技术相结合。国内外学者对于样点布设方法也做了很多相关的研究，包括结合传统的统计理论与土壤养分空间变异特性可以减少取样数量；一个地区土壤属性的自相关平均水平可以作为该地区土壤样点间隔设置的依据，且在同样的误差范围和置信水平下，由于不同土壤肥力变异性的不同，所要求的合理取样数目也不同。当前，监测样点传感设备布设的方法主要有单纯格网法、简单随机抽样方法和 Kriging 插值的方法（庄婷等，2013）。

1. 网格法布样　格网法布设样点是在监测区内规则选取样点，样点的位置处于规则网格的中心或是网格线的节点上。分别以 1.0km×1.0km 到 3.0km×3.0km 网格为研究对象，以 0.5km 为梯度分别对耕地布设监测样点。

2. 简单随机法抽样　简单随机抽样是最基本的抽样方法，其特点是每个样本单元被抽中的概率相等，样本的每个单元完全独立，彼此间没有一定的关联性和排斥性。

3. 基于 Kriging 插值法布样 Kriging 插值法是一种很有用的地质统计格网化方法，首先考虑空间位置上的变异分布，确定对一个待插点值有影响的范围，然后用此范围内的采样点估计待插点的属性值，是一种最佳线性无偏估计方法。不同监测目标所选取的评价指标和布设的样点也不同。选取均方根误差为评价指标，以及分层抽样模型进行最优样本容量的计算，具体见式（1）和式（2）：

$$\text{RMSE} = \sqrt{\frac{1}{N}\sum(X_{oi} - X_{pi})^2} \tag{1}$$

式中，RMSE 为均方根误差，N 为监测点数量，X_{oi} 是样点自然质量等指数实测值，X_{pi} 为样点对应自然质量等指数的预测值。

$$n = \frac{(\sum W_h S_h \sqrt{C_h})\sum(W_h S_h/\sqrt{C_h})}{V + (1/N)\sum W_h S_h^2}, \quad W_h = \frac{N_h}{N} \tag{2}$$

其中，n 为抽样点数，W 为 h 等耕地在总耕地数量中所占比例，S 为 h 等耕地自然等指数标准差，C 为 h 等耕地样点布设费用，V 为抽样精度。借助 GIS 软件，选取不同步长，利用打网格的方式均匀布点，得到步长和变异函数之间的关系，可以分析得到耕地质量等级变异函数符合的模型，进而在网格内符合条件的位置布点，判断其是否达到最优样本容量，若不够，则以现有的监测点为基础构建泰森多边形，计算各泰森多边形的 RMSE 值，对精度不够的区域进行加密布点。

二、信息采集节点设计

如图 4-3 所示，信息采集节点一般由感知终端模块、数字信号处理模块、无线网络运行模块以及能量供应模块组成。

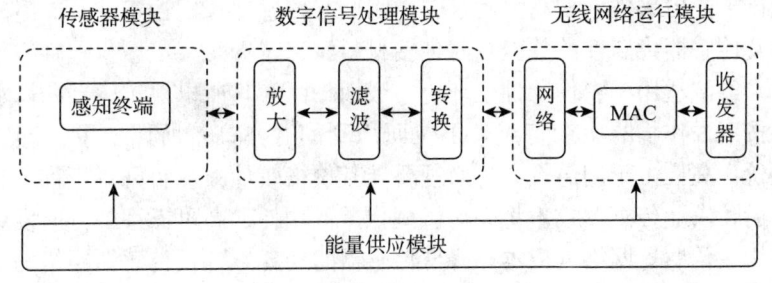

图 4-3 信息采集节点组成结构

1. 感知终端模块 感知终端包括传感器、条形码及条形码识读器、射频识别标签及射频识别标签读写器、摄像头及无线智能终端等，负责完成传感信息采集，并上行传输至接入网关。无线智能终端是高度集成的智能传感器，内部可集成传感器、条形码识读器、射频识别标签读写器和摄像头的一种或几种，可直接通过传输网络，将传感信息传输至智慧土肥应用系统。

2. 数字信号处理模块 该模块由微处理器和信号调理及其外围电路构成。针对各种不同的监测对象和传感器采用相应的数据采集、处理和传输设计。同时，对于一些简单的开关控制功能。也可以实现现场控制，而不需要反馈到监控中，再实施控制。此外，数字信号处理模块的设计可采用分立元件或集成模块完成放大器、滤波器和转换器等功能，其中后者极大地降低了系统的能耗，并且使其结构简单可靠、体积变小、成本降低、开发周期缩短。

3. 无线网络运行模块 无线网络运行模块则可选用具有无线收发模块和微控制器的片上系统。其中，微控制器是专门用于无线传感器网络协议栈的运行，并为数字信号处理模块提供数据传输接口。

4. 能量供应模块 能量供应模块是保证感知终端模块、数字信号处理模块、无线网络运行模块正常运行的能量基础。由于采集土、肥、水、作物信息的农业环境一般比较恶劣，因此，对于能量供应模块的要求也比较高，现在比较常用的能量供应技术有太阳能技术等。

5. 信息采集节点选择与设计要求 土肥信息传感器的设计和选择需要满足几个要求（聂洪森，2013）：

（1）一致性与适应性要强 智慧土肥实质是通过一个完整闭环的控制系统来调控农作物生长的环境因素。所以，传感器的性能必须和整个系统协调适应，所以传感器的响应时间间隔，灵敏强度要尽量统一，这样才可以使整个系统快速反应并达到最高效率。

（2）结实耐用并且稳定性高 土肥工作所处环境是一个复杂的自然环境，自然因素使其现场环境恶劣多变，所以传感器系统必须耐用结实。传感器的使用环境比工业更恶劣，如高温、高湿。因此，传感器长期稳定性要更高，需要解决涉及传感器稳定性的关键技术包括材料、工艺等。

（3）经济适用 农作物种植环境一般面积巨大，所以对传感器的需求量也很大，按照农作物的生产特点，单位面积利润并不高，所以要求传感器成本低、性价比高。由于用量较大，必须要求其价格较低廉，否则难于推广。

今后，农业传感器技术将朝着微型化、低功耗、高可靠性的方向发展，能否降低构建传感器网络的成本，降低传感器的功耗，延长传感器网络的生命周期是传感器网络能否在农业中得到广泛应用的关键。此外，如何提高传感器网络的可靠性也将是研究的重心。现有无线传感器网络空间范围查询处理算法能量消耗较大，且当节点失效时查询处理过程易被中断，无法返回查询结果。

（1）传感器成本与功能问题　在农业环境中需要部署数量庞大的传感器，而这些传感器要采集各种类型的农田环境信息参数。因此，开发低成本传感器，丰富传感器的种类，实现对农田环境信息与生物生理指标全方位的实时监测，是未来无线传感器网络研究的重点。

（2）传感器节点功耗问题　传感器节点一般采用电池供电（如碱性电池或锂电池），可以使用的电量非常有限，而对于有成千上万个传感器节点的农业环境来说，对电池的更换是非常难的，甚至是不可能的。为此，应该促进低功耗传感器的研发，同时研制容量大、体积小、寿命长的新型储能电池和具有自充电功能的生物电池，加大对自然中生物能的开发利用。

第四节　传输网络架构设计

一、智慧土肥传输网络基本框架

如图 4-4 所示，当前，智慧土肥信息传输过程中主要依托无线传输（传感器网络、全球移动通信系统、卫星遥感、全球卫星定位系统等）、有线（光纤传输）等构建全天候、全方位的智慧土肥环境信息传输网络。

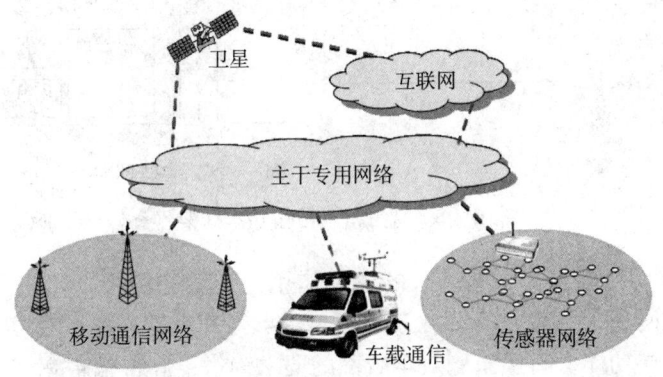

图 4-4　智慧土肥中的传输网络

智慧土肥传输网络基本框架的总体结构主要由感知层、接入层、传输网络层和应用层组成如图 4-5 所示：

1. 感知层　该层由与智慧土肥建设有关的各类传感器所组成。传感器是智慧土肥中实现对外界感知的核心部件，该类器件或装置能够探测、感受外界的信号，并将探知的信息转换成可用输出信号。常用的传感器包括基于力、热、声、光、电、磁等物理效应的物理类传感器，基于化学反应原理的化学类传感器，基于酶、抗体、激素等分子识别功能的生物类传感器等。

2. 接入层　该层由接入网关、协议转换网桥、传感网路由转发节点等多类设备组成，这些设备通过短距离无线通信介质将大量传感器连接起来，共同构成无线传感器网络（Wireless Sensor Networks，WSN），即传感网。传感网是末梢传感器与城域骨干网络间相联系的必要环节。

接入层直接面向各类终端，要求支持各种接入方式，且保证带宽和业务质量，目前已存的接入方式包括：PSTN、xDSL、LAN、PON、WIFI、无线接入（WCD-MA、GSM、CDMA2000、TD-SCDMA）、HFC 等。接入网的发展趋势为移动化、光纤化、宽带化、IP 化，预计无线接入方式将逐渐统一到 LTE 技术，有线接入方式将逐渐统一到 FTTx＋PON 的方式，但在一段时间内各种接入方式将长期共存。对于智慧土肥来说，可以根据业务需求及使用范围、终端类型等选择几种合适的接入方式，需要政府和各运营商之间进行有机合作。

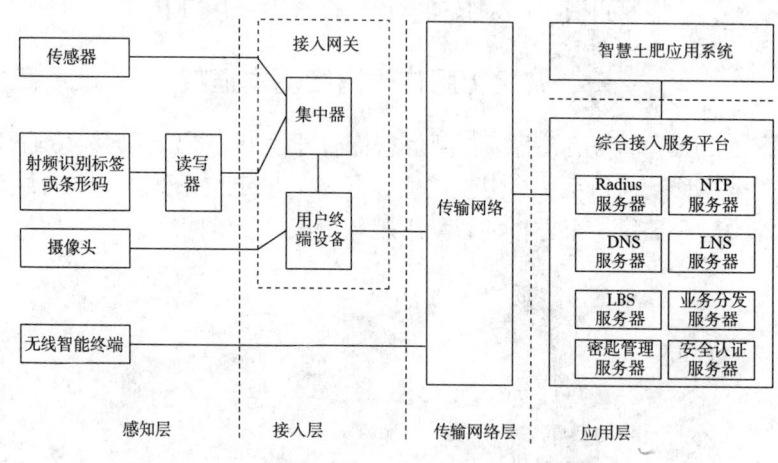

图 4-5　智慧信息传输基本框架

3. 传输网络层　传输网络层的主要作用是传输和路由，可以利用运营商已有的城域网进行承载，需要在现有的 OTN、PTN 网络中增加更多的 IP 化内容以及三层功能。智慧土肥对承载网的要求为：更高传输带宽需求、分组化及多业务统一接入需求、更高的 QoS 优先级调度能力、更灵活的业务调度能力、同步需求、接入层面对点到多点接入拓扑结构的支持、业务识别能力；业务疏导能力、多接入能力。

4. 应用层　应用层应包括综合数据中心和各类基本业务引擎，可以采用云计算技术建设，数据中心一般由政府统一建设，业务引擎可以由运营商分别建设，通过 IaaS 或 PaaS 的方式供政府部门开发各类应用。应用层包括应用支撑子层和应用终端子层。

应用支撑子层是智慧土肥应用层的组成部分，包括网络管理平台、安全管理平台、业务分发平台、信息共享平台、云计算平台等支撑系统。网络、安全及业务分发平台是本工程建设的主要内容之一。信息共享平台将在业务分发平台的基础上建立，其功能是支持跨业务系统的可控数据交换，而这是业务分发平台所不允许的。云计算平台的作用是提供分布式的数据分析和处理服务，有效整合资源，降低各个业务系统的建设成本。

应用终端子层是软硬件设备提供人机接口，实现对感知信息的展示，满足各项物联网应用的不同需要。该层设施由各用户单位自行建设，所需数据及服务功能来自应用支撑子层，由相关管理部门提供访问接口及对接规范（图 4-6）。

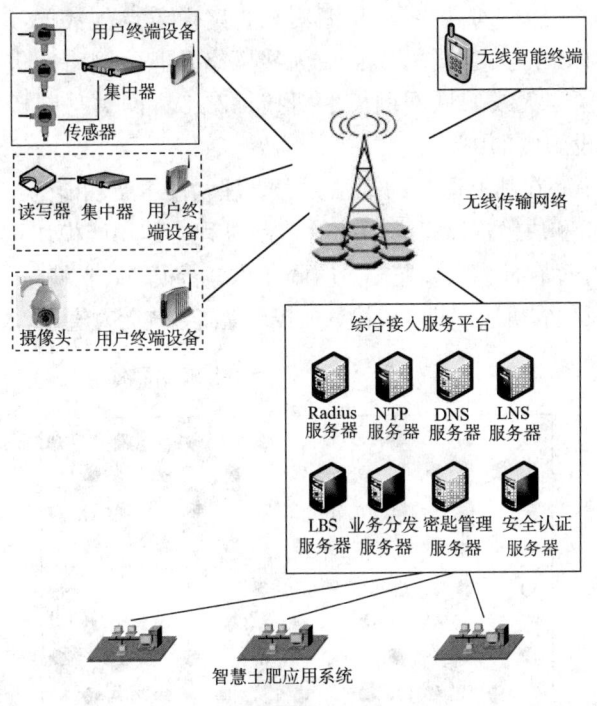

图 4-6　智慧信息传输参考模型

二、无线传感网络架构设计

无线传感网所起到的作用主要是将底层传感器收集到的数据汇集后传入城域网。无线传感网中的网络设备提供短距离、多跳的无线覆盖能力。可用于传感网短距离无线技术目前有 10 余种，包括通用的 IEEE 802.11 无线局域网（WiFi）、IEEE 802.15.1 蓝牙、IEEE 802.15.4 Zigbee、RFID（DASH7 等），也包括在智能家居领域中使用的 Insteon、z-Wave、X10、UPB 等无线射频技术。在传感网和 RFID 网中的设备一般通过这些链路技术组成无线网状网（Wireless Mesh Network）拓扑。

当前，无线传感网络主要采用 Zigbee 链路技术作为无线数据传输协议，在智慧土肥建设过程中，采用增强的 Zigbee 传输网主要包括以下两类设备：

（1）路由节点 路由节点起到扩大传感网信息传输距离和网络规模，增强网络健壮性的作用。路由节点间通过无线自组织路由协议交换各自的邻接链路信息，协商网络拓扑，建立多跳路由，形成覆盖大量传感器节点的数据传输主干网络。路由节点与传感器节点间按星形结构连接，传感器节点的数据传至最近的路由节点，路由节点再将数据转发至传感网网关，并汇入城域网。

（2）Zigbee 网关 负责接收和汇集来自路由节点的数据，并通过城域网上传给业务核心。网关通过在 Zigbee 无线网络及有线网络间进行链路级的协议转换，实现了与无线城域网网桥的对接。Zigbee 网关与网桥共同构成了物联网无线基础设施内的中继节点。

远程数据中心在其上运行的基站数据管理软件主要功能为：实现数据的接收、存储、分析和决策，以完成相应的控制过程。其功能模块可划分为：数据接收模块、数据库存储模块、监测量时间变化分析模块、监测量空间变异分析模块，可设有对其他农机运行控制模块（如控制灌溉系统无人值守运行）（图 4-7）。

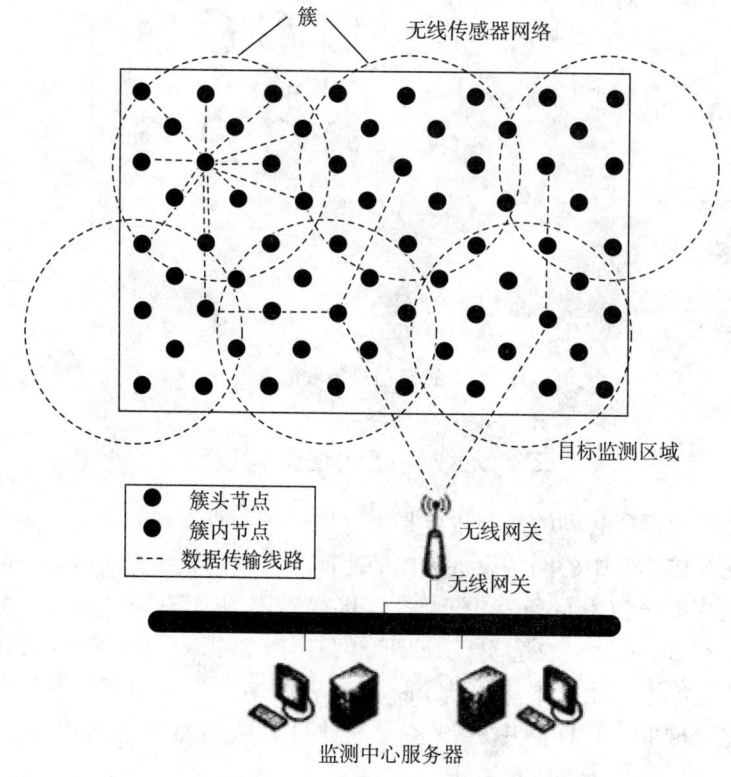

图 4-7 智慧土肥无线传感网络的组成与部署

第五节　智慧土肥应用支撑平台设计

一、智慧土肥应用支撑平台定位与框架

智慧土肥应用支撑平台旨在将智慧土肥建设过程中局部应用、单一感知的资源由封闭转变为开放的、标准化的、可跨领域应用的共享资源，并通过共性服务集成技术将分散、小范围的智慧土肥数据、网络、应用资源汇聚集成为共性服务资源群，形成统一的智慧土肥共性服务公共支撑体系，面向各种智慧土肥具体应用的共性需求实现有效支撑。

1. 智慧土肥应用支撑平台的特点　针对各类智慧土肥应用，需要共性应用支撑平台来提供相应的数据、计算、管理等服务。这样可以保证智慧土肥应用不会受到所属行业内信息资源、基础设施建设和能力开放范围的局限，可以从共性应用支撑平台获取所需的应用服务，从而更高效、更灵活地促进智慧土肥应用的发展。智慧土肥应用支撑平台应具有以下特点：

（1）智慧土肥应用支撑平台针对各类智慧土肥应用的服务，和具体行业和业务没有直接关系，只提供共性技术和公共数据资源的支撑服务。

（2）支撑各类智慧土肥应用的基础性功能，为各类应用提供权限认证、安全管理、资源管理、事务管理、数据管理、业务分析等基础功能。

（3）各类智慧土肥应用会构建在智慧土肥应用支撑平台之上，智慧土肥应用支撑平台为各类应用提供基础的服务。

（4）基于智慧土肥应用支撑平台构建的各类智慧土肥系统具备良好的集成性和可扩展性，也具备更好的性能指标和安全保护。

（5）通过智慧土肥应用支撑平台可以构建或扩展新的智慧土肥应用，通过智慧土肥应用支撑平台可以生成通用的应用功能（以此代替某些开发工具）。

（6）智慧土肥应用支撑平台应保证构建在其之上的各类智慧土肥应用能够满足后续应用扩展和变化的需要。

2. 智慧土肥应用支撑平台的架构　根据对智慧土肥应用支撑平台体系架构的领域分析，设计该平台的基本组成。智慧土肥应用支撑平台的软件体系结构如图 4-8 所示。智慧土肥应用支撑平台包括存储云层、平台云层、软件云层和服务层四部分。

（1）存储云层　包括物理资源池管理、物理资源管理、虚拟化服务、云存储管理等。

（2）平台云层　包括统一开发平台、大数据管理与服务平台等。

（3）软件云层　包括传感设备接入管理系统、传感设备编码赋码系统、传感设备基础信息管理系统、智慧土肥信息交换系统、智慧土肥信息整合系统、

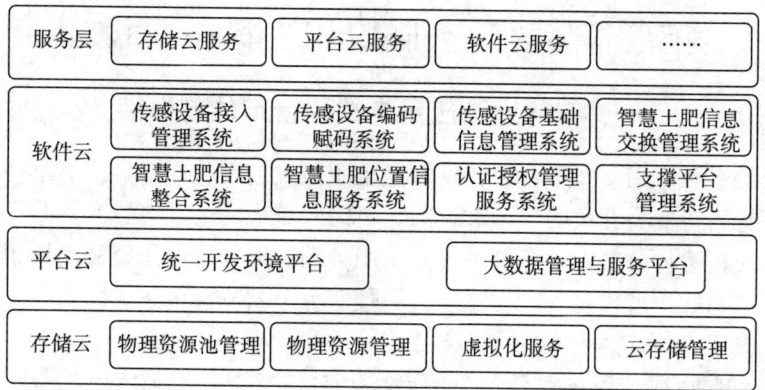

图 4-8　智慧土肥应用支撑平台框架

智慧土肥位置信息服务系统、认证授权管理服务系统、平台管理系统等。

（4）服务层　是提供存储云、平台云、软件云服务的接口层。

3. 智慧土肥应用支撑平台的定位　如图 4-9 所示，智慧土肥应用支撑平台为智慧土肥应用的数据中心、编码赋码中心、统一接入与分发中心、管理中心和服务中心。

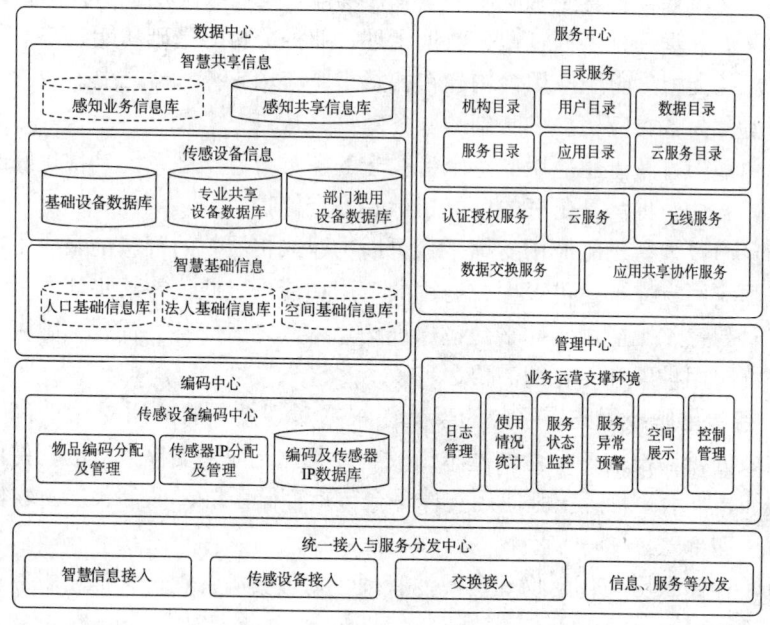

图 4-9　智慧土肥应用支撑平台的定位

（1）数据中心　智慧土肥应用支撑平台保存智慧土肥建设过程需要的智慧基础信息、传感设备信息、智慧共享信息，通过智慧数据的汇集、整合，形成智慧数据中心。

（2）编码赋码中心　智慧土肥应用支撑平台对智慧土肥建设过程中的所有感知设备进行统一管理，通过编码制度对感知设备编码、赋码，实现智慧应用一盘棋。

（3）统一接入与分发中心　智慧土肥应用支撑平台实现智慧信息、感知设备、交换的统一接入，避免重复建设，同时，智慧土肥应用支撑平台实现通过接入的感知设备采集的智慧信息的统一存储与转发。

（4）管理中心　智慧土肥应用支撑平台实现对智慧信息、感知设备、使用情况、服务状态进行统一监测，实现智慧土肥应用基础组件的统一控制。

（5）服务中心　智慧土肥应用支撑平台通过封装的接口对外提供服务，主要包括目录服务、认证授权服务、云服务、无线服务、数据交换服务以及应用共享协作服务。

二、传感设备接入管理系统

传感设备接入管理系统的建设重点解决传感器、集中器的接入标准化、规范化、简化传感设备的接入，同时减少用户使用传感器数据的复杂度。传感设备接入系统具有统一安全管理、状态管理、共享传感器原始数据、传感器数据转发管理和控制，传感位置信息获取等主要功能。

1. 传感器数据接收

（1）网络数据接收　网络数据接收模块将接收到了传感数据包，存入设备原始数据库，并将其发送至转发控制子系统。网络数据适合传感数据传输连续性强、安全稳定性要求比较高的传感器设备。

（2）短、彩信接入　主要包括短、彩信接入管理，短信接入点管理、短信终端管理、短信数据内容协议管理等。传感终端把感知数据信息发送到传感设备接入系统短、彩信网关后，短、彩信网关接受数据信息，按照数据传输相关规范进行解析、识别、存储到原始数据库。

2. 传感设备状态管理　传感设备状态管理能够自动获得整个智慧土肥环境的各种事件，包括传感设备状态、网络设备的故障、性能的过载、流量的异常、服务器的异常性能、各类应用的故障等。通过监控台，用户能够对整个智慧土肥环境的运行情况一目了然。集中器状态同步功能，将终端设备的状态信息同步到服务器实时数据库。同步方式包括集中器定时同步、连接设备故障同步、服务器端主动同步；同步内容主要包括位置信息同步、时间同步、集中器设备属性同步、连接设备数量同步和连接设备状态同步。

3. 传感器及集中器设备校验　传感器及集中器设备校验从网络接入层面控制传感设备的数据接入安全，由接入终端管理、分组管理、接入策略管理、接入策略认证、接入认证五部分组成。

（1）接入终端管理　接入终端管理提供前端数据采集传感设备信息的增加、编辑、删除功能，并提供传感设备的批量导入功能，包括文本导入和EX-CEL导入。

（2）接入分组管理　接入分组管理功能是指按照传感设备的类别及用途将传感设备进行管理、维护，并提供按照传感设备信息，传感设备的用途等条件进行模糊查询，使维护人员快速检索、定位传感设备的功能。

（3）接入策略管理　接入策略管理是指对传感设备的安全接入策略进行设置、维护、管理、通过对传感设备的接入策略设置、提高传感设备的数据接入安全，确保合法、安全的传感设备的安全接入。

（4）接入策略认证　接入策略认证是指对传感设备接入策略进行认证，认证的主体是传感设备的策略，对具有相同策略的传感设备可以进行批量认证，认证通过后，允许传感设备接入物联传感网络。

（5）接入认证　接入认证是指对传感设备的接入身份信息进行认证，接入认证的主体是传感设备的身份信息，包括前代码、后代码，根据认证数据库查询传感设备的身份信息，认证通过后，允许接入物联传感网络。

4. LBS 数据接收　运营商 LBS 数据获取根据实现技术不同分为：LCS 中间件，向传感设备终端提供定位服务接口，设备终端通过 LCS 中间件访问运营商的定位资源（GIS），以及完成对 LBS 业务的计费、管理等功能；PULL 类 LBS 业务，移动终端采用短消息、WAP 接入等方式请求 LBS；PUSH 类 LBS 业务，网络根据特定的条件，主动向移动终端推送信息。

5. 传感设备解码　智慧土肥信息编解码插件是传感信息接入服务系统可以调用的软件模块，该模块可以将传感器数值与二进制数据格式互相转换。传感器编解码管理需要对传感器类型、型号所对应的插件进行管理。

（1）编解码插件注册　终端设备所属单位，根据相关规范，编写本单位的编解码插件。编写完毕后上报上级主管单位。经主管单位审批通过后。可将本单位终端设备接入智慧土肥系统，其编解码插件上传至编解码库。

（2）编解码插件管理　编解码插件管理，根据传感器数据编码类型、传感器型号、数管理相应的编解码插件，实现各种不同的终端设备与服务器的数据通信。编解码插件管理负责管理传感器数据编码类型，传感器型号与插件的对应关系，插件的备份、删除、上传。编解码插件管理还需管理插件对应的编解码规范（图4-10）。

3. 传感数据转发控制　管理传感设备发送的网络流量数据，对其进行解析，按规则进行分类并搜索包头，到生成分发调度包头和转发的全流程。主要用于在数据不落地的情况下，快速准确分类转发智慧土肥传输网络的数据给各

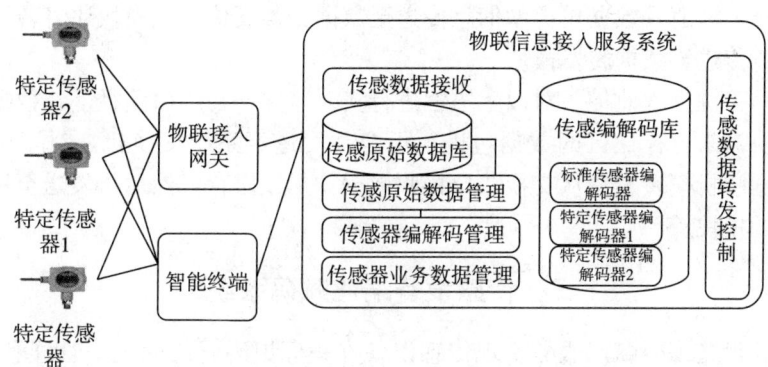

图 4-10　传感器编解码管理示意图

相关单位。其主要功能包括：数据解析、数据分类、数据转发、流量管理、调度控制、关键进程监控等。

（1）数据分类　数据分类处理模块接收分类键值并搜索整个分类规则（或记录）数据库，以识别出数据流信息。该数据流中存储了特定分组数据流的流量、QoS 和统计参数，最后将这些参数返回至数据解析模块。分类数据库以不同的权值或优先级存储了多个单位的业务分发规则。对于每个数据分发，具有最高优先级的规则将用来返回规则和流量参数。分类流程的复杂度取决于分类数据库的大小、每个数据流记录的规则数目以及分类速率。

（2）数据转发　数据转发处理模块接收转发键值，该键值通常具有比分类键值更少的字段。然后，转发处理模块搜索转发规则数据库，以找到下一跳转地址的位置，返回该地址和输出端接口到数据解析模块。数据解析模块收到 QoS 参数后，将数据结构同数据包存储链接、数据包长度、数据包类型和流量工程参数进行组合。之后，数据流的信息发送至流量管理模块或调度模块。

（3）流量管理　根据数据流的信息数据结构，对接收的数据流进行流量管理和流量调整，以便根据网络负载情况进行流量分配。

（4）调度控制　经过流量调整，每个数据流将进入调度控制部分，采用加权公平排队规则，这样每个数据包将根据端口的有效性规则进行调度，以发送到对应的输出端接口。

（5）数据解析　数据解析分为两种方式，一是转发原始数据，不需要数据解析；二是原始数据经过解析后，由传感设备接入系统向其他业务系统转发服务。数据转发的数据包解析模块接收来自网络层的数据包（L3 层），然后进行数据包包头处理，主要是处理 TCP 包头，并解析出数据包中用于 TCP 会话（L4 层）的 SYN 和 FIN（数据流的起始和结束）信息、对于 L4～L7 层的分类，模块校验数据来源地址、数据类型及数据包中的其他信息等。然后，将分类表的分类键值及数据包类型信息传送至数据分类模块。该模块还将转发表的分类键值传送至数据转发模块。

（6）关键进程监控　对以上进程进行实时监控。在入口路径上，数据解析处理模块对来自存储区的数据包进行组合并发送至系统交换机。对于出口路径，数据解析模块直接从交换接口接收数据并加以缓存，然后再发送至用于数据传输的模块。

三、传感设备编码赋码系统

传感设备编码赋码服务实现传感设备唯一标识码码段的统一管理和服务，为传感设备建立唯一的"身份证"。面向应用部门提供编码申请、传感设备注册、查询服务，面向智慧土肥应用支撑平台管理人员提供部门申请的审核、管理和查询检索服务等，主要包括编码申请、编码审核、编码查询、规则管理、查询检索、编码解析、编码转换等组件。

1. 编码管理

（1）编码申请管理　包括编码申请，包括申请单填写、申请单重置、申请单暂存和申请单提交等功能。申请审核提供编码申请的审核服务，主要包括编码申请审核、编码申请变更审核、审核回退、工作提醒等功能。编码分配提供编码分配服务。根据编码编码规则，自动生成预分配码段。当版本发生改变时，需要根据新的编码规则重新生成编码。码段分配可以结合后段码的规则登记功能，生成传感设备统一管理编码（编码＋后段码），并反馈给申请部门。

（2）编码码位管理　包括版本管理、分类管理、单位码管理等功能。版本管理管理主要是对前码段定义规则进行管理，包括编码的设置以及规则的启用和停用。分类管理是指对管理对象和传感设备的分类进行管理，包括节点新增、节点移动、节点删除、节点修改等操作。分类管理在版本启用之后将不能对分类进行操作，只能在新版本设置时方可进行新分类的管理，新分类不影响旧分类，但需要建立新分类与旧分类的关联关系。单位码管理，主要具有单位码初始化功能。

2. 编码转换

（1）转换规则管理　转换规则管理实现对不同编码间转换规则的管理功能，包括历史编码和新编码之间的转换规则、部门内部编码和统一编码之间的转换规则、唯一码与各部门内部码、唯一码与全国编码、其他编码体系（如OID、EPC）的转换规则等。

（2）编码转换　根据转换规则系统自动进行相关关系编码的转换，例如部门编码转换成统一编码，其转换后的编码为平台为其分配的编码＋部门内部编码。

3. 编码解析

（1）编码规则分析　解析管理实现对各类编码规则的分析管理，根据编码规则提取编码中每段的含义。数据项参考：编码名称（可以从备案的规则中选择）、码段（第几位至第几位）、码段含义、码段含义描述。

（2）编码解析　根据规则分析，平台在获取到某一个编码的时候，能够对其进行解析，满足平台的应用需求。

4. 检索验证

（1）分配统计　能够针对部门统计每个部门申请的码段次数和数量，并可将统计结果以饼图、柱状图等方式进行展现。

（2）查询服务，包括申请单查询和码段查询　其中，申请单查询可以根据部门、日期、状态等查询申请单信息。码段查询可以根据部门查询该部门所有赋码的码段情况。查询结果以树型的形式展现所有的码段以及码段下的传感设备或管理对象。

（3）编码验证　通过对编码分配后的码段与基础信息管理模块中部门注册内容进行比对，如果比对信息与分配编码不一致，则自动预警告知系统管理人员。

四、传感设备基础信息管理系统

传感设备基础信息管理系统实现对参与智慧土肥建设各部门开展传感设备基础信息登记管理。面向各部门业务人员，提供传感设备登记，以及传感设备查询等；面向智慧土肥应用支撑平台管理人员，提供传感设备信息的审核。主要包括信息登记、信息审核、信息发布、数据导航、数据统计、数据关联以及规则管等组件。

1. 基础信息服务

（1）数据检索　提供传感设备信息的查询和定位，主要提供简单检索和组合检索两种检索的方式。简单检索可以根据传感设备中的任意一项属性进行查询，如车辆名称、负责单位等。组合检索可以根据传感设备中任意几项属性，按照不同的排列和条件（如等于、模糊、与、或等）进行精确查询和定位。

（2）数据导航　提供通过导航树的形式实现对传感设备资源数据的浏览。

（3）地图定位　提供对传感设备在地图上跟踪和定位。

（4）数据统计　数据统计功能采用图表的形式对传感设备进行统计。在每一类数据中可以按照不同的维度进行分析并采用钻取的方式实现对数据信息的深入挖掘。

2. 传感设备基础信息管理　提供传感设备基础信息的登记服务、审核服务和发布服务。信息登记主要包括：登记单填写、登记单暂存、登记单提交以及批量导入等功能。信息审核主要针对数据的完整性、准确性以及标准性进行审核。审核分为两种状态：审核通过和审核不通过。审核通过后该数据可以进行发布共享；审核不通过的数据需要打回各部门重新填写或修改。信息发布，通过审核后的数据状态为发布状态。发布的信息可以供各部门人员进行查询和查看；可以在地图上进行定位和跟踪；同时可以提供共享，以供各部门的业务需求的应用。信息授权，面向平台管理员可以针对传感设备基础信息的感知信息进行授权，包括记录授权、字段授权。

3. 基础信息设置管理 面向平台管理平台管理员进行传感设备基础信息进行相关设置，包括：库表管理、信息管理管理、规则管理、任务管理。库表管理主要包括创建、修改、删除库表字段信息；对字段码表映射，字段显示顺序等配置操作。信息关联管理，包括关联设置、关联更新、关联删除等功能。规则管理，主要是对传感设备基础信息进行清洗规则的管理。主要包括码表转换、检查重复、空值转换、全半角转换、标识位等规则的管理。

五、智慧土肥信息交换管理系统

智慧土肥信息交换管理系统主要实现交换系统与各数据源单位信息的互联互通和实时数据的交换，支撑接入节点间按需信息交换与共享。智慧土肥信息交换管理系统针对高通量复杂事件提供海量数据处理功能，为实时监控业务提供数据支撑。交换管理管理员通过系统可以对交换节点、交换流程、桥接交换、交换日志进行管理，同时系统还提供统计分析功能。

1. 数据交换管理 数据交换管理是将不同部门之间的前置机数据库（或文件库等）数据进行安全、可靠、稳定、实时的交换传递。交换过程包括数据适配、数据转换和数据传输等功能。

（1）数据适配 数据适配功能提供对各种异构关系数据库中数据的自动抽取和插入，存取的数据库表和字段可以灵活配置，支持多表格和嵌套表格，输出的数据自动转化为 XML 格式。数据库适配应支持各种主流数据库的适配。数据适配还应支持二进制和文本等格式文件的适配。

（2）数据转换 数据转换提供异构数据之间的格式、代码转换。同时还应提供数据转换规则定义接口和常用转换函数，并可自定义转换函数。该模块提供二个或者多个异构数据库之间的数据同步，支持不同库表名和字段名之间的数据同步及数据转换，提供图形化库表、字段选择和数据转换工具，以满足数据交换的标准化要求。数据转换模块采用 XSLT 技术，提供大量预制转换函数，并可加入自定义转换函数。支持 XML 多值域的合成或分解，方便易用。

（3）数据传输 数据传输保证数据在网络中的可靠传输，并支持断点续传。该模块支持 HTTP、HTTPS、TCP、TCPS、JMS、SOAP、FTP 等多种协议；支持将数据从一个交换节点同时发送到多个交换节点的数据传输模式；支持文件大小 4GB 以上单个文件的传输；支持单表记录数 2 000 万条以上数据库数据的传输。文件传输模块提供格式文件和二进制文件的读取和写入。读取的方式支持增量触发或按时间规则触发。文件目录和文件名可以作为配置参数输入。

2. 交换节点管理　提供交换节点注册服务，以及对交换节点进行监控、巡检等管理工作。

（1）交换节点注册管理　通过该模块将交换节点信息在交换中心进行注册、更新。交换节点注册管理工作包括交换节点信息的登记、修改和删除等操作。交换节点信息应包括交换节点 IP 地址、端口号、交换节点名称等信息。

（2）交换节点监控管理　提供对交换节点运行状态的监测和对交换节点控制等服务。交换节点监控管理包括交换节点状态信息记录、交换节点状态信息查看、故障和报警信息提示、交换节点启动、交换节点停止等操作。交换节点状态信息包括交换节点名称、IP 地址、端口号、运行状态、故障状况等。

3. 交换流程管理　交换流程管理提供交换流程配置及监控等服务。

（1）交换流程配置　通过该模块对交换流程所涉及的传输协议、时间规则、路由规则、转换规则、日志记录规则等的进行配置，包括交换流程的创建、修改和删除等操作。交换流程配置模块提供可视化拖放配置方式，支撑数据适配、数据转换、数据传输等功能和相关规则的可视化配置管理。该模块还提供交换流程在交换中心或交换节点的热部署和热切换功能。

（2）交换流程监控　通过交换流程监控模块对交换流程运行状态进行监测、对交换流程进行控制。监控工作包括对交换流程状态信息记录、交换流程状态信息查看、故障和报警信息提示、交换流程启动、交换流程停止等操作。交换流程状态信息包括交换流程名称、运行状态、故障状况等。

4. 桥接管理　桥接管理主要包括数据库桥接、文件桥接、应用集成桥接、桥接模板管理及桥接监控管理等服务。

（1）数据库桥接　提供数据库桥接服务。根据数据库交换业务需求，通过系统预制的模板生成交换流程，并对交换流程中的组件进行参数配置，配置完成后，启动交换流程，从而实现业务系统数据库到前置机数据库之间的数据交换。

（2）文件桥接　提供文件桥接服务。根据文件交换业务需求，通过系统预制的模板生成交换流程，并对交换流程中的组件进行参数配置，配置完成后，启动交换流程，从而实现业务系统文件库到前置机文件库之间的文件交换。

（3）应用集成桥接　提供应用集成桥接服务，处理非数据库、非文件的交换需求。当部门业务系统只提供 JMS、WEB Service 等接口时，通过该模块提供的流程模板中选择一个适应相关业务需求的交换流程来产生流程实例，并配置交换流程中服务组件的运行参数，配置完成后，启动该流程，实现接口方式的桥接交换。

（4）桥接模板管理　提供桥接模板管理服务。根据桥接交换需求，通过该模块设计桥接模板，桥接模板用于生成交换流程进行桥接交换。桥接模板管理包括模板的新增设计、修改、删除、查询等功能。

（5）桥接监控管理　提供对桥接交换过程的监控服务，包括对接入的业务系统及交换情况的监控，对前置机与业务系统之间（双向）交换过程中的时间点及交换状态的监控，对桥接交换的正常流程、异常流程、未启动流程等的监控。

六、智慧土肥信息整合系统

智慧土肥信息整合系统通过对平台各类接入智慧土肥信息资源的全面规划，实现各系统间数据的横向交互，满足智慧土肥信息统一展现的需要，并为各级土肥管理者、决策者和农民提供资源整合服务。智慧土肥信息整合系统主要提供智慧土肥信息的加工整合和整合后的服务提供。包括智慧土肥信息资源抽取、数据加工、数据加载、分析建模和服务封装等功能。

1. 数据抽取

（1）抽取任务配置　抽取任务配置实现对数据抽取源、抽取方式、抽取时机、抽取周期、抽取内容等的配置。抽取方式可采用增量抽取和完全抽取两种方式。

（2）抽取任务控制　可对抽取任务进行启动和停用控制。

2. 数据加工

（1）关系映射　按照一定规则，在不同数据库表之间建立映射关系，实现平台各类接入资源的融合，实现部门—物联感知对象—物联传感设备—物联感知实时信息以及相关信息的关联。

（2）数据清洗　智慧土肥信息的数据清洗实现按照一定规则过滤掉不符合要求的"脏数据"，包括不完整数据、错误数据、重复数据等。如主键重复的数据、管理对象之间匹配项空值的数据、管理对象与传感设备之间匹配项空值的数据、传感设备与感知实时信息之间匹配项空值的数据、代码超出提供代码表范围的数据、进行了全角半角中文转换的数据等。

（3）数据转换　数据转换主要完成对不规范数据的处理，使之符合数据存储要求。包括：转换规则管理，转换规则管理根据不同的数据差异性定制不同的转换规则，系统可自动根据转换规则实现源数据向目标数据的转换，如对不同数据类型的转换、不同数据格式的转换；转换测试，系统可对转换后的数据进行校验。

（4）数据拆分合并　数据拆分合并是对清洗转换后的原始数据，将数据按照管理对象和传感设备数据以及实时数据的分类体系按字段或记录的拆分与合并工作，建立管理对象、传感设备、实时信息、综合信息、图层等间的关联关系。

3. 数据加载　数据加载是将加工后的数据加载到数据库中，可以采用数据加载工具，也可以采用 API 编程进行数据加载。

4. 分析建模　分析建模主要是基于整合后的数据资源以及各级管理和服务需求进行相关应用分析模型的开发。包括分析模型的建立、修改、删除等操作。分析模型可以是数据模型、应用模型等。

（1）汇总统计　汇总统计主要面向政务部门授权用户提供跨部门共享智慧土肥信息的分类统计服务。主要包括统计式定义、统计式重置、统计式提交等功能。用户可以定义跨部门共享智慧土肥信息统计式，包括统计条件、统计元素、统计内容、表现形式等。可以对自己设定的统计条件、统计元素、统计内容、表现形式等进行重新设置。在设置好统计式后，可以向平台提交统计式。平台根据用户提交的统计式，进行后台逻辑运算。

（2）综合分析　综合分析主要面向政务部门授权用户提供跨部门共享智慧土肥信息的各类分析服务，主要包括一般分析、趋势分析、关联分析、预警服务、多维分析等功能。一般分析中，用户可以对实时智慧土肥信息、统计汇总信息、专题共享信息等进行同比、环比、类比、构成等分析。系统根据实时智慧土肥信息、统计汇总信息、专题共享信息的等运行态势情况，分析并预测发展趋势。支持用户发现不同事件之间的关联性。用户可以设定不同管理对象、传感设备实时智慧土肥信息、统计汇总信息、专题共享信息之间的关联性质和程度，在由智慧土肥信息引起的某一事件发生时，可以快速发现其他有实用价值的关联发生的事件。

（3）任务管理　任务管理功能对原始区的各委办局的数据进行创建清洗比对任务，根据各类智慧土肥信息对各个来源数据配置相应的规则任务。主要包括：任务创建、任务启动、任务停止等功能。任务创建就是建立各部门物联数据的所要采用的清洗规则，一个任务可以包含多个规则。任务启动就是按照任务中规定的时间执行任务中的采用的规则，对数据进行清洗。任务停止就是把该任务的状态设置为失效，在任何状态下都不会执行。

七、智慧土肥信息位置服务系统

位置服务系统是为智慧土肥应用平台的各业务应用系统提供统一的一张"地理地图"，该"地理地图"除了传统的航空影像、政务电子地图、地址等基础之外，还具体包括传感设备等智慧土肥信息专题图层。基于位置服务系统，智慧土肥平台的各业务应用系统可实现基础地理空间数据的查询浏览、移动设备轨迹监控、传感设备标绘与空间查询分析、专题应用模型分析等功能。位置服务系统主要包括应用展示、智慧土肥信息图层管理与发布、空间信息服务三大功能模块。

1. 应用展示

（1）资源综合展示　智慧土肥相关目录资源、图层、街景、航拍影像、政务电子地图、政务信息图层、地址等资源在地图上可视化展示，地图发布具有如下功能：放大、缩小、漫游、全局显示。

（2）空间查询量测　提供测距离、测面积、点查询、矩形查询、圆查询、多边形查询、缓冲区查询、属地查询等功能。

（3）设备在线展示　用户点击地图上的传感设备，可在线实时地获取传感设备的信息，如视频信息等。

（4）移动设备管理　实时监控移动设备，可显示当前动态信息；相关车辆行驶历史轨迹显示、查询、分析。

（5）接口示例　为智慧土肥的相关其他系统提供基于地图展示、分析的案例。

2. 智慧土肥信息图层管理与发布

（1）图层自动入库　提供图层图示图例、图层入库与更新等功能。将图层及元数据放置在固定的文件夹目录下，即可实现在约定时间实现图层自动入库。

（2）图层集群管理　将相关地图服务支持多节点集群部署与发布，实现不同节点间业务数据的同步操作。

（3）图层配置　提供类似 ArcIMS 的 Author 工具配置界面，用户可配置图层名称、图示图例、图层描述、字段名称、字体等内容。用户可配置自定义地图的图层符号。用户配置完图层后点击配置预览菜单，可以预览配置图层效果。

（4）图层 OGC 服务　WFS 接口，根据 WFS 请求，提供 Getcapabilities、GetFeature、Describefeaturetype、精确查询、模糊查询、Buffer 查询等功能，查询分析相关图层数据。WMS 接口，根据 WMS 请求，到数据库中查找图层中的特定的实体并绘制或者得到服务描述，并返回。

（5）图层服务发布　当用户对图层进行个性化配置达到预期效果后，即可自行进行地图服务发布，可限制用户发布图层的个数。

（6）图层权限管理　管理图层的用户授权信息，包括用户的注册、删除、权限管理、用户查找与统计等功能。

（7）图层目录管理 图层目录管理主要是针对部门目录、分类目录、专题目录的登记、编制、更新与发布。目录管理模块用树形结构和列表的形式直观地表现出资源和目录的关系。实现资源在不同目录结构下关系的动态维护，具体包括目录的登记、编制、更新；目录节点的调整，如增、删、改。

3. 空间信息服务

（1）目录服务 提供相关资源目录展示接口，包括请求全部目录、请求目录类型展示、某节点的相关目录接口。

（2）实时地图服务 为二次开发用户提供实时数据，展示相关电子地图和信息描述。

（3）设备主题服务 为二次开发用户提供相关传感器设备、摄像头设备描述信息展示，与展示当前实时情况。

（4）空间查询服务 为二次开发用户提供空间内多个图层之间，某点、某圆形区域、某矩形区域、某多边形区域的空间查询接口。

（5）数据分析服务 为二次开发用户提供一些通用的模型分析功能等。

八、认证授权管理系统

认证授权服务系统以 PKI 技术为基础，整合智慧土肥应用支撑平台各子系统的信息资源为目标，为平台的用户及管理员提供认证管理、授权管理、安全管理等功能；为其他应用系统提供数据同步、身份认证、单点登录以及授权服务等应用支撑接口。

1. 身份认证 身份认证包括认证服务、单点登录服务、机构管理和用户管理。

（1）认证服务 智慧土肥应用支撑平台认证管理系统采用数字证书作为可信身份凭证，作为身份认证凭证的数字证书将用户与现实中自然人之间建立起一一对应的关系。这样用户在认证过程中采用高强度的加密和数字签名技术，实现对用户高可靠度的身份识别。同时也支持对低安全等级的用户名口令认证方式，并采取消息摘要方式，加强认证的可靠性。

（2）单点登录服务 单点登录具体实现机制如下：采用基于数字签名的安全票据技术，封装用户登录后的认证状态信息，并以安全方式传递到各个相关系统中，通过对票据的解密、验证、解析，从而实现方便、快捷、安全的单点登录。通过对单点登录票据的加密、签名等技术保证票据的机密性、完整性以及抗否认性，并且在票据中包含票据的有效时间段信息，利用时间有效期从一定程度上减少重放、中间人攻击的风险。单点登录系统维护一张票据流水号临时表，票据使用一次以后就失效，也可以有效防止重放攻击的风险。通过采用以上的这些安全措施以及安全流程，可以有效地保证单点登录系统的安全性。

（3）机构管理　按照智慧土肥应用支撑平台的实际组织架构，在认证授权服务系统中构建树形组织机构图，实现对用户的分组管理，实现组织机构的添加、修改、删除和查询管理功能。在用户基本信息的添加中，所属机构作为用户属性信息的必选项，从而创建以机构为单位的用户组信息。

（4）用户管理　用户基本信息维护，实现用户基本信息的管理，包括添加、删除、更新和查询功能。可管理的用户基本信息包括用户姓名、所属组织机构、IP 地址、职级、证件类型、证件编号、联系方式等，同时支持对用户基本信息属性进行定制和扩展。管理员的管理，用户在系统中分为管理员和普通用户。普通用户经过系统授权，就可以升级为管理员。管理员分为认证授权服务系统管理员和应用系统的管理员，同时支持分级管理的方式。管理员的管理包括管理员信息管理、管理员授权、角色信息管理和角色授权。整体采用基于角色的授权模型。管理角色是认证授权系统中具有管理属性的角色。具有管理属性的角色就需要规定其所管理的范围，即对角色进行授权，授权内容包括所管理的机构范围、信息系统范围以及权限范围。根据所授予的管理角色，管理员具有了三个管理属性：所管理机构、所管理系统及所具有的管理权限。如果管理员具有管理员管理的权限，就可以将管理属性赋予所管辖范围中的某个用户，使该用户获得管理权限。

（5）用户凭证管理　实现对用户数字身份标识——用户凭证的管理。系统默认支持的凭证为用户名/口令和数字证书，同时保留支持其他凭证的扩展接口。所有用户凭证（用户名/口令或数字证书）必须在平台中注册成功后才能使用，实现对用户凭证全生命周期的管理，包括凭证的注册、修改和注销操作。

2. 访问授权　访问授权包括授权服务、角色管理和权限管理。

（1）授权服务　智慧土肥应用支撑平台用户的访问权限信息由各应用系统的管理员通过认证授权服务系统进行统一维护，用户的权限信息通过授权服务接口面向应用系统提供支持。当用户已获得系统访问级的授权服务后，单点登录到某个应用系统中，该应用系统调用认证授权服务系统的授权服务接口，通过用户的身份 ID 获取该用户的角色信息以及所具有的资源、功能权限信息，然后应用系统根据权限信息进行相关的内容展现。

（2）角色管理　角色管理是认证授权服务系统对角色实施分组分级管理。角色管理模块主要功能是对各种角色进行增加、修改、删除、同步等动态管理，保证系统的可扩展性和可维护性。

（3）用户与角色信息同步　同步的实现机制均采用标准 Web Service 技术，触发式的对认证授权服务系统内保存的用户与角色信息进行同步。

（4）权限管理　权限管理模块将采用 ACL（访问控制列表）的方式管理

用户与各类资源之间的控制权限。

（5）授权方式　①对用户的授权，用户是对系统资源进行访问的主体。管理员可以增加、修改、授权、删除所管理区域内的用户，把一个或多个 ACL 直接赋予管辖区域内的用户。②机构的授权，机构是用户的所属单位，智慧土肥应用支撑平台包含了全市各级政府机关的组织机构信息，管理员把一个或多个 ACL 授予某个机构，则该机构下的所有用户都具备该权限。③对角色的授权，角色是系统中的访问角色，是由认证授权服务系统进行统一定义，可以采用职称、职务、部门等多种形式。角色是由各种资源的权限组合而成，一个角色可包含多个 ACL；用户可以拥有一个或多个角色，即继承了相关角色所具有的权限。

3. 安全管理　安全管理包括认证策略管理和认证审计管理。

（1）认证策略管理

①用户身份认证　用户身份认证的作用是防止非法用户使用网络资源，是应用安全设计的关键和基础，它包括两类情况：一是系统管理员身份认证，即各种服务器、网络设备的管理员身份认证；二是操作用户身份认证，即信息系统应用者的身份认证。对于应用用户身份认证，根据物联网应用支撑平台本身的安全要求，提供统一的身份认证，并实现对各子系统的单点登录（SSO）。结合当前认证过程中所能使用的认证信息的类别，应用用户身份认证采取基于用户数字证书的身份信息认证技术。另一方面，对于认证失败必须进行处理，设置不成功门限值，当不成功鉴别尝试次数达到此门限值时，系统拒绝该用户的访问，同时记录在日志中，通过应用审计系统进行报警。

②客户端身份鉴别器　由于传统的用户密码方式可能不能满足政务应用对安全的需求，在物联网应用支撑平台认证授权系统中，在客户端采用身份鉴别器——身份信息卡（USBKey）。

③信息防篡改　通过网络传输的信息必须防止被非法篡改、插入和删除。认证授权系统可以提供信息完整性校验功能。

④抗抵赖　抗抵赖是为了防止发送方在发出数据后又否认自己发送过此数据，并防止接收方收到数据后又否认收到过此数据。

⑤信息保密管理　信息传输加密的目的是用来防止通信线路上的窃听、泄露、篡改和破坏。信息传输加密的方式通常有链路加密、网络层加密和应用层加密。考虑到三者各自优点和缺点，为了更好地利用资源和节省资金，针对不同的情况采取不同的加密措施。

（2）认证审计管理

①审计日志记录　认证授权系统有较完善的应用层日志记录功能，可以通过安全管理模块下的系统日志子模块查看审计日志信息，审计日志包括：序

号、管理员名称、操作类别、操作日期、操作描述。日志内容可以记录用户不成功登录的信息，可以记录用户的重要业务操作行为，如对用户、角色的增加、删除、修改和授权关系的调整等操作。所有日志按照标准结构化数据记录，便于审计。

②日志管理　日志可以提供查询、备份等管理功能。各单位管理员可查询本机构日志；系统管理员可查询所有日志；安全审计员可以备份、删除日志（只能以时间段备份及删除）；备份/删除日志操作时间有记录，备份/删除的记录不删除；可设置备份提醒，在管理员登陆时提醒。

③日志审计　依据时间、用户/管理员、操作、操作对象、操作结果，查询日志；安全审计员可审计；安全审计员可配置审计策略，对某些操作进行详细日志记录。

④日志策略管理　主要包括：日志分析和审计系统的部署；日志分析和审计的查询、统计和报表规定；日志分析和审计系统备份策略；日志分析和审计文件的存储和备份策略；日志检测的阈值设定及相应处理规则；日志警告的通知方式，7×24 小时的响应流程；日志的分级分类，如调试信息、消息、警告、错误、严重错误，负载日志、事件日志、自我日志等。

九、云存储系统基本功能

1. 物理资源池管理　云存储系统对计算资源的管理模式上采用池化的办法，把服务器、存储、网络等资源按照不同的标准组织成不同的资源池。通过资源池的管理模式，云计算管理员无需考虑具体的服务器、存储和网络配置。在一个资源池内，通常可以包括服务器、存储空间、网络端口等。这样，在一个资源池中可以为某一个应用系统提供它所需要的所有计算资源。通过云计算的自动化功能，云计算的管理员可以方便、快速地在资源池中定制化的选择应用系统需要的计算资源数目。资源池的划分需要考虑如下因素：

（1）硬件类型　主要看是否支持同样的虚拟化引擎，比如 X86 服务器和 Power 服务器上面的虚拟化技术不同，就不能划入同一资源池。

（2）性能差异　高端和低端服务器在性能上存在较大差异，如果划入统一资源池，会导致上面的应用体验到不同的性能指标。

（3）网络分区　同一资源池最好位于一个局域网，这样可以避免大量数据的跨局域网传输。因此，对于多个数据中心的资源，推荐为每个数据中心独立创建一个资源池。

（4）安全隔离　生产系统一般对应用的安全性有很强的要求，会对服务器及存储资源进行不同程度的隔离，如物理隔离、逻辑隔离（如 VLAN）等。云计算的引入不能破坏现有的安全要求，因此资源池的组织也需要按照相应的规则进行。

2. 物理资源管理　通过集中资源管理，云计算管理员可以管理云内所有的计算资源，包括服务器、网络、存储、软件等。云计算管理员可以利用此模块进行计算资源的增加、删除、修改和配置。集中资源管理模块提供 Web 访问接口，后台组成主要包括资源数据库，中间件模块和资源管理接口。通过集中资源管理，云计算管理员可以实现：

（1）便利的 WEB 访问　集中资源管理模块采用 B/S 架构，用户可以方便地通过浏览器进行整个云计算计算资源的统一管理，WEB 访问协议采用 HT-TPS 的安全加密机制，可以有效保护用户最核心的计算资源配置/管理信息的安全。

（2）资源数据库　资源数据库存储所有计算资源的信息，可以实现分类、分级的计算资源管理，方便数据中心管理员配置所有的计算资源，通过数据库可以进行计算资源统计、报表等功能。资源数据库同时是云计算中其他各种功能的运转核心，通过资源数据库提供的访问接口，可以进行如自动化操作等功能。

（3）自动化发现　云集中资源管理功能可以自动化的对进入管理范围内的设备进行增加和配置，当用户增加新设备时，只需要按照配置将新设备连接入云计算管理网络，集中资源管理功能可以通过自动化的流程将设备增加入资源数据库，并对资源进行配置。

（4）资源管理接口　目前云计算已经能够管理数千种不同厂商、不同种类的物理设备、操作系统和应用软件，对每一种计算资源，集中资源管理模块都是用过资源管理接口进行管理，资源管理接口是集中资源管理模块定义的针对不同计算资源之间的标准接口，这个接口可以进行扩展，也就是说，对于云平台目前不支持的设备，可以通过增加设备管理接口的方式进行增加，可以进行定制化的开发工作。

3. 虚拟化服务　云计算平台使用虚拟化服务将物理资源进行虚拟化，按照用户需求动态创建虚拟资源。针对不同的资源，云计算平台可以采用不同的虚拟化服务。

（1）服务器虚拟化　通过云计算基础架构管理，可以自动化的在云计算中心的物理设备上安装各种虚拟化技术的底层支持，同时可以去管理、配置已经安装这些虚拟化产品的物理设备，将物理设备上的 CPU、内存以及本地存储空间接管，统一放到云计算的计算资源池中进行管理。

（2）存储虚拟化　将云计算中心的所有存储资源进行集中管理，包括本地存储和集中存储设备，都可以看成计算资源池中的存储空间，由云计算集中配置。本地存储是指服务器内置的存储空间，无论是小型机还是 X86 服务器，可以将本地存储的管理和服务器上采用的虚拟化技术进行结合，按照存储容量的模式分配给不同的应用系统。集中存储是指独立于服务器的存储设备，采用两种方式来池化集中存储。一种是当客户的集中存储设备种类较少的情况下，管理服务器会直接控制存储设备的管理端，将存储设备内的存储资源进行池化管理。另一种是当客户集中设备在种类、厂商上非常复杂的条件下，需要配置一台独立的存储虚拟化服务器，对所有的存储设备进行集中的控制和虚拟化，再由管理服务器进行池化。

（3）网络虚拟化　云计算中对网络的池化管理主要是对网络可用资源的池化，包括对可用 IP 地址的分配，交换机 VLan 的分配管理，VPN 设备的访问配置（需要网络设备支持）。云计算管理员可以将可以使用的 IP 地址配置成不同的 IP 地址池，通过平台自动的根据应用系统的需求，从 IP 地址池中进行分配、回收。

4. 云存储系统基础服务　云计算平台实现了一组基础服务用以支撑上层的自服务门户及外部应用。这些服务可以以 Web 服务的形式和外部应用进行集成，比如云计算中心已有的计费应用或者门户。这些基础服务包括以下部分：

（1）备份管理　计算平台中提供了备份和恢复的功能，来实现对云计算平台中的用户数据、操作系统等的备份和恢复工作。用户可以对虚拟服务器中的文件进行备份。每个虚拟服务器里面都缺省安装了备份客户端。用户申请了备份服务后，会获得备份所需的用户名及密码。用户可以自己对文件进行增量备份及恢复。某些情况下文件级备份不能解决所有问题，如虚拟服务器本身的备份。此时用户可以申请磁盘级备份，从而对整个虚拟机进行备份。

（2）软件管理　维护可部署的操作系统镜像及软件包。这是支持应用型云计算服务的主要模块。可以支持现有的各种类似的应用，如 Web 应用、数据库应用等。这些应用可以采用任何主流的编程语言编写，使用各种商业及开源中间件、数据库。应用可以不用为云计算做任何代码级的改造，而是通过配置的方式加到云计算平台中。

（3）部署管理　部署管理提供对用户请求的自动化部署。管理平台能够实现自动化的将 IT 资源提供给最终用户来使用，IT 资源包括计算资源、操作系统平台、应用软件，所有这些都是通过自动化模块来实现。

（4）环境监控　监控系统主要能够实现对物理设备、虚拟主机以及应用系统的监控，对云计算中心的所有计算资源提供统一的监控机制，从管理角度看，所有的计算资源之间是无区别的，只需在被管理资源上安装一个客户端软件。具体监控内容如下：

监控操作系统的主要参数，如 CPU 利用率、显示系统、用户、空闲时间的比例、交换空间的利用率、虚拟内存的利用率、消息队列的情况等。

监控特定的文件系统，包括文件系统磁盘使用情况、使用率、监控重要文件的大小等。

监控特定的进程，监控任意关键进程的运行情况和状态变化情况，利用该功能可跟踪操作系统、数据库及用户应用系统的进程，并且这些重要进程因意外原因终止时，可根据需要自动重启，并将报警信息写入事件日志。

（5）存储管理　用于维护外接存储服务器及存储资源池。

5. 云存储安全管理　从信息保密的角度看，云数据存储安全可以从以下几方面来考虑。

（1）数据加密技术　由于除软件即服务（SaaS）运营商之外，目前云计算运营商一般不具备隐私数据的保护能力，那么对数据隐私保护的任务就落到了用户身上。为保证云数据的机密性和完整性，无论是企业用户还是个人用户，对自己上传到云上的数据尤其是敏感数据都应进行加密。但是，加密往往会降低数据的利用率，同时还涉及密钥管理等问题，因此用户在对数据加密时应权衡保密和效率二者的关系。

（2）数据隔离技术　由于用户对于自己的数据到底存储在云中的什么位置一无所知，自己的数据能和其他用户的数据共存于一个虚假机上。如果能利用数据隔离技术将自己的数据与其他数据隔离开，则可以更加有效地保护数据安全。

（3）访问权限控制　由于用户将数据传输到云端服务器之后，数据的优先访问权由用户迁移至云计算提供商，用户对自己数据的访问权难以控制。因此，应限制云计算服务商的访问权限，将用户的访问权限设为最优先级，由用户决定其数据的访问控制权，这样才能保证自己的数据安全。

（4）安全云认证　在云架构中，防止用户信息的外泄，保证数据安全，可建立安全云，用于存储有安全需求的用户的数据，最终构建成可信任云。对安全云中数据的访问，可以采用多种认证方式和访问控制方式相结合的方法。

（5）云安全风险评估　云计算服务提供商首先制订自己的安全服务等级，建立公有云和私有云，也可建立不同级别的安全云。针对不同用户对安全的不同需求，对用户数据进行安全分级，将其数据存储于对应级别的云中，对整个云数据进行风险评估，以此为依据向用户提供相应等级的安全服务。

（6）统一威胁管理　云安全同计算机网络安全一样，面临着黑客攻击、木马、病毒、内部人员误操作等威胁。为保证云计算的可用性、可靠性及用户信息的安全，有必要建立统一威胁管理，整合数据加密技术、VPN 技术、身份认证等技术手段，建立统一威胁管理平台，解决云计算架构安全、虚拟化技术安全、分布式计算安全等问题。

第五章　智慧土肥核心应用系统需求与设计

　　土肥业务工作对智能、智慧的需求推动了智慧土肥的建设与发展，也为智慧土肥的建设奠定了发展的业务基础。从当前智慧农业发展的现状看，与土肥智慧发展相关的系统不断涌现，但这些系统多是研究性、试验性的系统，或是局部的、解决单一问题的系统，其已经具备了智慧业务系统的雏形，但从智能性和智慧性上，以及各业务系统的配合性、总体性、融合性上仍需加强。本章梳理了智慧农业发展中的土肥核心系统建设需求、系统架构及功能设计，以期为智慧土肥核心智慧应用系统建设提供参考。

第一节　作物生长及需肥水规律智慧管理系统

一、概　　述

　　传统作物生长环境要素，如土肥水情况，以及作物生长情况的信息来源于人工采样，需要较长时间进行样品采集、处理和分析测试，耗费大量的人力、物力，周期长效率低。作物生长及需肥水规律智慧管理是采用现代信息技术，对作物长势信息、土壤水分含量和分布信息、作物水分亏缺信息、自然灾害信息、气候信息等作物生长情况及其需肥水情况信息进行实时的监测采集，以及时获取监测作物的养分水平、生长状况、需肥状况、需水状况、建立作物生长模型、作物生长需肥模型、作物生长需水模型，为作物水肥平衡管理提供基础。

　　作物生长及需肥水规律智慧管理系统利用传感器技术、遥感技术、视频技术、图像处理技术、无线传感技术、无线网络技术、建模技术，采集作物生长环境土、肥、水等要素，基于各类模型，在实现作物生长环境土、肥、水等要素实时采集的同时，对作物需肥、需水情况进行预测，并根据预测结果，依据作物生长土肥水模型对作物用肥、灌溉进行智慧决策，以达到作物养分平衡。

二、业务需求

1. 作物生长及需肥水规律信息监测基本模型　作物生长模型用于描述作

物的生长过程及养分需求，将作物及气象和土壤等环境作为一个整体，应用系统分析的原理和方法，综合农学领域内多个学科的理论和研究成果，对作物的生长发育与土壤环境的关系加以理论概括和数量分析，建立相应的数学模型。土壤养分专家决策分析就是利用农业专家长期积累的经验和知识，通过计算机专家系统软件，对土壤养分的含量及平衡做出决策，并以土壤养分决策层图（电子施肥地图）的形式输出。

用户可以借助作物生长模型，设计和进行品种、播期、密度、施肥量、灌水量等多因素、多水平、长时期的模拟试验，借助系统模块在短时间内完成作物栽培方案的优化选择，为田间栽培试验提供初步方案，或直接指导大田作物生产的管理决策。

2. 作物生长及需肥水规律信息动态监测技术　传感技术在作物生长环境信息实时采集方面具有良好的应用。传感器能自动收集土壤、作物、害虫等数据，为及时掌握有关植被类型或结构、土壤特征、土壤水分、土壤肥力（氮、磷、钾）、杂草、作物苗情等信息，对指导农业生产提供技术支撑。

遥感技术在作物生长环境信息采集与动态监测具有优势。如气象卫星可提供每天的天气状况信息，测雨雷达可进行降雨预报，高分辨率的陆地遥感卫星可提供及时的信息与预报。遥测技术主要是利用田间信息实时采集装置，涉及土壤水分、肥力、作物苗情，其技术发展的方向将集中于实用化的土壤水分测量技术、作物苗情的多光谱识别技术、视觉图像处理技术、离子选择场应晶体管与射流测量土壤氮量等。

全球定位系统（GPS）与智能化的灌溉机械设备（如移动式灌溉车等）配套，可应用于农田土壤墒情、苗情的信息采集，通过电子传感器和安装在田间及移动式灌溉机械上的 GPS 系统，在整个种植季节过程中，可以不断记录下几乎每平方米面积的各种信息（刘大江、封金祥，2006）。在收获机械上安装 GPS 卫星定位接收机和流量传感器，收获机以秒准定田间作业的 GPS 天线所在地理位置的经纬度动态坐标数据，流量传感器在设定时间间隔内自动计量、累计产量，从而获得对应小区的空间地理位置数据和小产量数据。

传感网络技术为作物生长环境信息实时采集提供了网络通道。人工测量农田墒情，既耗费人力，又不能实时监控；采用有线监控的布线及扩展成本较高，且不便于农耕。通过温度传感器、湿度传感器、土壤水分传感器等设备检测环境中的温度、相对湿度、光照强度、土壤水分等物理量参数，并将各种仪器仪表实时显示或作为自动控制的参变量参与到自动控制中，保证农作物有一个良好的、适宜的生长环境。采用传感网络来测量来获得作物生长的最佳条件，可以为作物生长精准调控提供科学依据，达到增产、改善品质、调节生长周期、提高经济效益的目的。

三、系统结构及功能

1. 系统结构　如图 5-1 所示，作物生长及需肥水规律智慧管理系统包括：智能感知层、无线传输层、运维管理层和应用层。

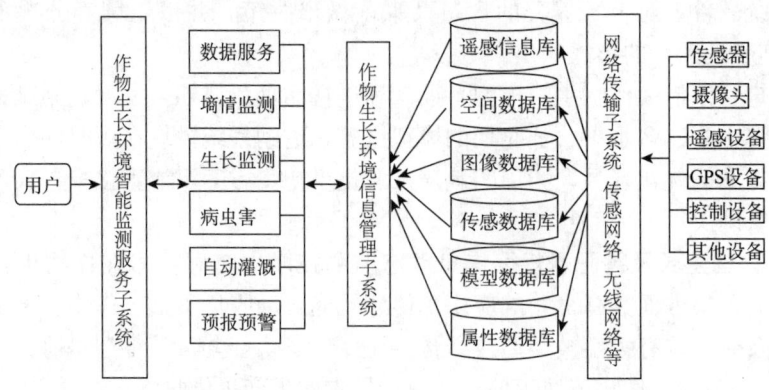

图 5-1　作物生长及需肥水规律智慧管理系统框架

（1）智能感知层包括：土壤水分与土壤温度传感器、智能气象站（温度、湿度、降水量、辐射、风速和风向）。

（2）传输网络包括：网络传输标准、PAN 网络、LAN 网络、WAN 网络。

（3）运维管理包括：墒情（旱情）预报、灌溉远程/自动控制、农田水利管理。

（4）在应用层上，用户可以通过手机、PDA、计算机等信息终端接收农田墒情信息、气象信息，并可远程控制灌溉设备。对政府管理部门而言，则可以通过该平台，提升农情、农业气象、农田水利的综合管理水平。

从系统组成上，可以包括作物生长及需肥水信息监测设备子系统、作物生长及需肥水信息传输子系统、作物生长及需肥水信息管理子系统、作物生长环境智能监测模型处理子系统和作物生长环境智能监测服务子系统。

2. 作物生长及需肥水信息监测设备子系统　作物生长环境监测设备子系统部署于土壤监测区域，土壤监测区域是由大量传感器组成的无线传感器网络，由于土壤监测区域所占面积大，所以，将无线传感器网络分为若干个簇，以提高网络的可扩展性，簇头对收集数据进行融合处理后，然后通过多跳路由发送到网关，网关将接收到的数据通过网络发送到数据库，最后，互联网用户可以通过客户端对数据库中存储的土壤实时数据进行查询、统计和决策。

土壤监测区域部署的设备主要包括：

（1）传感器　具体包括土壤信息传感器，如土壤温度传感器、土壤湿度

（水分）传感器、土壤电导率传感器、土壤养分传感器等；水质水文信息传感器，如溶氧量传感器、水温传感器、pH 传感器，流量传感器等；气象环境信息传感器，如大气压力传感器、空气湿度传感器、太阳辐射传感器、累计热量传感器、热能量传感器等；植物参数信息传感器，如分叶传感器、株高传感器、株径传感器、叶面湿度传感器等。

（2）视频图像设备　包括高清摄像头等。

（3）遥感设备　包括低空间遥感设备、卫星遥感设备、航空遥感设备等。

（4）GPS 设备　包括 GPS 接收设备等。

3. 作物生长及需肥水信息传输子系统　作物生长及需肥水信息传输子系统包括传感网、无线网、有线网等各类型传输网络。

4. 作物生长及需肥水信息管理子系统　作物生长及需肥水信息管理子系统主要用于开展通过各种渠道采集的数据的统一管理。主要包括（图 5-2）：

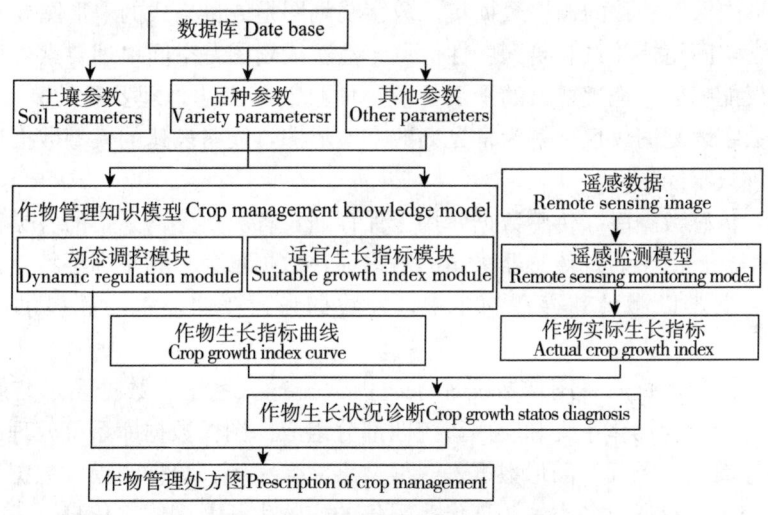

图 5-2　遥感监测与知识模型的结合机制

（朱洪芬等，2008）

（1）模型库　模型库包括监测模型库和知识库。其中，监测模型主要包括生长与生理指标监测模型、产量及品质指标预测模型。知识模型库借鉴和集成了作物管理知识模型中的适宜生长与营养指标动态模型（如叶面积指数，干物质积累动态，氮、磷、钾养分积累量与养分含量动态）以及产中动态调控模型（包括氮素与水分调控等），以进行作物生长的实时诊断与管理调控。

（2）遥感数据库　遥感数据分遥感影像和地物光谱反射率。遥感图像一般采用 IMG 格式，在其被系统处理之前，可在系统内部进行图像格式转换（如将 TIFF、TXT 转换为 IMG 格式）；地面遥感可获取多光谱和高光谱数据，由于高光谱波段范围为 350～2500nm，简单的数据库不能满足其存储要求，故可采用文本数据库，便于数据的读取与存储。知识模型数据主要利用矢量数据库存储，包括地理空间数据及相应属性数据（气象、土壤、品种及其他参数）。

（3）空间数据库　空间数据库一般包括数字正射影像图、数字高程模型、数字栅格图、数字线划图等。数字正射影像图简称 DOM，它是利用航摄底片扫描数据，采用全数字摄影测量系统，利用数字高程模型 DEM，逐单片数字微分纠正影像处理、数字镶嵌及接边检查，生成 DOM 数据文件，以特有的数字影像景观直观展现各种地表特征。数字高程模型是数字地面模型（Digital Terrain Model，DTM）表示地形的一种简化模式或一个子集。数字地形模型是地形表面形态属性信息的数字表达，是带有空间位置特征和地形属性特征的数字描述。数字栅格地图（Digital Raster Graphic，DRG）是根据现有纸质、胶片等地形图经扫描和几何纠正及色彩校正后，形成在内容、几何精度和色彩上与地形图保持一致的栅格数据集。数字线划图是矢量格式的地形图要素数据集，包含空间拓扑关系和要素属性信息。数字线划图是空间地理要素的抽象表达，不仅能够表达地理要素的平面位置，而且能够表达地理要素的高程信息，不能将数字线划图仅仅理解为常见的数字地形图，线格表达的模型数据也可理解为一种数字线划图。

（4）传感数据库　传感数据库用于保存通过各类传感器采集的各类作物生长环境信息。由于通过传感器采集的数据存在数据量大、频率高等特点，传统的关系数据难以满足其存在的要求，大数据和云存储技术为其提供了解决思路。

（5）图像数据库　图像数据库系统由数据输入系统、数据表示与管理系统、数据检索与操作系统和应用系统四部分组成。图像数据库系统处理的对象包括图像数据、图面、图形数据、一般文字、数字等，统称为模式数据。图像数据库用于保存通过各类视频摄像头采集的作物生长及需肥水信息。

5. 作物生长环境智能监测模型处理子系统　作物生长环境智能监测模型处理子系统主要功能是利用遥感等方式实时获取作物生理指标，结合作物管理知识模型的适宜生长指标动态和动态调控模块对作物生长状况诊断与调控，包括小尺度单点调控和大尺度区域农区作物生长调控两方面。以作物氮素诊断和氮肥调控为例，说明该项功能的原理与实现过程。首先，通过对作物生长过程中遥感资料的获取、解译和信息提取，经氮素遥感监测模型计算，可快速获得田间作物的氮素状况，与知识模型设计的适宜氮素指标动态比较，实现作物氮素状况的丰缺诊断，进一步基于知识模型中的动态调控模块，推荐追氮管理方案，实现实时、精确的氮肥管理（朱洪芬等，2008）。

6. 作物生长环境智能监测服务子系统　作物生长环境智能监测服务子系

统主要提供数据服务、墒情监测服务、作物生长监测服务、自动灌溉信息服务、预报预警服务等。其中：

（1）数据服务　数据服务包括数据浏览、检索、查询、共享、交换、下载，主要功能有：

①数据查询模块，用于对按照栅格数据和矢量数据方式组织的空间数据，可在 GIS 界面上通过鼠标的选择进行查询，包括点选查询，框选查询和属性查询。

②数据维护模块，包括数据入库、数据更新、数据权限控制、元数据维护和数据删除。

③数据展示模块，可实现矢量数据展示（如点、线、面等），栅格数据展示（如遥感影像，DEM 等）以及非空间数据展示（表格、图片、文档等）。

④统计分析模块，可实现对数据库中各类数据项进行汇总统计，可自动生成统计图表（如生成柱状、饼状统计图），并可输出结果。

⑤对比分析模块，可实现对多期遥感影像对比，对比过程中，多期影像实现空间联动。同期影像对比：对遥感数据，特别是同一地点，不同卫星的数据，如将 TM 影像和航片，进行对比分析，对比过程中，同期影像实现叠加显示。

（2）业务服务　主要包括墒情监测服务、作物生长监测服务、自动灌溉信息服务、预报预警服务等。

（3）系统管理　用于进行用户和角色管理，对系统的用户按照登录 ID 和角色划分进行维护；管理系统配置信息，对系统运行的配置信息进行维护，如数据库路径，文件存放路径等。

第二节　耕地质量及肥力智慧管理系统

一、概　　述

耕地质量是耕地土壤质量、耕地环境质量、耕地管理质量和耕地经济质量的总和。耕地土壤质量是指耕作土壤本身的优劣状态，包括土壤肥力质量、土壤环境质量及土壤健康质量；耕地环境质量是指耕地所处位置的环境状况，包括地形地貌、地质、气候、水文等环境状况；耕地管理质量是指人类对耕地的影响程度，一般用耕地的平整化、水利化和机械化水平来反映；耕地经济质量是指耕地的综合产出能力和产出效率，随着绿色 GDP 的引入，未来耕地的生态价值也将作为衡量耕地经济质量水平的指标之一（陈印军，2011）。

耕地质量及肥力智慧管理系统就是要以项目为基础，通过对耕地监测点的维护和管理，定期获取监测点耕地质量的信息，通过对监测点土壤养分化验结果、作物施肥数据的统计分析，掌握土壤肥力的动态变化趋势；通过地力评价模型，对监测点耕地质量、土壤环境进行评价和预警；针对耕地质量警情，提出相应的整改方案，为土肥工作提供支撑，实现土肥工作"情况明"。

二、业务需求

耕地质量及肥力智慧管理要根据耕地质量及肥力管理基本原理，选取监测指标，合理设置监测指标，按照耕地质量及肥力评价流程开展耕地质量及肥力管理。

1. 耕地质量及肥力管理基本原理

（1）养分归还学说　种植农作物每年带走大量的土壤养分，土壤虽是个巨大的养分库，但并不是取之不尽的，必须通过施肥的方式，把某些作物带走的养分"归还"于土壤，才能保持土壤有足够的养分供应容量和强度。

（2）最小养分律　早在 150 年前，德国著名农业化学家李比希就提出"农作物产量受土壤中最小养分制约"。植物生长发育要吸收各种养分，但是决定作物产量的却是土壤中那个含量最小的养分，产量也在一定限度内随这个因素的增减而相对地变化。因而忽视这个限制因素的存在，即使较多的增加其他养分也难以再提高作物产量。

（3）各种营养元素同等重要与不可替代律　植物所需的各种营养元素，不论他们在植物体内的含量多少，均具有各自的生理功能，它们各自的营养作用都是同等重要的。

每一种营养元素具有其特殊的生理功能，是其他元素不能代替的。

（4）肥料效应报酬递减律　著名的德国化学家米采利希深入地研究了施肥量与产量的关系，在其他技术条件相对稳定的前提下，随着施肥量的渐次增加，作物产量随之增加，但作物的增产量（单位重量的施肥可以增加的产量）却随施肥量的增加而呈递减趋势。当施肥量超过一定限度后，如再增加施肥量，不仅不能增加产量，反而会造成减产。

（5）生产因子的综合作用　施肥不是一个孤立的行为，而是农业生产中的一个环节，可用函数式来表达作物产量与环境因子的关系：

$$Y = f (N、W、T、G、L)$$

式中 Y——农作物产量；

　　　f——函数的符号；

　　　N——养分；

　　　W——水分；

　　　T——温度；

　　　G——CO_2 浓度；

L——光照。

此式表示农作物产量是养分、水分、温度、CO_2浓度和光照的函数，要使肥料发挥其增产潜力，必须考虑到其他四个主要因子。如肥料与水分的关系，在无灌溉条件的旱作农业区，肥效往往取决于土壤水分，在一定的范围内，肥料利用率随着水分的增加而提高。五大因子应保持一定的均衡性，方能使肥料发挥应有的增产效果。

2. 监测指标选取的原则　监测指标选取的原则主要包括（颜国强、杨洋，2005）：

（1）区域性和主导性原则　不同区域的自然禀赋条件、社会经济条件、种植习惯等方面的特征形成了耕地质量的区域差异性，而且耕地质量和土地利用方式与土地利用者的社会经济状况息息相关。所以，在设置指标时要反映这些差异性，应具有针对性。同时，根据影响因素种类及作用的差异，选择区域内对耕地质量水平起控制作用的主导因素。

（2）全面性和易获得性原则　监测指标应能全面反映耕地各方面的质量现状，包括耕地基础地力、土壤养分含量、土壤健康状况、水资源状况、生产投入产出状况等影响耕地生产力的指标。指标的设置要注意指标数据的可得性，而且指标要具有可测性和可比性，易于量化。在现有技术条件下，应充分考虑各地的技术水平差异，保证指标数据准确、及时。

（3）生产性和敏感性原则　监测指标应对农业生产有指导作用，为下一步农业利用的方式提供参考。同时，在农业生产过程中，选择的指标监测间隔对于农业利用方式具有较高的敏感性。土壤性质随时间的可变性可用土壤特性响应时间（CRT）来表示，定义为某一土壤性质或状况达到准平衡态所需要的时间。根据CRT值的大小，可知某一土壤性质在多大的时间尺度里变化，为我们设定监测间隔提供依据。

3. 监测指标的设置　耕地质量是一个自然社会经济综合概念，监测指标既应包括自然指标，还应包括灌溉条件、投入状况等社会经济指标；既包括量化指标，也包括描述性指标。

（1）立地条件　立地条件指标包括：地形地貌、成土母质、表土层厚度和质地、土体构型、障碍层厚度、水土流失强度、沙化面积、盐渍化面积。

（2）土壤肥力　土壤肥力指标包括：有机质、全氮、速效氮、速效磷、速效钾含量、土壤pH、容重、黏粒含量。土壤健康指标包括：污染物质（重金属、农药、化肥残留）、微量营养元素全量和有效性（Ca、Mg、S、Cu、Fe、Zn、Mn、B、Mo）、耕地产出农产品的质量。

（3）土地投入　土地投入指标包括：化肥投入、有机肥投入、灌排设施投入、农药投入、薄膜投入。

4. 耕地质量及肥力评价流程 耕地土壤的地形地貌、成土母质、理化性状、农田基础设施及施肥水平等综合因素构成的耕地生产能力，是耕地内在的、基本素质的综合反映，耕地地力也就是耕地的综合生产能力。耕地质量评价流程如图 5-3 所示：

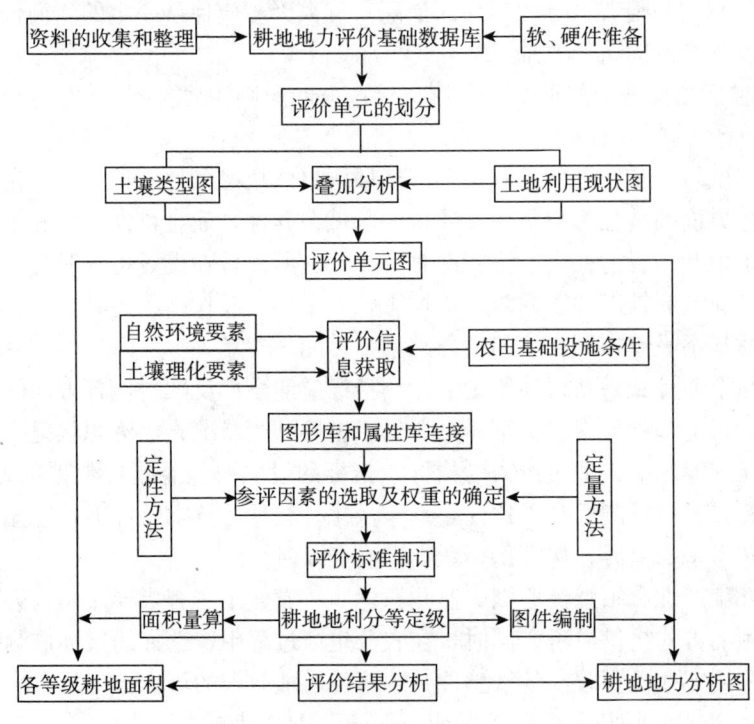

图 5-3 耕地质量及肥力评价流程

（1）评价单元赋值 根据各评价因子的空间分布图和属性数据库，将各评价因子数据赋值给评价单元。不同类型的评价因子采用不同方法赋值。例如，点位分布图可采用以点带面或者空间插值的方法赋值。空间插值方法为：将采样点位图某一因子数据空间内插转换为栅格图，再与评价单元图叠加，通过加权统计给评价单元赋值。对于矢量图（如地貌类型分布图），将其直接与评价单元图叠加，通过加权统计、属性提取，给评价单元赋值。对于坡度坡向等数据，可采用等高线和等高点图，生成数字高程模型，最终形成坡度图、坡向图等，再与评价单元图叠加，通过加权统计给评价单元赋值。对于与土壤类型密切相关的某些因子（如剖面构型）可通过关联土壤类型与参与评价因子对照表，给评价单元赋值。

（2）确定各评价因子的权重 采用特尔斐法与层次分析法相结合的方法确定各评价因子权重。

（3）确定各评价因子的隶属度　对定性数据采用特尔斐法直接给出相应的隶属度；对定量数据采用特尔斐法与隶属函数法结合的方法拟合各评价因子的隶属函数，将各评价因子的值代入隶属函数，计算相应的隶属度。

（4）计算耕地地力综合指数　采用累加法计算每个评价单元的地力综合指数。

$$IFI = \sum (F_i \times C_i)$$

式中　IFI——耕地地力综合指数（Integrated Fertility Index）；

　　　F_i——第 i 个评价因子的隶属度；

　　　C_i——第 i 个评价因子的组合权重。

（5）地力等级划分与成果图件输出　根据地力综合指数分布，采用累积曲线法或等距离法确定分级方案，划分地力等级，绘制耕地地力等级图。

（6）结果验证　将评价结果与当地实际情况进行对比分析，并选择典型农户实地调查，验证评价结果与当地实际情况的吻合程度。

（7）归入全国耕地地力等级体系　依据《全国耕地类型区、耕地地力等级划分》（NY/T 309—1996），归纳整理各级耕地地力要素主要指标，形成与粮食生产能力相对应的地力等级，并将各等级耕地归入全国耕地地力等级体系。

（8）划分中低产田类型　依据《全国中低产田类型划分与改良技术规范》（NY/T 310—1996），分析评价单元耕地土壤主导障碍因素，划分并确定中低产田类型、面积和主要分布区域。

（9）耕地地力评价数据汇总与报告撰写　各级耕地地力评价工作承担单位提交本区域年度数据，包括农户调查数据库、采样地基本情况调查数据库、土壤采样数据库、土壤样品测试数据库等。同时撰写并提交本区域年度技术报告，主要内容包括：技术报告和评价成果报告。其中，评价成果报告分为耕地地力评价结果报告、耕地地力评价与改良利用报告、耕地地力评价与测土配方施肥报告、耕地地力评价与种植业布局区划报告等。

三、系统构成及功能

耕地质量及肥力智慧管理系统主要包括耕地质量动态监测子系统、耕地质量预警子系统、地力评价子系统组成。

1. 耕地质量动态监测子系统　耕地质量具有动态变化性，人们开展了各种类型的动态监测，试图发现耕地质量退化的征兆，为保护耕地采取措施。但是只有通过长期的监测，才能发现并总结出耕地质量退化的征兆，洞悉其中的机理，为提前发现耕地质量退化的潜在威胁提供支持。通过动态监测，掌握耕地质量变化规律和特征，力图预测一定时期内耕地质量变化的方向与变化程度，结合作物生长发育要求进行调控，从而避免耕地退化，实现耕地质量的维持和提高，保障耕地资源的永续利用。加强耕地质量管理，以有限的耕地资源生产出更多的食物，是保证食物安全的重要措施。进行耕地质量监测，有助于及时了解耕地质量现状，预测变化，指导科学管理，达到耕地永续利用的目的。

2. 耕地质量预警子系统　耕地质量预警子系统可根据耕地质量变化趋势，并根据年际间的异常变化对区域耕地质量发出预警。耕地质量预警和其他预警一样，是一个警情→寻找警情→分析警兆→预报警度→排警的过程。明确警情是监测预警研究的基础，而寻找警源、分析警兆属于对警情的因素分析及定量分析，预报警度则是预警目标所在。譬如，当利用耕地质量预警系统发现某个区域的耕地质量呈下降趋势（明确警情），就要及时的分析引起耕地质量下降的原因（寻找警源），给出未来若干年内耕地质量预测指标下降的具体额度和耕地质量所处的具体状态（分析警兆、预报警度），并提出相应的解决措施，为避免耕地质量下降提供相应的解决措施（排除警情）。

3. 地力评价子系统　地力评价模块借助数学方法，从多因素角度对地力进行综合评价。拟在相关评定标准基础上采用因子分析法、法聚类分析法、判别分析法、主分量分析法、因子加权综合法等进行地力评判。

地力评价包括生产潜力评价、土壤养分评价、适宜性评价、环境评价四个方面。土壤肥力指标包括土壤营养（化学）指标、土壤物理指标、土壤生物学指标和土壤环境条件指标等多种因子，并且全部因子都以数值表示，这样进行地力评价时涉及大量的数据，单凭个人直观地从这些纷繁的数据中找出它们内部联系，即使具有丰富的经验也很难做到。因此，必须借助数学方法，从多因素角度对地力进行综合评价。通常，采用的数学方法有因子分析、法聚类分析法、判别分析法、主分量分析法（主成分分析法、主因素分析法）、因子加权综合法等。由于选取的指标不同，分析的目标的差异，选择的评价方法也不同，因而，没有统一的评价方法。建立地力评价模型的前提，必须建立土壤肥力最小数据库，同时建立评价指标，并将指标标准化。

第三节　作物、肥、水关系动态
控制与管理系统

一、概　　述

作物、肥、水关系动态控制与管理就是根据不同作物、不同生长阶段对于肥料、水分需求的不同特性一，对土、肥、水进行统一控制，实现作物施肥、灌溉的自动化、智能化以及作物施肥、灌溉决策的智慧化。

作物、肥、水关系动态控制与管理系统就是利用智能控制技术、自动监测技术、作物模型和专家系统技术，通过对作物生长情况、土壤肥力情况、自然气候情况进行监测，基于作物肥水模型，支撑平衡施肥、灌溉决策。本书重点分析智能灌溉系统和智慧施肥系统。

二、智能灌溉子系统

智能控制是为了达到节能、舒适、便利的目的，对市政、家庭、农业等的控制和监视制订细致的策略和方案。由于诸多因素的制约，传统的智能控制系统很难达到要求。为了解决这些问题，业界尝试了很多办法，但基本上都属于封闭式的，多采用私有协议，彼此间难以互通，导致结构不透明，灵活性、扩充性不佳。从长远看，智能控制系统的发展趋势是走向开放，尤其是智能控制与互联网的融合是其中一个重要发展趋势。

智能灌溉技术是以大田耕作为基础，按照作物生长过程的要求，通过现代化的监测手段，对作物的每一个生长发育状态过程以及环境要素的现状实现数字化、网络化、智能化监控，同时运用 3S 技术以及计算机等先进技术实现对农作物、土壤墒情、气候等从宏观到微观的监测预测，根据监控结果，采用最精确的灌溉设施对作物进行严格有效地施肥灌水，以确保作物在生长过程中的需要，从而实现高产、优质、高效和节水的农业灌溉设施。

智能灌溉系统是物联网技术与自动控制技术相结合的典型产物，主要包括传感器网络技术、信息采集分析技术、精量控制灌溉技术，专家系统技术。由于传感器网络采用 ZigBee 拓扑网络通信、信息互递、自组网络及网络通信时间同步等特点，使灌区面积、节点数量不受到限制，可以灵活增减轮灌组，加上节点具有的栽培环境、土壤墒情、种植作物、气象等测量采集装置，通信网关的 Internet 功能与 RS 和 GPS 技术结合的灌区动态管理信息采集分析技术，作物需水信息采集与精量控制灌溉技术，专家系统技术等构建高效、低能耗、低投入、多功能的农业节水灌溉平台。

智能灌溉系统根据不同地域的土壤类型、灌溉水源、灌溉方式、种植作物等划分不同类型区，在不同类型区内选择代表性的地块，建设具有土壤含水量、地下水位、降水量等信息自动采集、传输功能的监测点，通过灌溉预报软件结合信息实时监测系统，获得作物最佳灌溉时间、灌溉水量及需采取的节水措施为主要内容的灌溉预报结果，定期向群众发布，科学指导农民实时实量灌溉，达到节水目的。

1. 智能灌溉的需求　农业灌溉是我国的用水大户，其用水量约占总用水量的 70%。据统计，因干旱我国粮食每年平均受灾面积达两千万公顷，损失粮食占全国因灾减产粮食的 50%。长期以来，由于技术、管理水平落后，导致灌溉用水浪费十分严重，农业灌溉用水的利用率仅 40%。如果根据监测土壤墒情信息，实时控制灌溉时机和水量，可以有效提高用水效率。而人工定时测量墒情，不但耗费大量人力，而且做不到实时监控；采用有线测控系统，则需要较高的布线成本，不便于扩展，而且给农田耕作带来不便。物联网与传统农业相结合，利用物联网技术，无线通信，通过分布在农田中的传感器网络，对农作物的生长数据进行采集，从而可以根据需要进行灌溉。智能化的灌溉系统由计算机操控完成，可动态调节灌溉量，灌溉时间等，从而使水资源得到充分利用。当农田需要灌溉时，系统会自动发出提示，帮助农民实现远程、自动灌溉。农民足不出户，只需通过手机，电脑等智能终端，在家发送指令，就能控制灌溉开关，并且可以自由选择灌溉时间、灌溉面积、水量大小等。分布在田间的传感器网络，不仅可以为农业灌溉提供数据，它还能实时监测每块农田中的土壤水含量、空气以及土壤温湿度、降水量、日照等与农作物生长相关的数据。相关数据发送至监控中心进行汇总，有利于农业部门更精确地掌握农田作物的生长情况，并给出指导意见和相应的解决方案。

2. 智能灌溉的关键技术与设备需求　智能灌溉技术中需要诸多自动控制技术与变量技术和设备的支持，主要有（金宏智、何建强、钱一超，2003）：

（1）变量喷头　通常圆形喷灌机首跨上的喷头喷水量很少，愈往外跨上的喷头喷水量愈多，这是圆形喷灌机的喷洒特点。为了确保圆形喷灌机里外喷洒均匀，往往首跨上的喷嘴直径设计得很小，但易堵塞。若喷嘴直径稍大，会使喷水量超标达 20% 左右，带来里外喷洒不均匀。我们往往采用把首跨上的喷头隔一个关一个，转一圈以后，再将打开的关闭，关闭的打开，再让喷灌机转一圈。总之，对于控制某一喷灌区域或某一喷头的喷水量，归纳起来有 3 种方法：

①脉冲法　即在不同的时间段内，将喷头打开或关闭（比如在 1 min 内 40s 打开，20s 关闭）。通过这种时间控制的方法，灌水量就可从 0～100% 连续变化，这种方法适用于单个喷头或一组喷头。

②阶梯法　即采用组合喷洒支管方式，每根支管上的喷头喷水量都不相同。若用两根喷洒支管，其中一根支管上的喷头喷水量占正常喷水量的 33%，另一根支管上喷头的喷水量占正常喷水量的 67%，这样就能组合成 4 种不同的灌水量：喷头全部关闭灌水量为 0，开启较小的喷头灌水量为 33%，开启较大的喷头灌水量为 67%，大小喷头全部打开，灌水量为 100%。

③混合法　即根据上述两种方法的结合，研制出一种变量喷头。做一根可以插入喷嘴孔的不锈钢针，当这根针插入喷嘴孔的时候，喷嘴的喷水量是正常喷水量的 40%。然后再采用时间控制，在一段时间内让钢针插入某些喷嘴孔内，在另一段时间内再将钢针从某些喷嘴孔内拔出，这样就能得到 40%～

100%的不同灌水量。一般喷洒支管上都装有电磁阀，可以彻底关闭支管上的所有喷头。

（2）变量供水设备 在一个恒压喷洒喷灌系统中，由于变量喷头的喷水量根据不同定点区域的需要不断变化，使喷灌系统的入机压力上下浮动不能保持恒压喷洒，严重地影响了喷洒质量，造成了喷灌系统喷洒不均匀。为了维持恒压喷洒，选用变量供水设备十分重要，通常方案有：

①选用变频水泵 当流量发生变化时，为了保持恒压喷洒，可以通过电机变频改变水泵转速，达到恒压要求。

②采用多泵供水 用 4 台流量逐次递增，扬程一样的水泵并联，组成供水泵站。根据流量要求，变换开启或组合开启各泵。向灌溉系统供水，实施精准灌溉。

（3）压力调节器 对于圆形和平移式喷灌机来说，靠近供水入口处的管路压力偏高，不适宜此处喷头所需要的工作压力，为了使喷头能在正常工况下喷洒作业，就必须将此处多余的工作水头吸附掉，所以在这部分的喷头接口处安装有与之相匹配的压力调节器。压力调节器的工作原理是利用弹簧受水压力变形后，改变过水断面缝隙宽度，吸附多余的水头能量，改变压力调节器的出口压力，满足喷头正常喷洒的工作压力要求，目前已有各种规格的系列产品。

（4）变量喷洒化学剂设备 喷洒化学剂主要是指利用喷灌系统喷洒化肥、农药和除草剂。多数采用的方案是在一个专用的装有化学溶液的容器里，使溶液保持恒定的浓度，利用变量技术改变圆形和平移式喷灌机的供水量，将一定比例的化学溶液量注入喷灌系统里，混合后喷洒到田间。但应注意两个问题：

①根据作物需要，计算出喷洒出来的化学溶液浓度，要符合恒定浓度的化学溶液与喷灌系统供水量成一定比例的原则，即靠改变供水量多少，达到喷向田间的化学溶液浓度。

②对于圆形和平移式喷灌机，开始喷洒化学溶液时，使水和化学溶液混合后靠近供水处输水管上的喷头先喷，然后喷头逐个依次往后喷，这样就会造成首尾区域喷洒剂量不均。最好的办法是选择一条启动区域，开始时停机喷洒，待首尾端同时喷出化学溶液后，再启动圆形和平移式喷灌机运行。待全部喷洒作业完毕后，再回补一下启动区域即可。

（5）控制器 在圆形和平移式喷灌机主控箱内的控制板面上有电子百分率计时器、可编程控制器（PLC）及其他控制按钮。

①电子百分率计时器 电子百分率计时器是一台以 1min 为限制的数字式时间继电器，是用来控制圆形和平移式喷灌机喷洒作业时的走停时间比例，来满足用户所要求的不同降水深度。它是利用微电子技术实现分时控制的，其控制分辨率为 0.6s。

②可编程控制器（PLC）及其他控制按钮 对于圆形和平移式喷灌机上的安全控制系统、变量喷头、变量供水设备等的控制，主要有两种方法：一种是直接用电线连接，靠控制板面上的按钮手动控制；另一种是对每个变量喷头或被控制部分进行地址编码，再通过总线控制板与可编程控制器或计算机连接，实现总线控制。

（6）定位设备 监视圆形和平移式喷灌机的位置，通常采用模拟或数字分析器、电子指南针、差分全球定位系统（DGPS），也可使用地埋线、激光等远距离测量对直技术设备。其中圆形喷灌机的定位比平移式喷灌机简单，因为圆形喷灌机监视的是一个角度位置，而平移式喷灌机监视的是一段距离上的长度位置。

①一端定位法 当圆形喷灌机第一跨塔架车指向最末一跨塔架车是直线运行时，将角度定位分析器放置在第一跨塔架车首端位置上，就可测定出第一跨塔架车的位置，但精度较低。其实对于整机很长的圆形喷灌机来说，运行时并非直线而是弓形的，但可将实际位置通过数学模型进行调整。总之，这种方法简单易行，成本低廉，易于安装和维修。

②两端塔架车定位法 当首末两端塔架车都安装上电子指南针，其位置精度就可提高，弓形也可得到及时调整。若采用带有 DGPS 接收器的两端塔架车定位系统，就可将 DYP-415 型电动圆形喷灌机的位置误差控制在±0.13，即在 1m 以内。DGPS 定位系统使用非常方便，不需要进行局部调整，此方法最适于平移式喷灌机的定位。

3. 系统架构 如图 5-4 所示，智能灌溉系统框架包括传感网络、田间水势信息管理、智能灌溉控制模型和智能控制系统组成。

（1）传感网络 包括传感器、传感节点、无线传感网络和信息传输网络等。

（2）田间水势信息管理 包括土壤水势、作物水势和环境水势信息，是智能灌溉的基础性数据。

（3）智能灌溉控制模型 依据土壤-植物-大气连续体（SPAC）理论以及耗散论和协同学等复杂系统理论及分析方法，通过对田间水势复杂控制系统典型特征的分析，建立田间水势智能控制复杂系统宏观结构模型；将适用于作物微环境信息（温度、湿度、风速等）采集的传感网络与软测量技术结合起来，通过传感网络采集大量作物微环境信息，推断土壤水势、环境水势和作物水势，为控制决策提供准确的田间水势实时信息；融合田间水势实时信息、作物生长需水（耗水模型）、农业专家知识、区域气象数据和遥感解读数据和人机交互信息，构建了水势智能决策控制模型和智能决策支持系统（邝志刚、卢胜利、刘景泰，2006）。

（4）智能控制系统　智能控制系统是实现自动灌溉的整套硬件系统。

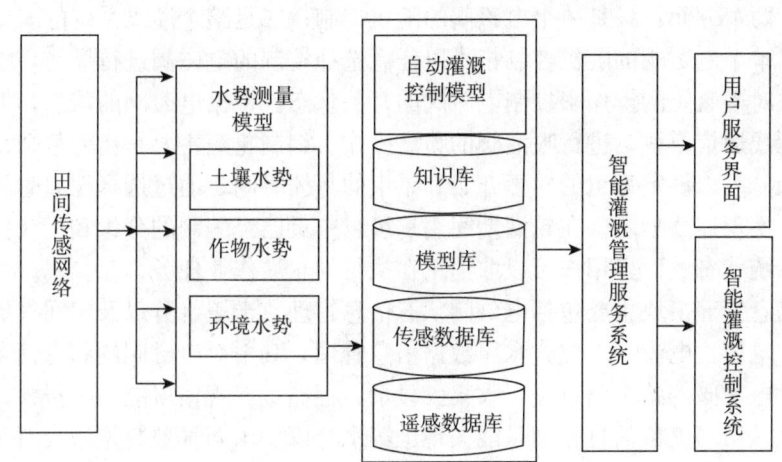

图 5-4　智能灌溉系统框架

4. 核心功能设计

（1）硬件功能设计　精准灌溉自动控制系统主要由远程监控计算机、灌溉监测控制器、土壤水分传感器、电磁阀及相关软件组成。基于无线传感器网络的智能灌溉控制系统必须具有以下功能：能够采集和接收数据并通过无线网络传输，首先传感器节点将采集的土壤含水率发送到汇聚节点，汇聚节点通过串口线与上位机连接，将数据传输给上位机；在上位机上设置作物灌溉阈值，将采集土壤含水率值与设置的灌溉阈值比较，判断作物是否需要灌溉，当达到设定灌溉开启（关闭）值时，向传感器节点发出开（闭）电磁阀指令，对作物实施灌溉（王新忠，顾开新，刘飞，2011）。

（2）软件功能设计　软件设计分为两部分：田间管理中心与远程服务中心（赵小强等，2012）。

①田间管理中心　田间管理中心主要是为田间某个独立灌溉系统配套的ZigBee无线系统软件，它是灌溉自动化系统的现场人机操作站，它主要包括了四个模块：

地图绘制模块主要用于两种情况：一是调入特定的地图来显示田间布局情况；二是根据实际需要绘制田间的布局情况。当在田间部署好带有传感器的节点、路由、阀门控制器等设备后，可以根据田间的形状以及节点部署的位置来绘制一个田间的模拟图。当用户想要对某块区域进行灌溉时，只需选择区域附近的节点进行命令下发，实现精确的定位，它能根据模拟图与真实田间的比例关系来设定灌溉的区域与时间，通过定位到节点，以节点中心，设置灌溉区域的参数，实现按量与精准灌溉。

电磁阀管理模块主要是电磁阀的时序控制与电磁阀状态的管理。时序控制包括了两个方面：一是单个电磁阀的随机控制；二是整个灌溉系统的编制轮灌控制。单个电磁阀的随机控制指可以任意选择控制的电磁阀进行操作，控制节点通过对灌溉阀的操作来控制电磁阀的开关状态。根据电磁阀的状态，发送命令到无线通信模块，进行喷灌阀的喷灌操作。编制轮灌主要是指将整个系统的电磁阀分组，设定每组的轮灌开始和结束的具体时间。通过选择轮灌时间连续的组，实现连续喷灌。在轮灌期间用户可以查看已经编制的分组和正在执行轮灌的系统状态，而且用户可以取消正在执行的轮灌作业任务。

信息管理模块主要包括电磁阀状态信息管理、土壤水分以及田间气象信息管理、电压、电流、水位、水压数据信息管理，其中对电磁阀的状态信息管理是指对电磁阀的状态信息进行收集、显示、存储，出现错误能即时报警，土壤水分以及田间气象信息管理是能实现土壤水分以及田间气象数据采集时间的远程设定、实时采集、实时显示、分析与存储土壤水分以及田间气象数据。电压、电流、水位、水压数据信息管理是指能监测电压、电流、水位、水压的实时数据，能设定各自的报警数值。

通信管理模块主要是与远程服务中心交换数据，能执行远程服务中心向田间管理中心发布的指令。它能管理用户信息和网络通信，实现与无线模块的通信。

②远程服务中心　远程服务中心主要用于管理员远程监管所有的农田。查看农田中设备的运行情况。根据管理的对象不同，可以划分为以下三个模块。

设备管理模块：是用于汇总、显示、存储全部项目点的网络通信管理、电磁阀管理、信息管理等，用于提供一个全局的视图。

项目点管理模块：在远程服务中心，每个田间管理中心是作为其所管辖农田区域的一个项目点。项目管理模块用于管理所有的项目点。包括项目点的添加、修改与查询。

权限管理模块：项目点根据所处区域的不同，对不同区域的用户规定了查看的项目点的范围。不同身份的用户分配了不同的权限，用户在第一次登录界面后会显示所有项目点，但是用户只能进入有权限的项目查看项目信息。

三、智慧施肥子系统

测土配方施肥是土壤培肥改良的一项基础性工作，测土配方施肥技术以土壤测试和肥料田间试验为基础，根据作物的需肥规律、土壤供肥性能和肥料效应，在合理施用有机肥料的基础上，提出氮、磷、钾及中、微量元素的施用数量、施肥时期和施肥方法（高祥照等，2006）。通俗地讲就是在农业科技人员的指导下科学施用配方肥料。测土配方施肥技术的核心是调节和解决作物需肥与土壤供肥之间的矛盾，有针对性地补充作物所需的营养元素，作物缺什么元素补什么元素，需要多少补多少，实现各种养分的平衡供应，满足作物的需要，达到提高肥料利用率和减少肥料用量，提高作物产量，改善作物品质，节支增收的目的。

智慧施肥系统是将传感技术、网络传输技术、专家模型技术、3S 技术、变量施肥技术以及自动控制技术相结合，实现测土、配方、施肥的自动化、智能化和智慧化的新型土肥业务系统。其功能覆盖了从田间信息（土、肥、水、作物）实时采集、田间信息实时分析、田间信息传输、评价（耕地地力的评价模型、配方施肥模型、作物推荐配方）以及基于自动控制技术的自动化施肥等过程。最终目标就是要实现根据土壤、肥料、作物、水分的特点，实现特定的土壤、作物施用特定的肥料的目标，精细准确地调整各种土壤合理施肥，最大限度地使用肥料投入，以获取最高产量和最大经济效益，同时保持农业生态环境，保持土地等自然资源。

智慧施肥系统解决了数字土肥系统中数据采集的不及时，智能机械技术的不成熟等问题，将测土肥配方施肥从数字化推向了智慧化。

1. 关键技术

（1）施肥区划规划　　近年来，许多学者开始研究按照土壤养分的变异性和空间位置将同一地块划分成不同的相对均质的区域进行管理，即土壤养分管理分区。科学合理的土壤养分管理分区技术是实施智慧施肥的高效手段。

变量施肥的前身是定位养分管理。所谓定位养分管理，就是在田间不同地点根据土壤等条件的差异实行区别管理。定位就是强调田间不同地点间的差异性，克服肥料使用的不合理性。最早定位养分管理只是针对不同土壤条件实行有区别的管理，随着农业科学技术的进步，逐渐向系统工程方面发展，不仅针对土壤，还包括水文、作物、微气候等条件的时空变化，在作业管理中实行"按需投入"原则，变均匀投入为变量投入，优化作业操作（张涛、赵洁，2010）。

科学合理的管理分区可以指导用户以管理分区为单元，进行土壤和作物农学参数采样，并根据不同单元间的空间变异性，实施变量投入、精准管理决策。目前，分区方法主要有：GIS 软件提供的几种常用方法、K 均值聚类算法和空间连续性分区方法。

（2）作物模型和专家系统技术　　作物模型和专家系统的核心内容是提供作物生长过程模拟、投入产出分析与模拟的模型库；支持作物生产管理的数据资源的数据库；作物生产管理知识、经验的集合知识库；基于数据、模型、知识库的推理程序；人机交互界面程序等。从实施精准农业自动变量施肥作业的实际需求出发，建立田间土壤信息、施肥情况、作物产量等地理信息图层，进行专题分析与施肥决策。建立变量施肥专家系统，是对采样、测土获得的土壤有机质、N、P、K等进行施肥决策，获得每个操作单元的施肥量进行土壤养分空间变异研究。

（3）自动控制技术　精准多变量施肥旋耕播种机的工作将采用手动和自动2种工作方式，以实现自动变量控制和手动变量控制。针对自动变量控制现有2种形式。一是实时控制施肥，即根据监测土壤的实时传感器信息，控制并调整肥料的投入数量，或根据实时监测的作物光谱信息分析调节施肥量。二是处方信息控制施肥，即根据决策分析后的电子地图提供的处方施肥信息，对田块中肥料的撒施量进行定位调控。由于前者精度较低，因此主要研究处方信息（图）控制施肥技术。研究地速信号采集处理技术、电液比例控制技术等，结合施肥处方信息、拖拉机地速信息，通过电液比例控制系统实现多变量施肥控制。

（4）变量施肥机　变量施肥技术涉及农田信息获取、信息管理与处理、决策分析和田间实施四大主要环节，其中以田间实施发展最快。变量施肥机在发达国家研究较为深入，其相关技术已臻完善和商品化。在实时控制施肥技术方面，中国田间变量实施技术的研究起步相对较晚，但得到了较快的发展，呈现出各自的特点（彭凤珍，2009）。

N、P、K肥的多变量排肥技术：现有的颗粒、液体变量施肥机难以实现N、P、K等多元素的在机变量配比，颗粒变量施肥机只能对单一颗粒肥进行施肥。开展精准多变量施肥机的研究，不仅能进行复合颗粒肥的变量施肥，还能进行N、P、K等元素的多变量施肥。

一次作业只能施一种肥的变量施肥机不是真正意义上的精准施肥机。不同田块单元对N、P、K等元素的需求不同，一次作业要求N、P、K等肥能同时分别变量排肥。自动控制变量施肥可以根据土壤特性、谷物产量图、田间大地高程、作物品种、当地的气候条件等，通过专家决策系统，将各变量数据输入到多变量施肥播种机自动控制系统中，实现自动多变量控制。

粉状肥料的防堵塞技术：粉状肥料在输肥管中易堵塞，形成断条，影响施肥的均匀性。利用旋转风机的气流将肥料输送到各个排肥口，确保粉状肥料的输送可靠、准确，避免堵塞、架空、断条现象的发生。

旋耕、播种技术：没有旋耕、播种功能的施肥机，难以推广。为保证有效施肥、播种，需要配套研究旋耕机，以利于肥料、种子进入土壤恰当深度位置和覆土。施肥的同时具有旋耕、播种功能，一机多用，复合作业。

2. 系统功能设计　如图 5-6 所示，软件系统上，智慧施肥系统至少包括田间信息采集与传输子系统、田间信息管理子系统、施肥决策与评价子系统以及田间施肥作业子系统。

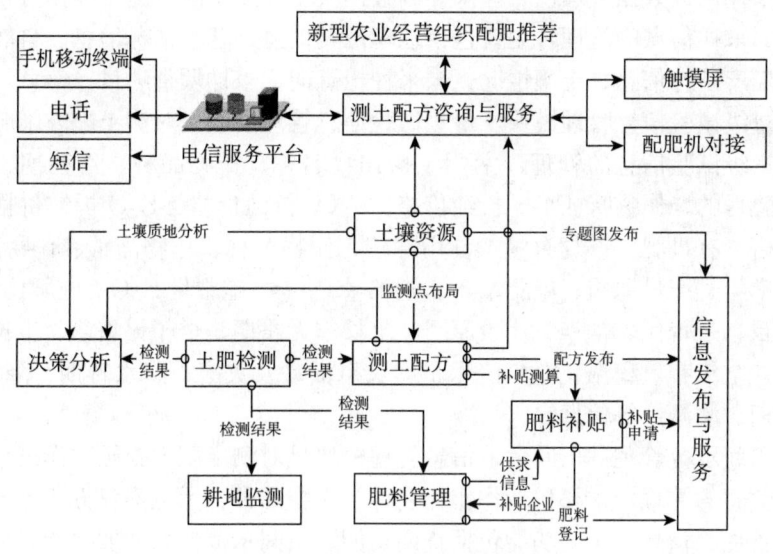

图 5-5 智慧施肥系统框架

（1）田间信息采集与传输功能　田间信息采集与传输系统利用传感技术、无线网络技术和有线网络技术实现土壤、肥料、作物信息的实时采集与分析，为田间信息管理和施肥模型的建立提供基础数据。

（2）田间信息管理功能

①作物生长需肥特性数据管理　各种作物的生长发育、吸收功能和产品器官不同，决定了作物对肥料需求具有一定特殊性，其中包括需肥数量、需肥时间，肥料种类，施肥方法等。该功能主要管理不同作物在不同的生长阶段需要的肥料种类、数量，施肥方法等内容，提供给广大农民参考。

②作物缺素症识别信息与推荐施肥技术管理　当土壤中某种养分供应不足时，往往会导致一系列物质代谢和运转发生障碍，从而在植物形态上表现出某些专一性的特殊症状，这就叫植物营养缺素症。不同作物对缺乏同一元素所表现的症状并不完全相同。营养缺素症是植物体内营养失调的外部表现，对作物进行形态诊断是合理施肥的重要依据。该功能主要记录植物营养缺素症的症状，应该采取的施肥措施，指导农民及时施用含所缺元素的肥料，减轻或消失症状，减轻产量损失。

③肥料使用效果评价　按照"区域控制，随机等间距抽样"的方法，采取每区县抽取三个乡镇，每个乡镇抽取两个村，每个村抽取八个农户进行访谈，并对区县土肥站、乡镇农技站、乡镇肥料经销商、村干部进行问卷调查。同时结合肥料试验效果数据，在认真分析的基础上将形成肥料使用效果评价。

④采样调查数据管理模块　采样调查模块是对测土配方施肥工作过程中特定地块的采样信息的管理，主要包括地理位置信息、基本情况信息、自然条件信息、生产条件信息、土壤情况，未来种植意向、采样调查项目等信息。

⑤量级试验信息管理模块　量级试验信息管理模块是对测土配方施肥工作过程中量级试验信息的管理，主要包括作物名称、作物品种、播种期、收获期、试验目的、作物特征、N折纯价格、P_2O_5折纯价格、K_2O折纯价格、农作物价格、有机肥、重复数量、食用部位、作物名称、作物品种、作物产量、产量比常年、产量原因、施肥量N、施肥量P_2O_5、施肥量K_2O、施肥比常年、施肥原因、是否代表常年、代表原因、生长季无霜期、全年无霜期、生长期有效积温、全年有效积温、全年降水量、农事活动及灾害、降水日期、降水量、灌溉日期、灌溉量等信息。

⑥田间示范管理　田间示范信息管理模块是对测土配方施肥工作过程中田间示范信息的管理，主要包括作作物名称、作物品种、示范推荐方法、不正常情况及备注等信息。主要功能包括查询功能、田间示范信息增加功能、田间示范信息修改功能、田间示范信息删除功能、数据下载功能，以及田间示范明细数据管理功能等。

⑦施肥配方推荐管理模块　根据土样和植株样的化验数据，汇总分析土壤养分测试数据、田间试验结果，计算出土壤养分校正系数、肥料利用率、农作物单位产量养分吸收量，结合施肥模型和施肥决策系统，根据不同区域、不同气候特征、不同作物品种，合理划分配方施肥分区，研制出特色作物的施肥配方，为指导农民生产提供施肥标准。

⑧施肥分区信息管理　结合区域土壤肥力特征和种植作物需求规律，实现对主要作物区域施肥规划功能，划定不同施肥区域，订制大区域施肥配方。

⑨培肥改良分区信息管理　结合区域土壤肥力特征和障碍因子类型，包括土壤肥力障碍因子分析，土壤物理障碍因子分析，土壤管理障碍因子分析，区域培肥改良分区信息，区域土壤培肥改良策略信息。

（3）施肥决策与评价功能　在施肥专家决策分析系统方面，专家决策分析系统的地域性、适用性和通用性方面应与精确变量施肥紧密结合，因为现在许多专家决策分析系统需要的变量过多或普通方法难以测定，即施肥专家决策分析系统需要进一步简单化和智能化。目前专家决策分析系统在使用中做出的决策结果与实际误差太大，不如人工决策准确，是今后要解决的问题。

通过肥料使用效果的评价数据和作物肥料试验数据的分析，建立完善施肥指标技术体系，构建不同土壤、不同区域内主要作物施肥数学模型；同时借助地理信息系统平台，利用建立的数据库与施肥模型库，建立配方施肥决策系统，为科学施肥提供决策依据。地理信息系统与决策系统的结合，形成了空间决策支持系统，解决了传统的配方施肥决策系统的空间决策问题以及可视化问题，使配方肥更科学、更完善。

①施肥模型构建　系统将构建三类作物的施肥模型：大田作物推荐施肥模型、蔬菜作物施肥模型、果类作物施肥模型。根据大田作物、蔬菜作物、果类等植物的不同类型，不同的生长阶段对肥料的需求情况。

②参数设置　肥料参数设置：结合肥料管理系统，实现对作物常用肥料类型，肥料名称，氮、磷、钾养分含量等信息参数的设置。作物参数设置：实现对作物品种、产量水平、百千克产量带走养分量等参数设置。土壤参数设置：结合耕地质量监测系统，实现对土壤养分、土壤类型参数的设置和维护。

③施肥决策　根据农户信息、作物种类、品种、农户种植意愿目标产量、耕地质量监测系统中的土壤肥力状况，结合作物施肥模型，辅助农户进行施肥决策，并形成推荐施肥卡，可打印或另存施肥卡。

④施肥效果评价　按照"区域控制，随机等间距抽样"的方法，采取每区县抽取三个乡镇，每个乡镇抽取两个村，每个村抽取八个农户进行访谈，并对区县土肥站、乡镇农技站、乡镇肥料经销商、村干部进行问卷调查。同时结合肥料实验效果数据，在认真分析的基础上将形成肥料使用效果评价。

（4）田间施肥作业功能　变量播种施肥的控制目前有两种形式：一种是实时控制播种施肥，根据监测土壤的实时传感器信息，控制并调整种子肥料的投入数量，或根据实时监测的作物光谱信息分析调节施肥量；二是处方信息控制播种施肥，根据决策分析后的电子地图提供的处方施肥信息，对田块中肥料的撒施量进行定位调控（孙立民、王福林，2009）。这是当前国内外研究最多的方式。处方信息控制播种施肥是基于从 GIS 获取的处方信息和 GPS 获取的田间位置信息，由变量投入（Variable-Rate Application，VRA）中的控制器进行变量作业。变量施用成型机具国内外的研究均很多，其中变量施肥机研究最多，在国外已经有成型机械存在。我国变量农机具的研究相对于发达国家而言起步较晚，与发达国家还有相当大的差距。这些差异主要表现在 GPS 与农业机械、农田 GIS 的接口软件以及农田 GIS 的田间作业图层与农机的接口软件等技术不过硬，缺乏统一的农业信息标准和资源共享机制，农机作业传感器件多数采用国外的进口部件，因而机械制造的成本比较高难为农民所接受。

①变量施肥机系统组成　变量施肥机系统主要由远程服务器、上位机控制器、下位机控制器和执行机构四部分组成，系统结构框图如图 5-6 所示（耿向宇等，2007）。

远程服务器融合了 GIS 决策支持系统、处方管理系统、机群监控系统和Web 信息发布系统，完成田间处方的生成、管理、远程下载；多台作业施肥机的监测与控制，以及作业信息的实时发布等功能。上位机控制器是人机交互平台，实现 GPS 信息采集、田间作业方式选择、GPRS 通信控制以及信号采集等功能。下位机控制器是基于单片机的控制和驱动系统。在相应的槽轮控制模型基础上，利用传感器的槽轮开度和转速信息，通过控制驱动电路，实现变量施肥的闭环控制。执行机构包括施肥机的机械结构、执行电机和辅助构件。直流电机控制外槽轮的转速，而开度由直线电机或步进电机控制，辅助构件包括发电机、蓄电池等。

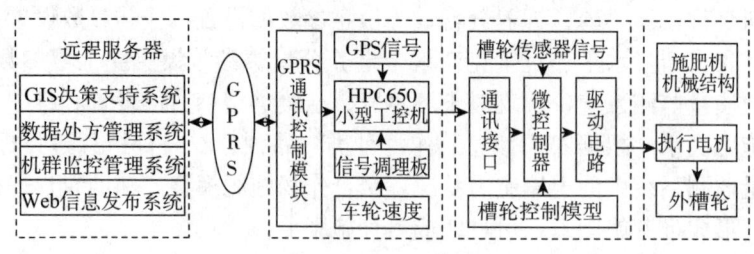

图 5-6　变量施肥机框架

　　②工作过程　一方面远程服务器通过 GIS 决策支持系统生成可供上位机控制器下载的数据处方。当选择了远程自动作业模式时，上位机控制器通过 GPRS 在服务器上下载相应地块的施肥处方。在施肥机作业过程中，结合实时 GPS 信息和车轮速度，生成田间相应位置区域的施肥控制命令，通过串口发至下位机控制器。下位机控制器接收到此命令后，根据槽轮的施肥控制模型，确定外槽轮的转速和开度大小，通过驱动电路控制相应电机工作，从而实现远程自动变量施肥。另一方面各施肥机将本机的识别信息、田间作业位置信息、工作状态信息等通过 GPRS 网络发送至远程服务器中心。服务器可同时监测多台施肥机的作业情况，并可以发送不同作业的控制命令，实现对施肥机机群的远程监控管理。

　　③远程处方下载和机群监控　远程处方下载和机群监控是实现变量施肥机远程自动作业的基础。采用了客户端/服务器的结构模式。服务器应用程序根据作业数据、状态等信息对施肥机进行实时监控。客户端以远程通信控制器为硬件基础，实现从服务器的远程处方下载。因此，系统的关键部分为远程通信控制器的设计，该控制器屏蔽了 GPRS 无线传输协议的复杂性，使用方便灵活。

第四节　农业投入品（肥料）智能监管系统

一、概　　述

　　可追溯系统（Traceability System）是指产品从原料到终端用户全过程中

各种相关信息进行记录存储的质量保障系统，当出现产品质量问题时，可通过产品的身份标识快速有效地查询到出问题的环节，必要时进行产品召回，实施有针对性的惩罚措施。可追溯系统既是产品质量追溯体系，也是产品质量过程控制体系。可追溯系统可有效提升企业管理水平，保证符合质量要求的产品进入市场，同时当出现产品质量问题，能够快速定位出现问题的环节（吴仲城，徐珍玉，2010）。

农业投入品（肥料）智能监管系统是追踪农业投入品（肥料）进入市场各个阶段（从生产到流通的全过程）的系统，由于当前实现从肥料出厂到投入使用全过程进行监管存在着标准、管理障碍，如图 5-7 所示，本书中的农业投入品（肥料）智能监管系统仅设计肥料进入流通环节后的智能监管。

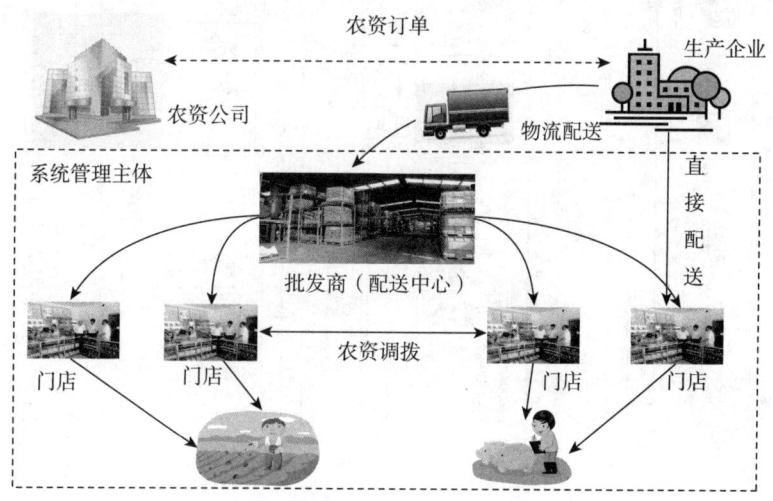

图 5-7　农业投入品追溯智能监管与服务平台总体框架

二、总体框架

农业投入品（肥料）智能监管系统整合现场执法、质量监测、信息传送、数据汇总、案件处理、信用监管、决策分析、数据汇交、业务协同、农资打假、投诉举报、公共服务、消费指导等内容，实现农业投入品（肥料）追溯、监管执法的移动化、信息化和高效化，肥料管理的合理化、共享化和协同化，信息服务的多样化、个性化和网络化，实现农业投入品（肥料）管理和应用业务的平台化、人性化、和高效化，提高基层农资管理人员执法业务能力，增强政府部门对农资监督执法工作的信息管理和决策分析能力，满足农资企业行政业务办理和消费者信息服务的多种需求。系统的总体设计如图 5-8 所示。

（1）信息资源层　信息资源层主要包括：农资基础支撑数据库群、农资连

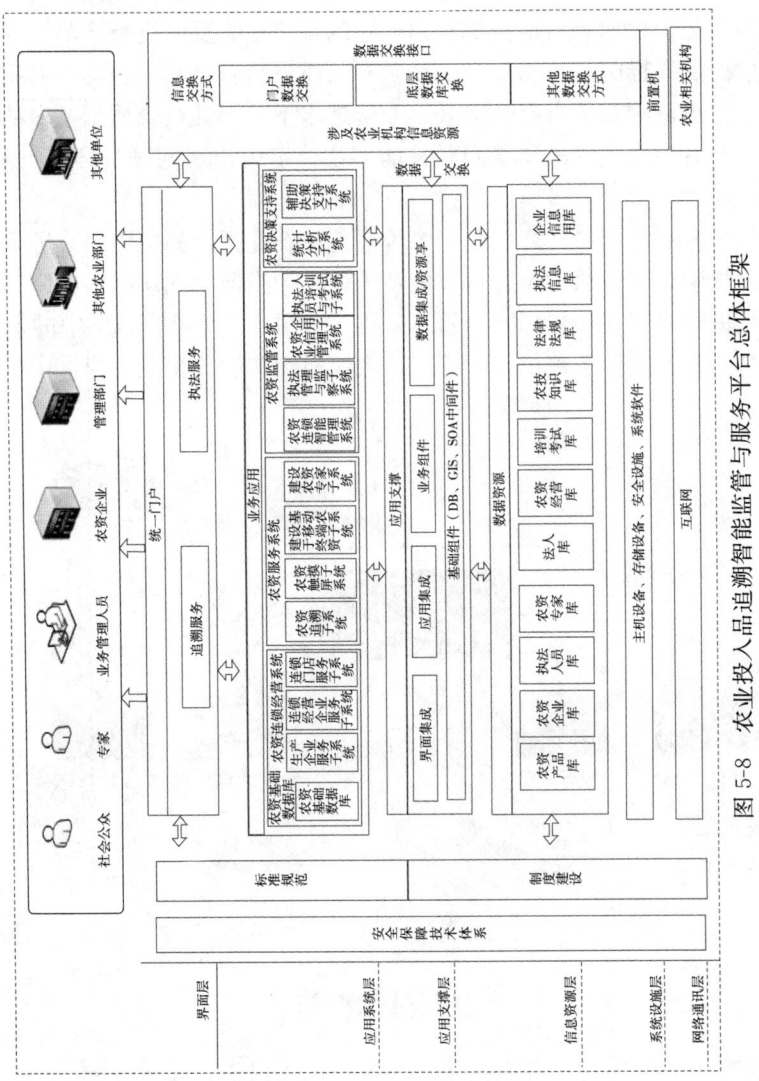

图 5-8 农业投入品追溯智能监管与服务平台总体框架

锁与追溯数据库群、农资执法与企业信用数据库。

（2）应用支撑层　应用支撑层主要包括基础组件、业务组件、数据集成组件等。

（3）业务应用层　业务应用层主要包括：农资基础数据库管理系统、农资连锁经营与服务系统、农资监管系统、农资连锁决策支持系统。

（4）服务层　服务层主要包括：农技推广、连锁经营、产品追溯、执法监督与政务公开、宏观决策。

（5）用户　用户主要包括：社会公众、农民，专家，农资企业，农资监管部门，农资主管部门，其他相关部门。

三、系统与功能设计

从土肥管理的业务范围上看，农产品追溯系统的主要涵盖两个方面，一是化肥的追溯；二是农业投入品监管，重点是化肥的监管与执法，其他肥料的管理可参照此方案。

1. 化肥追溯与智能监管系统　追溯业务流程如图 5-9 所示。

（1）化肥基础数据库管理子系统　包括化肥产品及编码管理，建立化肥产品二位条码的各类标签统一管理、注册、分发机制。化肥企业与产品基本信息管理，包括企业名称、营业执照号等信息。化肥经营企业管理，包括农资的相关连锁配送中心、连锁门店基本信息进行管理。化肥经营会员管理，农资管理法律、法规、制度管理以及化肥基础数据分类代码管理。

（2）生产企业服务子系统　该系统作用在化肥连锁销购的上游，直接服务于化肥生产企业。为化肥生产企业的服务包括：产品订单、包装、入库，仓库盘存和销售出库。生产商根据销售档口的要求将成品存入公司的销售成品仓库，成品仓库的员工进行相关的商品、单据核对及登记库存台账，库管员应上级的要求对仓库进行盘存，处理日常的出库和入库业务。销售业务员根据客户的要求填写提货单，并将它们送给库管员，库管员根据提货单编制出库单及送达所要求的商品。生产企业服务功能子系统反映进货、库存、销售等方面的各种信息，实现对商品信息、交易情况、各种单据等信息的迅速方便的录入、查询及管理，了解进销存各项相关信息，为农资企业建立一套功能完整、高效、安全、稳定的管理系统，也为农资连锁奠定了信息基础并预备了数据接口。

（3）连锁经营企业（配送中心）服务子系统　连锁配送中心服务主要服务于化肥企业的物流管理，在连锁经营中，物流贯穿经营业务活动的全过程，从商品的采购供应到销售服务都有大量的物流活动发生。它是商品进货、库存、分货、加工、集配、运输、送货等一系列工作的集合。配送中心是沟通总部和门店的桥梁，是连锁经营的后勤保障部门，是连锁店竞争力的重要保证。

连锁配送中心管理信息系统是以商品的物流管理为对象，以商品的到货、验货、库存、配货、出库为管理内容的管理信息系统。

连锁配送中心的监管，主要是依信息系统，监督连锁配送中心采购、销售、库存的农资产品是否为经过农业主管部门认证的合法产品。如产品未经过认证，系统将自动提示农资监管部门。

（4）化肥连锁门店服务与监管子系统　连锁门店是整个连锁组织实现利润的直接执行者，也是化肥连锁监管的终端和重点，它除了要进行日常信息的处

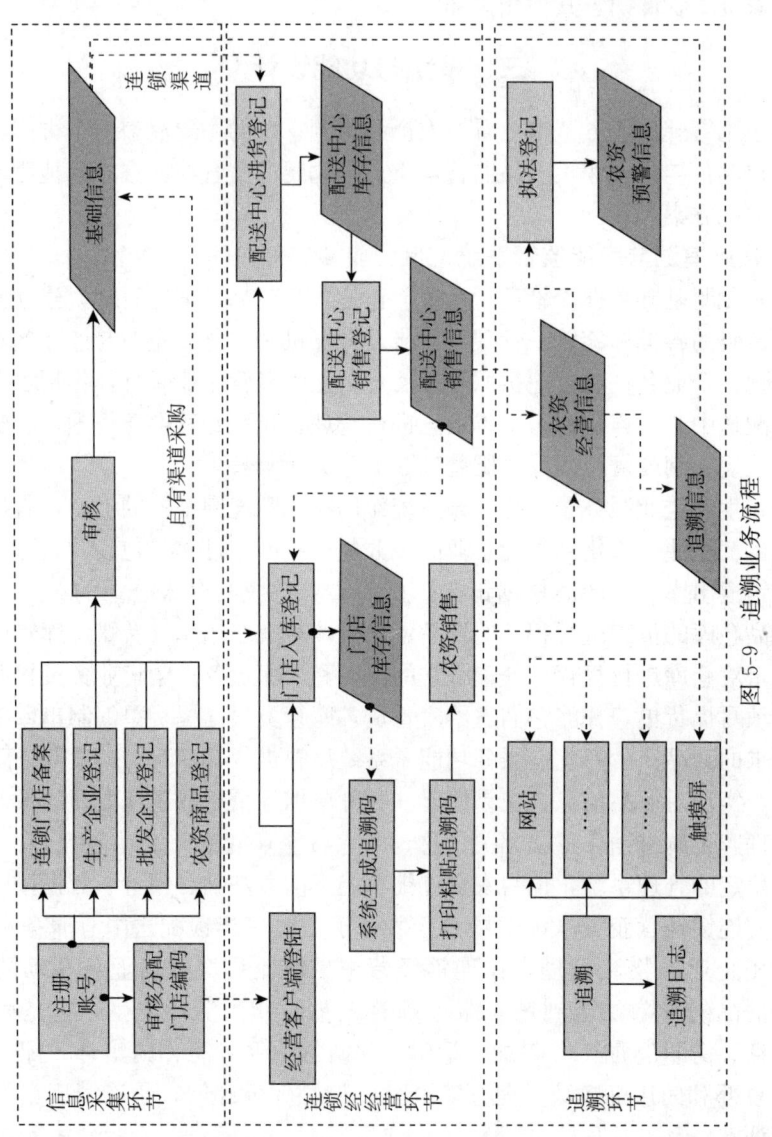

图 5-9 追溯业务流程

理外，还要及时传送相应的销售信息，使总部能了解实际的销售库存情况，以便做出相应的决策；使农资监管部门及时掌握销售产品的相关信息，保障农资连锁产品销售的品质。

（5）化肥追溯服务子系统 溯源服务功能实现在流通环节中的农资产品从出厂到使用各环节的轨迹查询。借助溯源服务功能，可实现生产可记录、信息可查询、流向可跟踪、责任可追究。公众或经营、使用主体可以通过电话、互联网、移动终端、查询终端查询农资产品的相关信息。系统接收用户查询请求后，将查询信息与数据库中标识码信息相比对，如果有相应的记录且是被激活的标识码，则产品是真的，否则是假的。系统将查询结果通过短信、电话反馈给用户或通过网络显示查询结果。

（6）化肥企业信用管理子系统　运用先进的信息化技术，规范化肥生产经营企业信用制度建设，推动农资企业信息管理工作和农资企业的发展，通过根据不同农资生产经营企业主体的具体情况（规模、资金、产品等），针对其合同履约率、守法程度、消费者投诉、公众评价等相关信息，结合农资监督抽查结果，开展诚信企业评选，建立监管对象诚信档案，纳入数据库管理，建立和完善有关制度，实现分类监督。

2. 农资（化肥）执法管理与监察系统　农资管理综合执法管理与监察系统主要业务包括：农业生产经营单位的资质申请和经营管理，基层执法人员的执法监督，乡镇农业执法部门的信用分类监管，乡镇执法部门的数据报送，市级主管部门的数据汇总和信息服务，各级监察部门对各级行政执法部门的在线监察。

（1）执法巡查　基层执法人员根据部门指示和要求，对辖区内的农资生产经营单位进行许可资质和经营管理检查，对涉嫌违法违规的事件现场取证，并进行立案审批，对其进行核查和行政处罚，并将巡查结果报告给区县执法部门，再上报给市级主管部门。

（2）产品抽检　基层执法人员对辖区内的农资生产经营单位经营的农资产品的质量进行现场速测和取样送检，针对检测不合格的产品申请立案处理和行政处罚，并将巡查结果报告给区县执法部门，再上报给市级主管部门。

（3）案件处理　基层执法人员针对上级部门的指示、消费者的投诉、其他部门移交的案件以及日常巡查和质量抽检中需要立案处理的事件，进行核实和现场取证后，申请立案处理和行政处罚，并将巡查结果报告给乡镇执法部门，再上报给市级主管部门。

（4）数据报送与汇总

①乡镇执法部门汇总农资执法数据、日常巡查数据、信用数据、基层执法单位的基本信息以及辖区农资生产经营单位信息和许可证申请审批信息，整理形成质量政务工作数据、监测数据、案件处理数据、信用监管数据、执法单位信息、人员考核记录、农业产品信息、经营单位信息，报送到市级主管部门进行备案，接受区县级主管部门的审核和监督。

②区县执法部门汇总农资执法数据、日常巡查数据、信用数据、基层执法单位的基本信息以及辖区农资生产经营单位信息和许可证申请审批信息，整理形成质量政务工作数据、监测数据、案件处理数据、信用监管数据、执法单位信息、人员考核记录、农资产品信息、经营单位信息，报送到市级主管部门进

行备案，接受市级主管部门的审核和监督。

③市级主管部门汇总来自乡镇执法部门报送的数据，进行汇总整理形成政务信息数据库、质量检测数据库、案例分析数据库、信用监管数据库、执法单位信息数据库、生产经营单位数据库、农资产品信息库、人员考核数据库，并基于农资管理信息服务网对外提供许可证办理、信息查询、投诉举报等综合信息服务，服务于农资生产企业、农资经营单位、农资执法人员、消费者和社会公众的信息需求。

（5）投诉举报　农资生产企业、连锁经营企业（配送中心）、农资连锁门店可以对农资执法部门、执法人员在执法过程中的违法行为、不规范行为进行举报，也可以对处罚结果进行申诉。

（6）执法预警　系统中针对农资经营者的日常巡查预警，产品过期预警，农资经营者许可证过期预警等，及时提醒监管人员执法监管，实现智能化管理。

（7）移动执法　系统支持外业作业导航和导航等功能，将执法信息采集、执法过程、执法处理以及执法依据等有机的组织为一个完整的业务流程，实现执法门店点空间定位、属性记录和导航实施全过程相结合，实现了执法门店信息信息获取的自动化和基于移动的行政执法过程自动化。

①GPS实时通信和数据处理功能　系统支持多种类型GPS硬件，可以配备或采用现有的GPS设备。支持能够一键自动搜寻GPS。

②电子地图显示操作功能　支持基本的地图操作和管理功能，包括地图显示、放大、缩小、漫游、自由放缩、点选、全图等。

③执法信息采集记录　系统按照统一数据格式，采集农资销售门店的地理位置信息、自然条件信息、生产条件信息等数据的采集记录。

④执法过程支持　基于执法终端查询相关农资销售门店信息，开展执法信息填报、上报、处理等工作。

（8）执法监察　通过系统，各级监管部门人员对农资安全监管工作的状态可以被全面、客观、公正地掌握，确保了对执法人员的规范监管，大大提高执法队伍的执法水平，积极引导、稳步推进，逐步使农资经营者纳入信息化监管体系中。

乡镇执法部门汇总基层执法人员日常巡查、质量监测、案件处理的数据和通过信用征集的农资生产经营单位的经济数据，并结合来自消费者的信息反馈和税务、公安、银行的信用数据，整理形成信用评价基础数据，依据农业生产企业、集贸市场和农业经营单位的信用评价标准，对不同农资生产经营单位进行信用评价，确定信用等级，再依据不同的信用等级，实施不同的信用分类监管措施，指导基层执法人员进行执法监督。

第五节　智慧设施农业系统

一、概　　述

设施农业是采用具有特定结构和性能的设施、工程装备技术、生物技术和管理技术，改善或创造局部环境，为种植业、养殖业及其产品的储藏保鲜等提供相对可控的最适宜温度、湿度、光照度等环境条件，以充分利用土壤、气候和生物潜能，在一定程度上摆脱对自然环境的依赖而进行的有效生产的农业。它是具有高投入、高技术含量、高品质、高产量和高效益的最具活力的新型农业生产方式。目前，设施农业已成为国内外研究的热点，国外已形成了成套的技术、完整的设施设备和生产规范，并在向自动化、智能化、网络化和无线化方向发展。我国设施农业也初具规模，尤其是在设施栽培方面，发展速度迅猛，但在设施水平、机械化程度、科技含量等方面与发达国家还有较大差距。解决以上问题，必须依靠科技进步，大力发展现代设施农业，将信息传感设备、传感网、互联网和智能信息处理技术应用于设施农业领域。在可以预见的将来，现代农业信息管理与智能装备在设施农业上将得到广泛应用，并将对我国现代农业发展产生巨大的影响（张乃明，2006）。

智慧设施农业系统是智慧土肥也是智慧农业的重组成系统之一，该系统是智慧土肥采集技术、自动控制技术、智能分析技术等的集成应用，由于具有业务需求明确、实施范围可控、可以产生良好的效果等特点，智慧设施农业系统已经成为智慧土肥乃至智慧农业示范建设的切入点之一，并已经取得了良好的效果。

将智慧技术应用于设施农业的土肥管理，可以在两个层次上进行深入研究。

一是研制智能化监控、人工辅助管理温室，适应于一般经济条件的农户提高温室栽培管理水平。即对智能化实时监控及动态决策方案通过人工管理加以实施。其关键技术主要包括温室综合环境实量监控系统，各种温室作物智能化管理决策系统，系列传感器、计算机芯片与机电一体化系统。此种方式可以根据用户需求，随时进行处理，为设施农业综合生态信息自动监测、对环境进行自动控制和智能化管理提供科学依据。通过模块采集温度传感器等信号，经由无线信号收发模块传输数据，实现对大棚温、湿度的远程控制。

另一层面是研制智能化监控、自动化管理温室，适应于经济条件富裕的农户、设施农业企业以及示范展示，提高温室栽培管理水平。即对智能化实时监控及动态决策方案通过综合环境控制与电动执行器自动实施。其关键技术包括温室控制模式和计算机监控系统。其中，计算机监控系统采用由中心控制计算机、现场控制机、系列传感器、电动执行器和局总数字通信网络等组成的分布式计算机监控系统，采用物联网技术，在温室生产中大量采用无线传感器管理、调控温度、湿度、光照、通风、二氧化碳补给，营养液供给及 pH、EC 值等，使栽培条件达到最适宜水平，合理利用资源，提高产品的产量和质量。同时具有综合环境控制、肥水灌溉决策与控制、紧急状态处理和信息处理等功能。

二、业务需求

1. 物理参数采集 通过各种仪器仪表实时显示或作为自动控制的参变量参与到自动控制中，保证农作物有一个良好的、适宜的生长环境。远程控制的实现使技术人员在办公室就能对多个大棚的环境进行检测控制。采用无线网络传递测量得到的农作物的各种参数，可以为精准调控提供科学依据，达到增产、改善品质、调节生长周期、提高经济效益的目的。

在设施农业控制系统中，智慧系统的温度传感器、湿度传感器、pH 传感器、光传感器、离子传感器、生物传感器、CO_2 传感器等设备，监测环境中的温度、相对湿度、pH、光照强度、土壤养分、CO_2 浓度等物理量参数（表5-1）。

表 5-1　传感器主要参数表

传感器类型	安装位置	测量范围	功耗
土壤温度	浸于土壤 20cm	$-40\sim124℃$	$80\mu W$
土壤湿度	浸于土壤 20cm	$0\sim100\%RH$	$80\mu W$
环境温度	大棚中上部	$0\sim50℃$	$0\sim15mA$
环境湿度	大棚中上部	$0\sim100\%RH$	$0\sim15mA$
光照强度	大棚顶部	$0\sim20$ 万 lx	2.5VA
CO_2 浓度	大棚中下部	$0\sim20mg/L$	$4\sim20mA$

2. 智能远程控制 远程控制的实现使技术人员在办公室就能对多个设施农业的环境进行监测控制。采用无线网络来测量来获得作物生长的最佳条件，可以为设施农业精准调控提供科学依据，达到增产、改善品质、调节生长周期、提高经济效益的目的。通过各种仪器仪表实时显示和自动控制的参变量实现自动控制，保证农作物良好的、适宜的生长环境。智能设施农业中设有相应的喷灌、采光等农业设备，在配电箱附近建设自动化控制板，使农业设备可以进行自动控制与手动控制相结合。系统信息感知层采集到的数据经过处理后，与数据库服务器内部预先设定的数据库进行比较。根据设定的各参数，由网关服务器发出农业设备开关控制指令。控制指令再经由网关和无线传感网络反馈

到农业设备的控制节点,对阀门、风机、喷灌、遮阳、温度调节设备等进行控制,实现温室环境的智能调控。

智能设施农业系统的具体控制流程如图 5-10 所示(张丹、王建华、吴玉华,2013)。

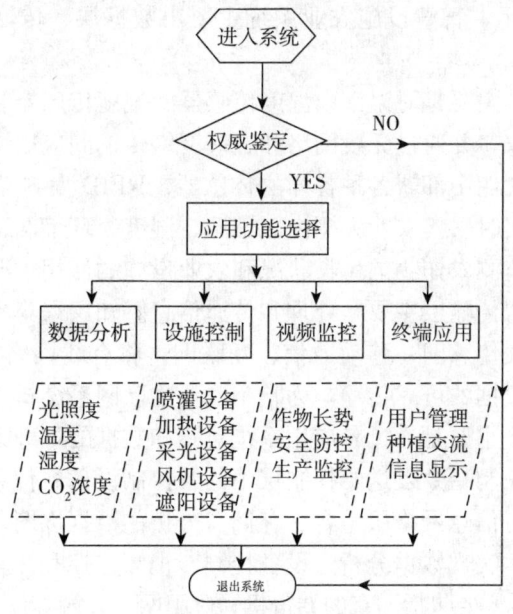

图 5-10　智能设施农业系统控制流程

3. 决策支持　建立作物生长模型、施肥模型,根据不同地区、不同季节、不同农作物的最佳养殖规律开展决策支持,达到最优化品质、最优化质量的产品,并建立突然预案应对突发天气情况和其他一些突然情况对农作物生长的影响。

4. 视频监控　在智能设施农业的入口处和温室两侧均须安装摄像机,采集智能设施农业现场的视频图像,随时随地进行远程视频监控,查看农作物的长势情况,为生产科研提供资料,同时也实现智能设施农业内的安防监控。视频监控主要采用流媒体技术,通过架设流媒体服务器实现视频的转发和分发功能,完成视频的多路输入、多路输出。

5. 智能服务　智能温室大棚的应用终端包括智能手机、PC、PDA、便携电脑等。通过架设 B/S 结构的应用服务器来实现整个智能设施农业系统的日常维护和管理工作,为不同的用户提供不同的门户页面,发布应用程序通信。

为终端用户提供的应用包括用户管理、设备信息管理和种植交流。用户管理模块包括用户的增加、删除和权限管理。设备信息管理模块包括大棚信息、传感器信息和农业设备信息的管理。种植交流模块包括聊天工具、专家论坛、供求信息显示等。

三、系统架构

如图 5-11 所示，智慧设施农业系统主要由数据层、传输层、应用层、控制层和展示层组成。

（1）数据层　主要是对温室内温度传感器、湿度传感器和光照传感器等传感设备的数据获取，并通过无线网络和有线网络传输到应用层各系统；主要作用是通过在农业大棚中部署各种各样的传感器、RFID 发射端、RFID 接收端、摄像头等设备，实时采集农业大棚内土壤温、湿度，环境温、湿度，光照度等环境参数信息，监测农作物的生长状况和农业设施的使用情况。

（2）传输层　传输层主要是处理和传递信息感知层采集到的数据信息。信息网络层利用无线传感网、移动通信、互联网，将有线网络和无线网络融合，完成视频和监测数据的可靠传输，为整个农业物联网系统提供网络支撑能力。

（3）应用层　主要是通过各应用系统对感知数据的处理、分析，并给出决策依据，以及将控制指令发送给控制层中的各控制设备；信息应用层通过各种终端与人交互，将信息网络层整合、存储、分析的数据以图表或者表格的形式展示给最终用户，实现数据分析、设备控制、视频监控和终端应用等功能。

（4）控制层　主要包括温室的卷帘机、遮阳网、天窗等控制设备，通过网络接收应用层提供的控制指令，然后执行相应的操作。

（5）展示层　将应用层的各系统数据进行综合展示。

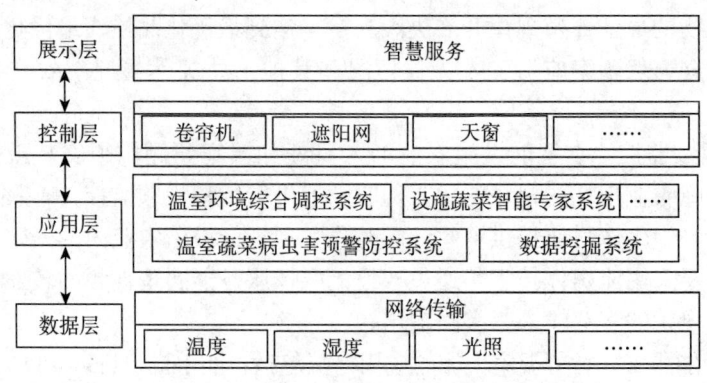

图 5-11　智能设施农业系统框架

四、功能设计

1. 采集系统　主要负责温室内部光照、温度、湿度和土壤含水量以及视频等数据的采集和控制。数据传感器的上传采用 ZigBee 和 Rs485 两种模式。根据传输方式的不同，温室现场部署分为无线版和有线版两种。无线版采用 ZigBee 发送模块将传感器的数值传送到 ZigBee 节点上；有线版采用电缆方式将数据传送到 Rs485 节点上。无线版具有部署灵活，扩展方便等优点；有线版具有高速部署，数据稳定等优点。温室内温度、湿度、光照度、土壤含水量等数据通过有线或无线网络传递给数据处理系统，如果传感器上报的参数超标，系统出现阈值告警，并可以自动控制相关设备进行智能调节。

2. 无线传输系统　无线传输系统主要将设备采集到的数据，通过 3G 网络传送到服务器上，在传输协议上支持 IPv4 现网协议及下一代互联网 IPv6 协议。在 ZigBee 传输模式中，传感器数据通过 ZigBee 发送模块传送到 ZigBee 中心节点上，用户终端和一体化控制器间传送的控制指令也通过 ZigBee 发送模块传送到中心节点上，省去了通信线缆的部署工作。中心节点再经过边缘网关将传感器数据、控制指令发送到上位机的业务平台。用户可以通过有线网络/无线网络访问上位机系统业务平台，实时监测大棚现场的传感器参数，控制温室现场的相关设备。ZigBee 模式具有部署灵活、扩展方便等优点。

3. 视频采集系统　采用高精度网络摄像机，系统的清晰度和稳定性等参数均符合国内相关标准。

4. 控制系统　控制系统主要由控制设备和相应的继电器控制电路组成，通过继电器可以自由控制各种农业生产设备，包括喷淋、滴灌等喷水系统和卷帘、风机等空气调节系统等。温室远程智能化控制系统以实现对温室的监视、控制为主要功能，并对温室环境信息不间断采集、整理、统计、制图。软件系统分为两部分：第一部分为现场完全控制版本，操作管理人员可以设定和控制温室内的各项参数和设备；第二部分为远程控制功能，实现远程查看数据设定参数的功能。远程控制用户在任何时间、任何地点通过任意能上网终端，均可实现对温室内各种设备进行远程控制。可以提供灌溉、卷帘等操作。错误报警功能允许用户制定自定义的数据范围，超出范围的错误情况会在系统中进行标注，以达到报警的目的。系统允许用户制定自定义的数据范围，超出范围的错误情况会在系统中进行标注，以达到报警的目的。

手机监控：3G 手机可以实现与电脑终端同样的功能，实时查看各种由传感器传来的数据，并能调节温室内喷淋、卷帘、风机等各种设备。

控制系统主要由一体化控制器、执行设备和相关线路组成，通过一体化控制器可以自由控制各种农业生产执行设备，包括喷水系统和空气调节系统等，喷水系统可支持喷淋、滴灌等多种设备，空气调节系统可支持卷帘、风机等设备。

5. 数据处理系统　数据处理系统负责对采集的数据进行存储和信息处理，

为用户提供分析和决策依据，用户可随时随地通过电脑和手机等终端进行查询。

6. 设备管理　设备管理系统实现对智能设施农业各类设备的基础信息、状态等进行统一管理。

7. 业务应用系统　设施蔬菜生长环境信息感知系统、温室环境综合调控系统、设施蔬菜智能专家平台、市场行情指导系统、决策支持系统。

（1）温室环境综合调控子系统　温室环境综合调控系统负责对用户提供智能大棚的所有功能进行综合管理，主要功能包括环境数据监测、数据空间/时间分布、历史数据、超阈值告警和远程控制五个方面。用户还可以根据需要添加视频设备实现远程视频监控功能；数据空间/时间分布将系统采集到的数值通过直观的形式向用户展示时间分布状况（折线图）和空间分布状况（场图）；历史数据可以向用户提供历史一段时间的数值展示；超阈值告警则允许用户制定自定义的数据范围，并将超出范围的情况反映给用户。

（2）市场行情指导子系统　利用农业领域已有的农产品市场信息服务体系，为蔬菜综合开发基地、设施蔬菜标准园提供及时的市场行情信息推送服务，可以利用电脑网络、部署的触摸屏以及手机终端等多种渠道。蔬菜市场信息推送按照资源分类和业务功能的不同，可分为市场行情查询模块、市场历史数据查询模块、市场趋势分析模块等。通过整合蔬菜批发市场的行情数据资源和蔬菜种植技术资源，实现统一的数据汇总标准，为生产者提供更好的市场信息引导服务。

（3）综合决策子系统　系统将采集到的数值通过直观的形式向用户展示时间分布状况（折线图）和空间分布状况（场图），提供日报、月报等历史报表。

（4）综合应用展示子系统　有机整合该项目中各信息化应用系统，形成集中展示能力，通过空间地图、遥感图像等丰富的表现手段直观展示设施农业分布情况、作物生长过程的视频场景、空气温度、空气湿度、土壤含水量、地温等数据，为生产管理和决策提供宏观指导。

第六节　智能决策系统

一、概　述

决策支持系统（Decision Support System，DSS），是以管理科学、运筹学、控制论、和行为科学为基础，以计算机技术、仿真技术和信息技术为手段，针对半结构化的决策问题，支持决策活动的具有智能作用的人机系统。该系统能够为决策者提供所需的数据、信息和背景资料，帮助明确决策目标和进行问题的识别，建立或修改决策模型，提供各种备选方案，并且对各种方案进行评价和优选，通过人机交互功能进行分析、比较和判断，为正确的决策提供必要的支持。它通过与决策者的一系列人机对话过程，为决策者提供各种可靠方案，检验决策者的要求和设想，从而达到支持决策的目的。

决策支持系统一般由交互语言系统、问题系统以及数据库、模型库、方法库、知识库管理系统组成。在某些具体的决策支持系统中，也可以没有单独的知识库及其管理系统，但模型库和方法库通常则是必需的。由于应用领域和研究方法不同，导致决策支持系统的结构有多种形式。

决策支持系统强调的是对管理决策的支持，而不是决策的自动化，它所支持的决策可以是任何管理层次上的，如战略级、战术级或执行级的决策。

二、业务需求

智慧土肥建设的目的之一就是要通过土壤、肥料、作物各类数据的汇总、整合、融合、分析，形成决策信息以支撑各级、各类决策。

1. 宏观决策支持　开展土壤资源调查与管理，支持区域内资源、人口、经济、环境协调发展的宏观决策。我国在全国范围内相继建立了不同层次、不同规模和不同应用目标的土壤资源数据库和应用模型，对诸如土壤普查数据、历年土肥科研数据和相关信息进行科学保存、维护和动态管理，直接为政府部门制订农业发展规划、调整农作物布局、农业生产资料调配和农业生产管理提供服务，大大提高了土壤资源与环境数据的利用管理效率。

2. 指导农民科学种田　指导农民科学种田是土肥工作的基础工作，主要对农田养分进行动态监测，结合作物生长和作物管理信息对农田土壤养分进行评价，并以此为依据指导耕作、施肥措施，从而调控农田土壤养分的供给状况，提高养分的有效利用，达到高产、优质、高效的目的，促进农业可持续发展。

3. 提出肥料管理对策措施　国家、省、市、县四级肥料管理体系的建设，可以实时掌握化肥生产情况、化肥使用情况等，定期向各级政府报告化肥施用情况、化肥生产情况，提出科学合理施肥和肥料管理的对策措施。

4. 制订耕地耕地培肥策略　加强耕地质量动态监测，开展耕地土壤肥力数据库建设、耕地质量预测预警系统建设，以及国家、省、县三级监测预警体系的建设，可以实时掌握耕地土壤肥力情况、耕地质量情况，定期向各级政府报告耕地土壤肥力状况，大力推广农田节水、测土配方施肥、土壤有机质提升、高效施药等技术，不断提高耕地质量。适当开发土地后备资源，增加耕地面积。推进耕地监管信息化建设，加强对耕地土壤质量、肥料肥效、农田土壤墒情等内容的监测，提出耕地培肥、退化防治和科学合理施肥的对策措施，为科学管理，提升地力提供决策支持。

5. 农作决策 使用传感器技术开展农田土壤墒情监测、肥力监测，实现作物生长及需肥水信息的自动采集，能够实现作物生长及需肥水信息的统计、检索、列表显示、图形分析显示和预测等功能，并且可对作物生长环境变化规律进行实时监测，从而为农田灌溉、施肥、打药等农作操作提供决策，从而实现科学灌溉、施肥、施药等。

6. 施肥配方决策 根据作物种类、面积和配方信息，即可获得智能化现场混配的定量配方肥，做到施肥配方科学、施肥结构合理、施肥数量准确，满足农民一家一户个性化施肥需要，促进测土配方施肥工作的顺利开展，提高了科学施肥管理服务水平。

7. 农用土地辅助规划 对农田地块及其附属的土壤、作物、历年农事活动、生产管理等海量信息进行管理，实现信息的可靠处理、科学分析和充分利用，并实现及时对电子地图进行更新维护，确保农田电子地图及资源数据的时效性和准确性。为规模进一步实施精准施肥、播种，以及开展农产品生产过程管理与安全溯源、农机作业监控调度、农用土地利用规划等农业信息化的深入应用奠定良好的基础。

三、主要模型

知识模型是利用数学算法和量化模型替代了专家系统中的一条条知识规则，应用系统建模方法描述气象、土壤等环境条件与作物生育状况的关系，理论上能够应用于不同的环境，解决了模型的广适性和通用性；同时在实际使用中，知识模型不必要替换和添加知识体系中的专家知识，用户提供当地的气候和土壤等环境条件数据就可以运行知识模型，应用很方便。土肥领域典型模型较多。

1. 土壤肥力评价模型 数字土肥建设常用的土壤肥力评价模型主要包括指数法、主成分分析模型、聚类分析模型、灰关联综合评价模型、内梅罗指数模型、模糊分析模型、判别分析模型、多因子肥力综合评价模型。

（1）指数法 将土壤 pH、有机质、电导率、营养物循环等作为指标，将测得的各耕地质量指标数值求和，然后除以这些指标的总数量，再乘以 10，得到的结果就是耕地质量指数。这种方法用指标的数量修正了因为每次采样后不是所有的指标都能被分析而造成的数据丢失，并且用这种方法计算出的结果可以在 0 和 10 间，这样能更好地被农民所使用。Andrews 将用这种方法得到的结果与农民们估量的耕地质量结果相比较后，认为这种方法可以近似地正确反映农民对耕地质量的评价，但在将这种方法广泛应用前还要把方法中的评分技术进一步完善。

综合优或劣势指数，利用土壤养分元素（CaO、P、SiO_2 等）为指标，求出全区各指标的优或劣势指数，再将全部指标的平均值作为全区综合优或劣势判别指数。利用该指数可以对研究区域进行耕地质量分区，确定出农业优势区、劣势区和一般区，进而在不同农业区选择适宜的作物品种，避免盲目耕作和不合理施肥。

（2）主成分分析模型　主成分分析法是一种降维的统计方法，它借助于一个正交变换，将其分量相关的原随机向量转化成其分量不相关的新随机向量，这在代数上表现为将原随机向量的协方差阵变换成对角形阵，在几何上表现为将原坐标系变换成新的正交坐标系，使之指向样本点散布最开的 p 个正交方向，然后对多维变量系统进行降维处理，使之能以一个较高的精度转换成低维变量系统，再通过构造适当的价值函数，进一步把低维系统转化成一维系统。

（3）聚类分析模型　聚类分析（Cluster Analysis）又称群分析，是研究如何将事物合理分类的一种数学方法。它是根据事物本身的特性对被研究对象进行分类，使同一类中的个体有较大的相似性，不同类中的个体有较大的差异。通常先将原始数据进行标准化处理，然后根据样本之间的距离系数或相关系数将距离系数小的或相关系数大的两个样本合并成一类，最后计算各类间的距离系数或相关系数，将两类样本合并为一类，周而复始，最后将样本合并为一大类。

（4）灰关联综合评价模型　选取了地面坡度、坡向、土壤质地、土壤pH、土壤有机质含量、土壤速效磷含量、土壤速效钾含量、土地利用类型等因素作为指标，用灰关联综合评价模型计算出各评价对象的灰关联综合评价值，依据这个值确定耕地质量等级。

灰关联综合评价模型具有方法简单、计算量小、理论可靠等特点，该模型适用于多指标综合评价问题。该方法没有用到各评价因素的评价标准，只用到各因素的原始量化值，因而评价结果更为客观、科学。评价结果给出各单元按质量的排序，又可以根据关联度大小划分各单元的耕地质量等级。

（5）内梅罗指数模型　内梅罗指数是一种兼顾极值或称突出最大值的计权型多因子环境质量指数。内梅罗指数的基本计算式为：

$$I = \{ [(max_i)^2 + (ave_i)^2] / 2 \}^{1/2}$$

式中 max_i——各单因子环境质量指数中最大者；

　　　ave_i——各单因子环境质量指数的平均值。

内梅罗指数特别考虑了污染最严重的因子，内梅罗环境质量指数在加权过程中避免了权系数中主观因素的影响，是目前仍然应用较多的一种环境质量指数。

（6）模糊分析模型　模糊数学近年来广泛应用于土地质量、土壤生产力等自然环境因素的定量化评价。模糊综合评价就是根据多变量对事物进行评价的一种方法，通式可用数学模型表示：A·R＝B。式中 A 称为输入，它是由参加评价因子的权重经归一化处理得到的一个由 a_j 组成的（1＊m）阶行矩阵；R 被称为"模糊变换器"，它是由各变量对各等级标准因子的隶属度 r_{ij} 组成的一个（m＊n）阶模糊关系矩阵；B 称为输出，是综合评价的结果，它是一个由 b_j 组成的（1＊n）阶行矩阵，其中 m 称为评价因子数，n 为评价等级个数。模糊综合评价模型有多种，可结合实际情况进行养分土壤评价。

（7）判别分析模型　判别分析（Discriminatory Analysis）的任务是根据已掌握的 1 批分类明确的样品，建立较好的判别函数，使产生错判的事例最少，进而对给定的 1 个新样品，判断它来自哪个总体。根据资料的性质，分为定性资料的判别分析和定量资料的判别分析；采用不同的判别准则，又有费歇、贝叶斯、距离等判别方法。

费歇（FISHER）判别思想是投影，使多维问题简化为一维问题来处理。选择一个适当的投影轴，使所有的样品点都投影到这个轴上得到一个投影值。对这个投影轴的方向的要求是：使每一类内的投影值所形成的类内离差尽可能小，而不同类间的投影值所形成的类间离差尽可能大。贝叶斯（BAYES）判别思想是根据先验概率求出后验概率，并依据后验概率分布作出统计推断。所谓先验概率，就是用概率来描述人们事先对所研究的对象的认识的程度；所谓后验概率，就是根据具体资料、先验概率、特定的判别规则所计算出来的概率。它是对先验概率修正后的结果。

距离判别思想是根据各样品与各母体之间的距离远近作出判别。即根据资料建立关于各母体的距离判别函数式，将各样品数据逐一代入计算，得出各样品与各母体之间的距离值，判样品属于距离值最小的那个母体。

（8）多因子肥力综合评价模型　将有机质（OM）、全氮（TN）、全磷（TP）、全钾（TK）等级分布图，按新的土壤肥力质量单因子评价标准，重新分级，并对各等级肥力质量给予定性描述。原图分级标准与土壤肥力质量单因子评价标准对照列表如表 5-2、表 5-3、表 5-4、表 5-5 所示。

表 5-2　有机质对照表

原图分级		单因子肥力质量分级		
代码	分级（%）	级别代码	含量范围（%）	等级描述
11	＞8	5	＞4	好
12	4～8	5	＞4	好
2	3～4	4	3～4	较好
3	2～3	3	1～3	一般
4	1～2	3	1～3	一般
5	0.6～1.0	2	0.6～1.0	较差
6	＜0.6	1	＜0.6	差

表 5-3　全氮对照表

原图分级		单因子肥力质量分级		
代码	分级（%）	级别代码	含量范围（%）	等级描述
11	>0.40	5	>0.40	好
12	0.20～0.40	4	0.20～0.40	较好
2	0.15～0.20	3	0.10～0.20	一般
3	0.10～0.15	3	0.10～0.20	一般
4	0.075～0.1	2	0.07～0.1	较差
5	0.05～0.07	1	<0.07	差
6	<0.05	1	<0.07	差

表 5-4　全磷对照表

原图分级		单因子肥力质量分级		
代码	分级（%）	级别代码	含量范围（%）	等级描述
1	>0.10	5	>0.10	好
2	0.08～0.10	4	0.08～0.10	较好
3	0.06～0.08	3	0.04～0.08	一般
4	0.04～0.06	3	0.04～0.08	一般
5	0.02～0.04	2	0.02～0.04	较差
6	<0.02	1	<0.02	差

表 5-5　全钾对照表

原图分级		单因子肥力质量分级		
代码	分级（%）	级别代码	含量范围（%）	等级描述
1	>2.50	5	>2.50	好
2	2.00～2.50	4	2.00～2.50	较好
3	1.50～2.00	3	1.50～2.00	一般
4	1.00～1.50	2	1.00～1.50	较差
5	0.50～1.00	1	<1.0	差
6	<0.50	1	<1.0	差

　　将上述单因子肥力质量等级图叠加形成综合评价单元图，对各单元计算综合评分。计算方法为：

$$SCORE = SOM \times 0.15 + STN \times 0.15 + STP \times 0.3 + STK \times 0.4$$

　　其中，SOM、STN、STP、STK 分别为 OM、TN、TP、TK 的单因子肥

力质量等级代码的数值。

最后依据综合评分，按综合肥力质量评分分级标准，对各单元进行评价，并给出定性描述（表5-6）。

表5-6　土壤肥力多因子肥力质量综合评判标准

级别代码	综合评分范围	等级描述
0	空白	空白
1	1.0～1.5	差
2	1.5～2.5	较差
3	2.5～3.5	一般
4	3.5～4.5	较好
5	4.5～5.0	好

2. 作物生长模拟模型　作物生长模拟模型假设作物生产系统的状态在任何时刻都能够定量表达，该状态中的各种物理、化学和生理机制的变化可以用各种数学方程加以描述，还假设作物在较短时间间隔内物理、化学和生理过程不发生较大的变化，则可以对一系列的过程（如光合、呼吸蒸腾、生长等）进行估算，并逐时累加为日过程，再逐日累加为生长季，最后计算出整个生长期的干物质产量或可收获的作物产量（李军，1997）。

3. 土壤水分、养分过程模型　土壤水分、养分过程模型其难点在于作物生长机理模型与土壤水分、养分模型很难紧密结合。当前的工作主要基于不同灌水量和施肥量与产量的回归方程模型，并在这些模型的基础上提出了一些肥、水优化管理措施。

4. 土壤侵蚀模型　土壤侵蚀模型通过收集耕地面积、湿地分布面积、季节性洪水覆盖面积、土壤类型、专题图件信息、卫星遥感数据等信息，建立了潜在地区的土壤侵蚀模型，明确土壤恶化的机理，提出合理方案，达到土壤保护的目的，还可以利用它对土地进行长期的动态研究，避免土质恶化。

5. 农业管理知识模型　农业管理知识模型通过解析农业生产管理方案，通过明确土肥与环境之间的定量化关系，为区域农业的管理决策和数字化设计提供了辅助。

6. 施肥推荐模型　平衡施肥是一项科学性、实用性很强的农业科学技术，施肥模型即施肥量计算方法是施肥技术的核心内容之一。在农作物推荐施肥研究和实践中，有多达60多种施肥模型，分属肥料效应函数法、测土施肥法和营养诊断法等三大系统，我国科研工作者将国内外施肥模型或方法概括总结为三类六法。

第一类：地力分区（或级）配方法　按土壤肥力高低分成若干等级，或划分一个肥力均等的田片，作为一个配方区，利用土壤普查资料和过去田间试验成果，结合群众的实践经验，估算出这一配方区内比较适宜的肥料种类及其施用量。其优点是具有针对性，提出的用量和措施接近当地的经验，群众容易接受，推广的阻力比较小，适用于生产水平差异小，基础较差的地区。但其缺点是有地区局限性，依赖于经验较多，在推广过程中，必须结合试验示范，逐步扩大科学测试手段和理论指导的比重。

第二类：目标产量配方法。是根据作物产量的构成，由土壤和肥料两个方面供给养分的原理来计算肥料的施用量。目前已经发展成为两种方法：

（1）养分平衡法　以土壤养分测定值来计算土壤供肥量，肥料需要量计算公式为，肥料需要量（kg/亩①）＝［作物单位产量养分吸收量（kg/kg）×目标产量（kg/亩）－土壤有效养分的测定值（mg/kg）×0.15×土壤养分利用率％（校正系数％）］÷肥料中养分含量％×肥料当季利用率％。0.15 是取每亩地 0~20cm 土壤平均重量为 15 万 kg 而求得的换算系数。这一方法的优点是概念清晰，容易掌握。缺点是由于土壤具有缓冲性能，土壤养分处于动态平衡，因此，测定值是一个相对量，不能直接计算出"土壤供应量"，通常要通过田间试验，取得"校正系数"加以调整，而校正系数变异大，难搞准确。

（2）地力差减法　不施肥的产量为空白产量，它所吸收的养分全部来自土壤，因此，肥料需要量（kg/亩）＝作物单位产量养分吸收量 kg/kg×［目标产量（kg/亩）－空白产量（kg/亩）］÷肥料中养分含量％×肥料当季利用率％。该方法的优点是不需要进行土壤测试，避免了养分平衡法的缺点。但空白产量不能预先获得，给推广带来困难；同时空白产量是构成产量诸多、因素的综合反映，无法表达若干营养元素的丰缺状况，只能以作物吸收量来计算施肥量；不施肥时土壤供肥量和施肥时土壤供肥量不是一回事，至少有 5%~8% 的误差。

第三类：肥料效应函数法　可分为三种方法。

（1）多因子正交、回归设计法　通过设置不同肥料用量的田间试验，可以求出产量与施肥量之间的函数关系，根据所获得的方程式，不仅可以直观地看出某一营养元素的增产效应，和其他营养元素配合施用的联合效果，而且可以求出经济施肥量、施肥上限和下限。其优点是能客观地反映影响肥效诸因素的综合效果，精度高，反馈性好。缺点是有地区局限性，需要在不同类型土壤上布置多点试验，积累不同年度的资料，费时较长，其致命弱点是方程式中没有直接的土壤和肥料利用率参数，即使有了某一地块的测土数据，也无法将测土

---

① 亩为非法定计量单位，1 亩＝667 米²。

结果加入到方程式之中，因此，不能实现因土施肥目的。

（2）养分丰缺指标法　利用土壤养分测定值和作物吸收养分之间存在的相关性，对不同作物通过田间试验，把土壤测定值以一定的级差分等，制成养分丰缺及应施肥数量检索表。取得土壤测试数据即可查阅推荐施肥量。此方法的优点是直观、简单、方便。缺点是精确度较差，有时土壤有效养分测定值与产量之间相关性很差，特别是氮，所以一般用于磷、钾和微肥的定肥。

（3）氮、磷、钾比例法　通过一种养分的定量，然后按作物吸收各种养分之间的比例关系来决定其他养分的肥料用量，如以磷定氮。此方法的优点是减少工作量，容易接受和推广。缺点是作物吸收养分的比例和应施肥的比例不同，难以反映真实的缺素情况。

由于每种方法各有优缺点和技术特点，故实际应用中常是以一种方法为主，配合其他方法使用。在众多施肥模型之中，目标产量法和肥料效应函数法在理论上能够得到比较广泛的共识和具有一定的精度，故被国内外广泛应用。测土施肥法主要对农户提出施肥量建议的微观指导功能，肥料效应函数法主要起到区域间肥料合理分配的宏观调控功能，二者相辅成配方施肥的主要方法；农作物营养诊断则是在定肥定量基础上作为合理施用肥料的（辅助）手段；从现阶段情况看，肥料效应函数法和测土施肥法有相互渗透的趋势，以求各自能统一担负起配方施肥的宏观调控和微观指导的双重任务；测土与营养诊断双向监测可使配方施肥更为精确。

四、处理过程与系统结构

智能决策信息处理过程如图 5-12 所示，智能决策信息处理包括海量感知数据采集、海量数据预处理、建立语义事件模型、行为模式分析和决策应用 5 个过程。

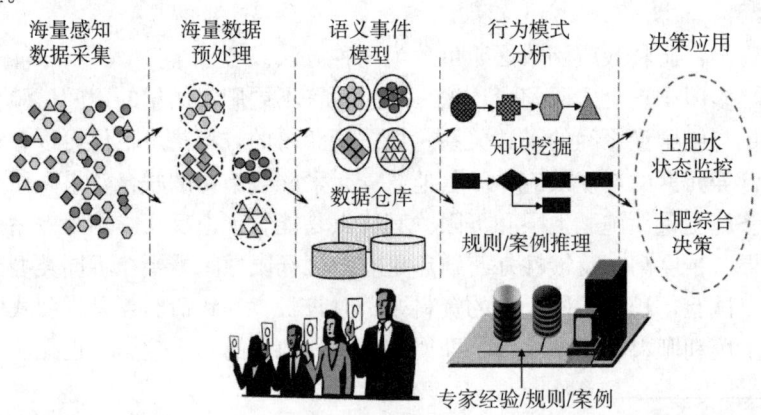

图 5-12　智能决策信息处理原理图

（1）海量感知数据采集　智慧土肥有别于数字土肥的特征之一就是数据的海量化和实时化，而这些数据的采集方式、技术、内容详见本章第二节。

（2）海量数据预处理　数据预处理主要是对数据的格式和形式上进行处理，将各种不同的数据进行标准化和数据一致性校验。数据清洗先按照一定的策略识别出不合理或者不合法的数据，然后使用各种清洗规则进行处理，从内容上对数据进行修正和补充。

（3）建立语义事件模型　数据预处理后要对数据进行加载。数据加载是根据不同的需求将经过清洗的干净统一的数据，存储或者发送到不同的目的地，以满足不同的用户要求。数据加载主要具有数据存储以及信息转换和封装两方面功能。数据存储主要是将清洗后的数据存储到指定的数据（仓）库中，在存储的过程中进行不同的数据操作。信息转换和封装主要是将清洗后的数据根据一定的规则进行不同元数据标准之间的映射，形成具有一定格式的信息，然后再发送到指定的目的地。

数据加载到数据仓库后，根据不同的语义，建立语义事件模型，为后续的决策分析奠定基础。

（4）行为模式分析　行为模式分析就是要基于语义事件模型，从海量数据利用数据挖掘技术发现有价值、有用的规律、规则，并与人的知识相结合，从而发现有易于决策的规律和范式。

（5）决策应用　将发现有规则、规律和行为范式应用于各级、各类土肥业务决策。

第六章　智慧土肥建设方法

智慧土肥建设是一项系统工程，其成功建设既取决于智慧农业建设的理论、技术、实践的成熟与发展，也取决于土肥工作者自身对于土肥智慧发展的坚定信念、不懈努力以及科学实施。本章首先提出了智慧土肥建设的总体思路，然后依据总体思路分别分析了智慧土肥建设的组织架构、推动策略、投入模式、标准规范建设策略、系统建设与整合策略以及应用实施策略。

第一节　智慧土肥建设的总体思路

智慧土肥建设的总体思路是以智慧土肥顶层设计框架和发展规划为指导，成立智慧土肥建设领导机构、强化组织保障，制定智慧土肥建设相关政策，鼓励多方参与智慧土肥建设，共建、共享，建立健全资金、标准、人才保障机制。

1. 加强顶层设计，制定发展规划　智慧土肥建设工作涉及面广，资源整合和共享问题突出，为了减少重复投资，必须强化顶层设计，大力推进智慧土肥相关技术研发、转化、推广和应用过程中的重大问题研究，组织开展国家层面的智慧土肥专项规划的研究和制订工作。首先，要开展智慧土肥顶层设计，将各级、各地区的智慧土肥应用纳入智慧土肥顶层设计框架下，使得各类、各项智慧土肥应用建设相互联系、相互补充、相互促进，在避免重复建设的同时，便于后续的地域整合和层级对接；其次，要制订智慧土肥建设发展规划，根据我国土肥发展的实际，充分分析开展智慧土肥建设已有的条件、存在的问题和迫切的需求，确定智慧土肥建设的总体发展目标、发展策略、建设内容、重点工程、保障措施和实施路径和计划，按照实施计划分层次、分地区、分条件、分步骤有序地开展智慧土肥建设。

2. 成立领导机构，强化组织保障　"智慧土肥"建设是一个宏大的系统工程，需要有一个强有力的主导部门有序推进智慧土肥建设工作。因此，各级农业部门要健全机构，明确责任，建立完善相应的领导体制和工作机制。从国家层面来看，农业部应成立"智慧土肥"建设领导小组和土肥行业应用标准工作组，一方面协调智慧土肥建设与智慧农业建设的关系，另一方面，协调各方工作，建立部门联动机制，按照政府主导、政企联动的模式，组织科研单位、相关信息技术企业、农业生产单位共同参与，为智慧土肥的发展创造良好的环境。从地方层面，各级政府应明确具体的目标任务和责任分工，突出工作重点，落实政策措施，加强考核与评估，分步有序推进智慧土肥建设。

3. 制订相关政策，鼓励多方参与　加强智慧土肥发展战略和政策研究，开展国家层面的智慧土肥政策制订工作，强化政府对智慧土肥工作的宏观指导，鼓励社会各界参与农业智慧土肥相关技术研发、转化、推广和应用，将支持智慧土肥应用发展纳入到国家强农惠农政策中。鼓励科研院所、高等院校、电信运营商、信息技术企业等社会力量参与智慧土肥项目建设，创建政府主导、政企联动、市场运作、合作共赢的智慧土肥应用发展模式，按照需求牵引、技术驱动、因地制宜、突出实效的原则，在大田生产、设施农业等领域开展规模化应用，完善智慧土肥应用产业技术链，实现智慧土肥全面发展。

4. 共建共享，总结推广　"智慧土肥"建设是一项全新课题，也是一个系统工程，以互联互通和系统协同为基础，但又必须考虑到实践中不同领域、不同地区基础不同，进展不平衡，需要在统筹规划前提下，以当前农业生产需求为导向，在重点应用领域开展试点，以应用研究为突破口，做好示范工程后，并加以推广。要协同各方，共建共享。大力推动在土肥水各管理部门以及农业各相关部门的智慧应用合作，促进各区间互动协作，形成共建、共享的良好局面。

5. 开展标准规范建设　在智慧土肥顶层设计框架下，本着急用先行的原则，开展智慧土肥标准规范制订工作。在标准制订过程中，存在有相应的国家标准的，必须按照国家标准执行；没有国家标准而有相应的行业标准的，则执行现行的行业标准；如果没有国家标准和相应的行业标准的，但有相应的现行地方标准的，则执行相应的现行地方标准；如果既没有国家标准和行业标准，又没有地方标准的，而有相应的国际标准或类似的国外先进标准的，则可参照国际标准或国外先进标准，同时建议制订我国相应的标准。如果没有任何标准，当前智慧土肥建设急需而短期内条件不成熟、暂不能制订有关标准，应先组织制订一些内部规定或指导性文件，通过实践发展提高，为制订有关标准创造条件。当前智慧土肥建设过程中标准规范制订的重点工作包括：第一要筹备智慧土肥标准联合工作组，做好相关标准化组织间的协调；第二要做好智慧土肥标准顶层设计，完善智慧土肥标准体系建设；第三要结合智慧农业建设，开展智慧土肥行业应用标准建设。

6. 建立资金投入机制，实现持续发展　智慧土肥作为农业高新技术具有基础薄弱、一次性投入大、受益面广、公益性强的特点，在当前农业产出效益不高、农民收入水平较低、农业信息化市场化运作还不完善的情况下，迫切需要政府加大投入力度，统筹规划、优先考虑、重点支持智慧土肥发展，鼓励社会力量参与智慧土肥发展和建设工作，并鼓励社会多元化投资；在政策、税收、资金等方面给予支持，特别要加大对智慧土肥基础设施建设的资金投入力度。

7. 加快人才培养，提高创新能力 人才建设是"智慧土肥"的核心，是决定一个地区能否抓住"智慧革命"先机的关键。加快人才培养一是要落实和加强高层次人才引进的各项优惠政策，面向海内外高校、科研机构和高新技术企业，大力引进高水平人才，在全社会广泛开展"智慧土肥"建设相关知识的普及工作，提高农民科技素养和智慧技术应用能力，增强广大农民对建设"智慧土肥"的认知度和参与度。二是要加大交流合作力度。积极开展以"智慧土肥"建设为主题的国内外合作交流活动，加强与国家有关部委、科研院所和电信广电运营商等单位的合作，充分利用展会、论坛等载体，建立以新技术、新产品、新成果、新范例、新模式为纽带的开发合作机制，宣传推介最新研究成果、产品和成功应用案例，引进一批国内外智慧系统开发商、综合运营商、专业运营商为投资主体的重大项目，更好地汇集全球智慧和资源推动"智慧土肥"建设。三是要加强与高等院校和科研院所的合作，加快智慧土肥建设专业人才的培养，鼓励和引导高等院校利用自身的办学条件和师资队伍，对基层的农业技术人员和农业生产者等一线使用对象进行培训，提高智慧土肥建设相关知识的普及和推广速度。

第二节　智慧土肥建设的组织架构

组织架构是组织全体成员为实现战略目标而形成的，涵盖方向拟定、责任划分、协调合作、监督管理、权利享有、任务执行等各方面内容的体系结构，是整个运转系统的"搭建框架"（张杰、乔亲旺、李江，2012）。

智慧土肥建设需要一个完整、完善的决策、组织、协调、执行、支持体系对其进行全面统筹、合理规划、整体推进和具体实施，组织架构是必要保障。依据职责的不同，划分智慧土肥组织架构的成员，包括领导者、组织者、建设者、运营者、投资者、监管者、研究者和最终用户。其中领导者决策建设方向；组织者制订建设规划，细化建设内容，协调合作，掌控进度；建设者实施工程建设和后续维护；运营者实施可持续经营管理；投资者提供资金支持；监管者评测项目建设和服务质量；研究者为建设运营提供理论支持；最终用户共享建设成果，提出应用反馈。智慧土肥组织架构的建设以最终用户为服务目标；以研究者为智力支撑，为除最终用户外其他成员的工作开展提供系统研究和理论依据；以建设者和运营者为执行主体，在组织者、投资者和监管者的共同作用下实施智慧化建设；以组织者为构建核心，具体实现领导者决策，总体协调所有成员的相互关系。

参考当前全球智慧城市建设的组织架构建设模式，智慧土肥建设的组织架构模式可以分为首席信息官架构、领域纵向架构和专职统筹架构（张杰、乔亲旺、李江，2012）。三种架构有各自的特点，也有各自的适应性。

1. 首席信息官架构　首席信息官架构是以独立设置的首席信息官为核心，由其基于政府决策全权负责区域信息化推进、并通过下派或集中的方式组织各成员单位协同建设的组织架构建设模式。首席信息官是负责一个国家、地区、组织或企业信息领域战略制订、体系执行、系统建设和技术应用等各方面持续推进和改善的高级官员，他通过指导信息化进程实现对国家、地区、组织、企业发展目标的支撑。智慧土肥的建设需要方向拟定、跨界沟通、项目实施等多层级、全方位的统筹协调和监管掌控。首席信息官的职责和作用契合智慧土肥的建设需要。

首席信息官架构的优势在于：第一，集战略制订、资源规划、系统实施、项目监理于同一机构，增强了智慧土肥建设从构想，到实施，再到应用的一致性；第二，集基础设施建设、技术引入、业务发展、行业应用于同一机构，增强了设备、技术与业务、应用的联系；第三，以派驻或委员会的方式，建立政府 CIO 与各部门 CIO、行业 CIO 和企业 CIO 之间的联系，组织结构紧密、沟通效率高，易于策略贯彻和问题反馈；第四，在国外的政府部门和大型企业中，首席信息官制度已得到确立和应用，具备以首席信息官架构组织智慧土肥建设的基础。但是首席信息官职位对个人综合职业素质的要求非常高，需要其在熟悉行业发展和商业流程的基础上具备战略素养、执行能力和沟通技巧；对完善相关法规、政策等保障体系和夯实培训、选拔等支撑基础的要求也很高。

2. 领域纵向架构　领域纵向架构是自上而下贯穿区域层面、国家层面、地区层面及至具体实施层面的，面向土肥信息化建设单项领域信息化、智慧化改造的垂直型组织架构建设模式。以领域纵向架构对土肥行业信息化、智慧化建设进行组织统筹，结构简单、针对性强，利于以行业特点为基础的方略落实和实施反馈。领域纵向架构以双向单路径的直线型管理和沟通开展领域内的智慧化建设。

领域纵向架构的优势在于：第一，架构从国家或区域层面向下逐级延伸直至具体实施单位，结构比较简单，易于组织管理；第二，各级部门之间的联系直接，互通渠道便捷，便于政策指导的下达和建设情况及问题的反馈；第三，领域纵向架构应用于单个领域的智慧化建设，对于领域的发展基础、行业特点和建设目标具有较强的针对性，适合应用于上下联动紧密、指挥领导集中、自成体系、独立性较强的领域。但是智慧土肥建设注重土肥水等农业基础要素运行各方面的智慧化建设，领域纵向架构都是针对国家专向信息化、智慧化建设内容而搭建，不易扩展为全面覆盖智慧土肥建设的组织架构。

3. 专职统筹架构　专职统筹架构，是以专项负责智慧土肥建设和运营的独立机构为领导小组，基于区域政府制订的行动纲要和总体规划，组织领导各成员单位合作建设的交叉型组织架构建设模式。该领导小组从属于区域政府，以相关研究机构和专业委员会为支撑，下设资金、人力、审计等具体职能单位，与有关农业建设、运行和管理的其他部门和行业建立横向联系。专职统筹架构下具体工程由领导小组和相关行业主管部门共同监督管理，由信息通信企业和各行业智慧化建设部门共同承建。我国的智慧土肥建设以农业生态系统功能整体提升为目标，以综合性工程为项目形式，注重从土肥发展战略的高度制订顶层设计，自上而下、多部门协作推进建设项目落实。专职统筹架构将是我国各地区开展智慧土肥建设主要采用的一类组织架构。专职统筹架构以宏观指导和专业研究为支撑开展土肥整体的智慧化建设。

专职统筹架构的优势在于：第一，以区域政府制订的战略决策和顶层设计为框架，在目标明确、范围划定的前提下，开展组织领导工作，可以做到有的放矢、对症下药；第二，相关研究机构和专业委员会对建设标准、产业推进等进行先期研究，对建设内容、应用方式等提出专业意见，可以提高智慧土肥建设的预见性和规范性。但是此类架构的弊端也比较突出。其劣势在于：第一，专职统筹架构既有行业内部的纵向联系，又有领导小组、行业部门、建设企业之间的横向联系，结构比较复杂，组织管理繁复交错；第二，普遍存在智慧化建设项目由领导小组、行业部门、建设企业多头管理的现象，易造成资源消耗和成本投入增加、建设和管理效率降低；第三，专职统筹架构要协调不同应用、不同层次的机构统一于智慧土肥建设的框架内，难度较大。

第三节　智慧土肥推动策略

借鉴我国农村信息化发展的四种模式，可以明确我国智慧土肥建设策略可以分为政府主导型、市场推动型、产业链带动型和组织内生型四种类型，以及基于此四种类型组合而成的政府与市场相结合型，即公私合作模式。

1. 政府主导型　目前，我国正处在社会主义初级阶段，社会主义市场经济体制发育还不够成熟，农业农村信息化需要国家起主导和引导作用。由于信息化有着很强的正外部性，因此，政府的支持和补贴就必不可少。我国的农村信息化更具有公共性质，作为农村信息化的重要组成部分，智慧土肥建设更需要政府的主导，政府主导型模式是指在智慧土肥建设过程中，无论是传感设备、传感网络建设、智慧土肥系统功能作用和智慧土肥建设人员队伍培训，还是智慧土肥建设政策法规供给和设备投资等，政府都应发挥主要作用。

实行政府主导型模式的优势在于：一是有利于发挥政府的组织、协调、管理功能，搞好科学规划、制订合理的实施方案，作好政策法规供给等，这是智慧土肥发展的必备条件，也是其他社会组织难以完成的；二是政府作为农业发展相关信息资产的主要拥有者，可以充分利用已掌握的信息资产，发挥应有的作用；三是政府作为最大的资产管理者，对于智慧土肥发展所需的庞大资金，可以起到主要投资者的作用，并引导其他社会组织的投入。

实行政府主导型模式的弊端在于：一是可能引起过分依赖政府的倾向，影响社会组织和单位在智慧土肥发展中的积极作用；二是我国农村幅员辽阔，可能引起政府财力不济。因此，在当前和今后一个相当长的时间内政府在智慧土肥建设方面不可能包打天下，必须重视发挥市场的作用，积极推进智慧土肥建设市场的发展，特别是智慧信息服务，应走公益性信息服务和商业性信息服务相结合的路子。

政府主导型的信息化推广模式是世界各国，也是我国信息化推广的主要模式，然而，就我国农村的现实情况来讲，仅仅依靠政府推广，智慧土肥难以发展。

2. 市场推动型 中国农村地域辽阔，由于中国财政资源紧张，一味地依靠财政来扶持农村信息化发展是不现实的。可以尝试将智慧土肥建设内容进行分类，对具有纯公共产品特性的信息，政府负有直接投资和发展的责任，由政府向公众无偿提供；具有准公共物品特性的信息，市场机制可发挥一定作用，但因农村公共产品的基础性、效益外溢等特征，政府仍应发挥主导作用；对具有俱乐部产品特性的信息，因其外部收益溢出的群体规模小且相对固定，可通过俱乐部的形式将受益人群组织起来，形成利益共同体；对具有私人产品特性的信息，政府可从体制、机制等角度将其推向市场，鼓励科研、推广、教育等机构以及中介组织、农民经纪人、种养大户等面向市场，按市场规则提供相应信息服务。市场经济在我国已经基本确立，因此，在智慧土肥建设和推广过程中，市场的作用不可小觑。首先，政府必须创造良好的市场环境，不断完善智慧土肥建设方面的规范和标准，使得智慧土肥建设有章可循，有法可依。其次，政府要加大知识产权保护力度，建立市场激励机制。最后，不断探索建立起一套各方共赢的市场化运作机制，形成包括政府、企业、农户在内的整个产业链联动。农村信息化不是一两个政府部门、一两家企业就能办成的事，需要调动社会各方力量，形成产业链合作，才能探索出有效的市场化机制。市场推动型是指在农村信息化发展中，按市场需求导向，由农业和农村经济发展的市场主体发挥主导作用，如农业企业、农业科研单位、农村经销大户、中介组织和农村经纪人等。

实行市场主导型模式的优势在于：一是有利于发挥非政府部门组织、单位和人员的积极性和创造性；二是有利于解决农村信息化建设中投资不足的问题；三是有利于提高农村信息化水平；四是有利于农村市场经济的发展。实行市场主导型模式的弊端在于：一是智慧土肥中具有公共物品的部分，市场主导作用难于发挥，过分依赖，势必影响农村信息化建设步伐。二是农村经济组织和个人，目前还不具备规模投资建设智慧土肥体系的能力和财力，难以发挥智慧土肥建设的主导作用。

3. 产业链带动型 智慧化在某种程度上是一种新的技术，它具有技术沉默性和环境敏感性，把产业链作为智慧土肥建设的战略突破口就是把智慧土肥建设建立在产业链不断完善和发展的基础之上，通过智慧化把产业链上的政府、农户、企业、消费者和专业经济合作组织联系起来，通过智慧化将产业链的生产、加工、销售和监管综合起来，通过智慧化将产业链的上游、下游和中游之间联系起来。这样，通过智慧化促进产业链的发展，进而推动现代农业的发展，带动新农村建设。另一方面，通过产业链的发展促进智慧土肥建设，使得智慧化能够低成本、高效益地发挥现代技术的作用。因此，产业链带动型的智慧土肥战略是新农村建设中信息化的推进的重要方法，依托当地的特色产业链，推进智慧化进程。

4. 组织内生型 农村信息化建设的最重要问题，是城乡二元结构的体制约束。农村财产关系实际上是一种稀缺资源分散性使用的结构，因此农村的经济主体本身也是分散型的。而信息的制造者——信息业从业者或信息服务的提供商，基本都在城里，很少有人真正了解农村；尽管有些是农村出身的，也未必真正了解各地农村千差万别的情况。所以，实际上信息集中在大城市，而大城市本身也有着相当严重的从农村空间平移过来的城乡对立。二者之间的信息不对称，对于建立农村信息系统也有一定的制约作用。农村信息化建设，只能依托农村组织建设。我们称之为组织内生型的信息化模式。

中国是典型的小农经济，小农户与生俱来的脆弱性、资本稀缺性导致农户信息化困难重重。因此，首先农村信息化要依托农村组织建设，通过合作组织、村集体的信息化实现农村信息化。单个农户的信息化的成本相对来说比较大，但是对组织起来的专业化合作组织来说成本就会降下来，合作组织作为一个整体在于市场经济对接时必然产生对信息化的需求，而且不仅是信息的需求者也使信息的传播者。总之，目前我国的信息化战略更多的是关注政府主导和市场推动的信息化战略，而对于产业带动和组织内生的信息化战略的研究则相对较少。因此，在新农村建设当中的农村信息化战略要以政府主导、市场推动，积极推动产业带动型和组织内生型的信息化战略。

以农业协会为主体是典型的组织内生模式，这种模式的主要特点有：①灵活运用信息技术和互联网和不同的信息资源，因地制宜根据不同地域特性和农产品特性、农业生产率高低发展地域农业服务信息系统，有以有线电视为主和以计算机通信利用、传真机利用为主的三种形式，适应不同经济实力、人口密度、距离的不同地域。②重点发展农产品电子商务，推动农产品流通方式的根本变革。其形式多种多样，有利用大型综合网上交易市场和综合性网上超市的，也有专门从事农产品销售的农产品电子交易所和农产品网上商店。③注重引进和改造精确农业。针对粮食自给率低及劳动力不足的迫切需求，结合自动化，利用信息技术在作物生长模型等精确农业和精确农业机械研究两个小空间内发展。主要做法是建立了完善的农业市场信息服务系统；完成了农业科技生产信息支持体系；正在逐步完善农用物资及农产品销售的网上交易系统，根据本国地少人多的现实国情非常注重精准农业的发展。

5. 政府与市场相结合型 以政府为主体，市场推动的模式。这种模式的主要特点如下：一是在土肥智慧化的发展上主要靠市场推动，企业发展是自由竞争和垄断结合，资本来源是政府投入和资本市场运营相结合。二是建立起强大的政府支撑体系来为土肥智慧化创造发展环境。通过诸如政府辅助、税收优惠、政府担保等提供一系列优惠政策，刺激了资本市场的运作，推动了土肥智慧化的快速发展。三是制订信息技术研发计划，并由国家直接增加技术研发投入。包括运用多种经济政策增加企业研发投入，实施一系列加强政府和企业技术合作的计划等。四是建立适合我国市场经济特色的吸引人才和有效的创新激励机制。激励机制的核心就是产权激励和合法收益的保护。主要的做法是形成以国家为主体的完善的智慧土肥体系，全面、详细的土肥信息调查内容和规范的调查方法，规范的土肥信息处理和严格的土肥信息发布制度。

公私合作伙伴模式是政府与市场相结合型的典型模式，所谓公私合作模式，是指政府公共部门与民营部门在合作过程中，让非公共部门所掌握的资源参与提供公共产品和服务，从而实现政府公共部门的职能并同时也为民营部门带来利益的一种合作和管理模式。通过这种合作和管理，可以在不排除、并适当满足私人部门的投资营利目标的同时，为社会更有效率地提供公共产品。政府可以通过出售、租赁、运营和维护合同承包、转让—经营—转让等形式与民营企业合作，由政府向民营企业发放特许经营权证，让民营企业进入，参与智慧土肥相关系统的经营和管理。民营企业可以直接向使用者收费，也可以通过政府向使用者收费。典型的公私合作伙伴模式主要有：建设—转让—经营（BTO）、建设—经营—转让（BOT）、建设—拥有—经营（BOO）等形式（钱斌华，2012）。

（1）建设—转让—经营（BTO） 即由民营企业对智慧土肥相关系统进行建设，完工后转交给政府部门，再由民营部门进行经营管理。这种形式有利于提高基础设施和应用系统建设的效率和质量，也利于提高经营管理的效率。在智慧土肥相关系统经营管理期间，所有权属于政府，民营企业则以租赁的形式获得经营权，同时也可以把建设时所使用的资金作为租金，从而获得优先租赁权。

（2）建设—经营—转让（BOT）　即由民营企业对智慧土肥相关系统进行建设，建成后由民营企业进行经营管理，按照特许经营的合约时间，经营到期后转交给政府。在经营管理期间，智慧土肥相关系统的所有权归属政府，民营企业无需向政府交纳使用费，但在经营到期后，须无偿交还政府。在交还政府之前，民营企业必须保证智慧土肥相关系统的完整性和正常功能。

（3）建设—拥有—经营（BOO）　即由企业对政府的智慧土肥项目进行筹资、建设和运营，所建系统的产权归属企业，不移交给政府；政府部门提出智慧土肥特定基础设施或者业务系统的应用和运营需求，通过与企业签订服务协议明确应用需求，授权企业进行筹资建设和经营管理，每年向企业支付系统使用费和设备维修费购买使用权。新建智慧土肥的基础设施建设可采用公私合作模式，在智慧土肥基础设施建设中鼓励民间资本参与基站机房、通信塔等基础设施的投资、建设和运营维护，即根据专业化分工经营，将基站机房、通信塔等基础设施外包给第三方民营企业，并加强基础设施的共建共享。

第四节　智慧土肥投入模式

与智慧土肥发展策略相对应，智慧土肥的资金投入模式可分为政府性投资、商业性投资和自助性投资，以及上述投资模式的组合。参照李雪的博士论文研究成果（李雪，2008），智慧土肥的资金投入模式可以描述如下：

1. 政府性投入方式　政府性投入又被称为政府输血性投入，是以政府的财政"输血"为资金保证，开展公益性智慧土肥系统建设。投入主体主要是政府各级涉农部门，受体是广大农民，服务方式是无偿服务。

（1）投资内容　包括各级土肥信息化机构的设置、土肥信息资源的建设、智慧土肥网络基础设施建设、智慧土肥专业系统建设、智慧信息服务队伍的建设等内容。

（2）资金筹措　所需的资金来自政府的财政拨款，拨款方式主要采取全额拨款和差额拨款两种，基层政府农业部门的建设经费主要采用差额拨款的方式，即一部分来源于国家、省、市的信息化项目资金支持，另一部分则需要各县区根据自身农村信息化服务现状自筹资金进行全县的统筹规划。

（3）运行流程　首先国家、省、市、县财政划拨智慧土肥建设经费，由基层政府农口部门支配，组织指导智慧土肥基础设施、信息资源、信息人才等的建设工作，然后把资金的投入转化为智慧土肥的输出，依靠农村信息员、种养大户、供销大户为纽带，辐射带动广大大农户，完成农村信息的进村到户。整个过程依赖于政府投资，基层农户不需要承担任何费用。

（4）适用地区　该投入方式适用于欠发达地区，这些地区的农民经济承受能力较弱，组织程度不高，信息意识不强。由于当前大部分农户收入水平不高，配备健全的智慧土肥基础设施较为困难，农民处于"数字鸿沟"的另一端。因此，政府有必要用公共财政对农民应用智慧土肥给予补贴。此种投入方式具有调控迅速、及时、可控性强的优势，但由于缺乏市场机制，无法准确地了解农民的有效需求，难以根据农民的信息需求准确把握投资方向，当智慧土肥资金流向与资金需求出现偏差时会导致调控力下降。

2. 自助式投入方式　自助式投入方式是以社团自筹资金开展智慧土肥建设，智慧土肥建设的主体是具有社团性质的农民专业经济合作组织、农业专业技术协会等，服务对象为本社团的内部成员，并惠及周围农户，属于自我服务的模式。我国的各种农民经济合作组织的发展越来越多，这种投入方式已成为许多地区智慧土肥建设投入的主要方式。

（1）投资内容　这种自助式的服务主要投资于社团组织机构的建设、专家咨询、人员培训、领域内智慧土肥相关系统的建设等方面。

（2）资金筹措　资金主要由组织成员以会员费的形式集体筹措，会员费的标准按农业经营规模由会员大会合理制订，另外，还可以寻求当地政府和社会组织的支持。

（3）运行流程　由会员向协会交纳一定的会费，以维持正常活动，其经费主要投资智慧土肥系统建设、聘请专家等多项工作，为会员开展全方位的服务，并带动其他农户。社团内会员可以享受合作从事某项经营活动获得的利益，按照按劳分配的原则，形成投资分担、共享利益的投资合作机制。

（4）适用地区　该投入方式适用于发达和较发达地区，这些地区的农民具有一定的信息消费能力和分析、整理、使用信息的能力，对智慧化技术和智慧应用认识较高，农民的组织程度较多。

这种投入方式以社团内部成员的自身需求作为驱动力，以实现成员的整体利益最大化为根本目标，保证了组织内部行为动机的一致性，同时为了不影响自身利益，采集和获得信息的可靠性很强。其弊端是因缺乏政策引导的行政推动力，影响了社团的做大做强，阻碍了社团服务的规模化发展。同时，服务动力受自身需求影响很大，在农民信息需求不足的情况下，社团的整体服务动力及运作动力都会受到影响。

3. 商业化投入方式　商业化投入方式是以商业组织为实现自身利益而开展智慧土肥建设。智慧土肥建设的主体主要包括农业龙头企业和信息化方面的企业两大类，服务对象为广大农民。由于现阶段农业信息化市场还没有形成，市场化还处于初级阶段，因此这种投入方式现在还不是很多。但从长远看，这是未来发展的趋势。

（1）投资内容　投入主要在对客体的农业技术培训、发放农业科技资料、聘请农业专家等方面，有的地方还可以包括土肥信息资源的建设、智慧土肥网络基础设施建设、智慧土肥专业系统建设。

（2）资金筹措　企业投资产生盈利企业从盈利中抽取一部分作为对智慧用户的技术指导费用，以配合基层农户生产适合企业加工标准的原材料，确保原料的有效供应，提高企业劳动生产率，获得更多利润，从而实现资金的良性循环。

（3）运行流程　由企业资金对智慧土肥建设市场进行投入，根据市场需求生产有价值和使用价值的农业信息，并根据市场信息行情，对信息进行合理定价，信息用户以购买的商品的方式购买自己所需的信息产品。

（4）适用地区　该投入方式适用于前文划分的发达和较发达地区，这些地区农民的经济承受能力强，具有较强的信息消费能力，农民组织程度高，能够形成共同的信息需求，农民智慧化技术和智慧应用意识很强，能够认识到智慧土肥建设的商品性。

这种投入方式在满足农民智慧化需求、为用户创造利益增值的同时，自身也获得了预期的收益，使智慧土肥建设在形式上达到了双赢。这种投入方式也有一些弊端，一是由于企业相对于农户是强势群体，在发生利益冲突时，很容易使用户的利益受到伤害；二是企业通常以实现自身利益最大化为目标，没能和农户结成完全统一的利益共同体，有可能将智慧土肥建设风险嫁接给农户；三是由于农户个人的分散经营，使企业对农户的智慧土肥建设成本非常高，不能保证农户正确利用各种信息，发挥智慧土肥的作用。

4. 组合方式

（1）"政府性＋自助式＋商业性"投入方式　这种投入方式是由政府主导，投入一定的资金扶持农民合作组织的成立和发展，农民合作组织作为智慧土肥建设的主体自筹一部分资金如会费或通过为社团内成员服务获得的一定的收益作为投入用于社团组织的各种活动，企业以网络和通信设施的投入与农民合作组织形成利益共同体。

这种投入方式的提出，是基于发展农村智慧土肥建设本身也是一项市场行为，市场行为就必须用市场手段去做，用市场方法做市场的事，不宜用行政方式做市场的事，政府应在宏观上为农村信息服务业搭台，唱戏还应让企业去唱，政府不宜包办。但在发展过程中，政府要扶持，要给予优惠、引导，最终要按市场规律以企业运作方式来完成。只有按市场方式运作，才能真正发展智慧土肥。

这种投入方式政府多以资金扶持、项目支持的公益服务方式无偿投入，目的是促进农民合作组织的组建和推动其发展。社团与企业以一定的利益分配机制联结在一起。

"政府性＋自助式＋商业性"的投入方式，避免了政府性单一投资的许多弊端，也使社团有一定的政策引导和行动推动力，同时政府和商业投资的加入，为社团的运行注入了强大的资金活力，保障了社团的规模化发展。这种投入方式可以解决智慧土肥建设资金需求巨大与政府财政能力不足的矛盾，是实现智慧土肥建设可持续发展的有效途径，是新时期加快智慧土肥建设步伐的重要选择。政府、企业、社团之间的协同服务可以解决农民对信息的全方位需求与农民社团经营能力不强、服务层次不高之间的矛盾，同时，以社团为纽带，把企业对分散农户的服务转化为对农民社团的服务，降低了企业的智慧土肥建设成本，能够解决公司利益最大化经营目标与对分散农户的监管成本过高之间的矛盾。企业与社团结成一个利益共同体，可以实现真正的共赢。

（2）"政府性＋科研院所＋自助式＋商业性"联动投入方式农业高校和研究机构具有教学、科研和为社会服务的功能，具有服务"三农"的学科和专业优势，可以说，为建设社会主义新农村服务，既是农业高校和科研院所的责任和义务，更是其看家本事，在智慧土肥建设过程中应有能力和责任承担重要的任务。其重要性表现在：一是提高农民的文化素质和科技素质，指导农民使用新型的通信工具，培养专业化人才，引发更多的农民参与到智慧土肥建设过程中来，为智慧土肥建设提供技术支持；二是通过发展农业科技，提升农业产业的科技含量和持续发展的动力，从根本上提高农村生产力水平。科技是第一生产力，科学技术一旦被农民所掌握，必然会释放出巨大的能量。

第五节　智慧土肥标准规范建设

一、智慧土肥标准规范体系框架

如图 6-1 所示，智慧土肥标准规范体系由总体标准、传感设备标准、网络标准、应用支撑标准、信息资源标准、土肥应用标准、信息安全标准以及工程建设和管理运维标准组成。

（1）总体标准　总体标准包括智慧土肥标准的总体架构、定义、体系、功能特征、术语等内容。

（2）传感设备标准　智慧土肥感知层的关键技术主要为传感器技术，例如RFID标签与用来识别RFID信息的扫描仪、视频采集的摄像头和各种传感器中的传感与控制技术。在实现这些技术的过程中，又涉及芯片研发、通信协议研究、RFID 材料研究、智能节点供电等细分领域。感知层的标准涉及上述各类技术内容。

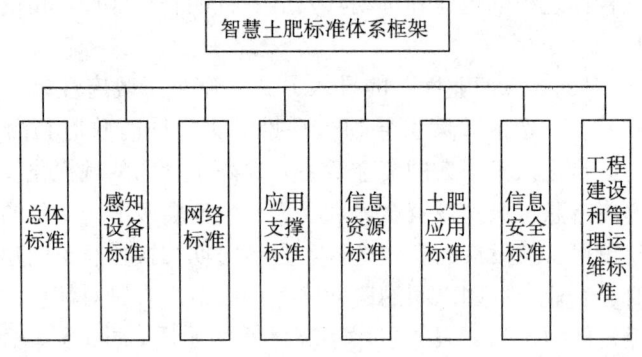

图 6-1　智慧土肥标准规范体系框架示意图

（3）网络标准　智慧土肥传输网络包括短距离无线通信技术（包括由短距离传输技术组成的无线传感网技术）、接入单元、接入网络。接入单元是连接感知层的网桥，它汇聚从感知层获得的数据，并将数据发送到接入网络。接入网络即现有的通信网络，包括移动通信网、有线电话网、有线宽带网等。通过接入网络，人们将数据最终传入互联网。传送层是基于现有通信网和互联网建立起来的层。传送层的关键技术既包含了现有的通信技术，如移动通信技术、有线宽带技术、公共交换电话网（PSTN）技术、Wi-Fi 通信技术等，也包含了终端技术，如实现传感网与通信网结合的网桥设备、为各种行业终端提供通信能力的通信模块等。智慧土肥网络标准包括网络体系架构、组网通信协议、接口、协同处理组件、网络安全、编码标识、骨干网接入与服务等技术基础规范和产品、应用子集类规范的标准。

（4）应用支撑标准　物联网中间件是一种独立的系统软件或服务程序。中间件将许多可以公用的能力进行统一封装，提供给丰富多样的物联网应用。统一封装的能力包括通信的管理能力、设备的控制能力、定位能力等。应用层主要基于软件技术和计算机技术实现。应用层的关键技术主要是基于软件的各种数据处理技术，此外云计算技术作为海量数据的存储、分析平台，也将是物联网应用层的重要组成部分。应用是物联网发展的目的。各种行业和家庭应用的开发是物联网普及的原动力，将给整个物联网产业链带来巨大利润。

（5）土肥信息资源标准　智慧土肥信息资源标准主要包括信息资源分类编码标准、信息资源采集标准、数据交换标准、数据质量与质量控制标准、数据精度标准、数据安全标准、数据元标准和元数据标准等。通过数据标准建设，可以实现智慧土肥及其与智慧农业其他平台的信息资源共享和有效管理。

（6）智慧土肥应用标准　智慧土肥应用标准用于规范智慧土肥各类应用的建设，包括环境自动监测、耕地质量智慧管理、自动精准控制、农产品的全程智能追溯、智慧施肥、智慧预警决策、土肥信息智能服务等应用。

（7）信息安全标准　智慧土肥信息安全标准涵盖智慧土肥建设的全过程，包括信息安全制度、信息安全管理标准、信息安全技术标准、信息安全灾难恢复标准、信息安全风险测评标准等内容。信息安全制度包括信息安全总体方针框架、标准规范和信息安全管理规范、流程、制度体系。信息安全管理包括信息安全有效管理的规定，信息安全管理与控制的流程，高层人员参与、安全绩效考核、人员信息安全意识与技能培训和安全人员上岗/离岗控制等。信息安全技术标准实现不同层次的身份鉴别、访问控制、数据完整性、数据保密性和抗抵赖等安全功能，从物理、网络、主机、应用、终端和数据几个层面建立起强健的智慧城市信息安全技术保障体系。信息安全灾难恢复标准建设灾备中心，建立业务连续性计划、应急响应和灾难恢复计划等，定期对相应计划进行有效性评测和完善。信息安全风险测评、评估机制定期进行充分的现状调研和风险评估或实施信息系统安全等级保护测评等安全测评过程，及时了解信息系统安全状况，对信息系统存在的风险状况进行评估，并采取相应的有效措施。

（8）工程建设和管理运维标准　智慧土肥工程建设项目招投标、项目设计、预算与报价、工程监理、项目验收等过程。所谓 IT 运维管理，是指单位 IT 部门采用相关的方法、手段、技术、制度、流程和文档等，对 IT 运行环境（如硬软件环境、网络环境等）、IT 业务系统和 IT 运维人员进行的综合管理。

二、智慧土肥标准建设策略

目前，包括智慧农业、智慧土肥的概念和技术架构缺乏统一的清晰描述，一些利益相关方争相进行基于自身利益的解读，使得政府、产业和市场各方对其内涵和外延认识不清，可能使政府对智慧农业、智慧土肥技术和产业的支持方向和力度产生偏差，严重影响智慧农业、智慧土肥产业的健康发展。为确保智慧土肥众多产品、数据和服务的互联互通，应尽快对智慧土肥从设计、规划、建设到应用等相关阶段进行标准立项。当前智慧土肥标准研制有以下三个主要任务：

1. 筹备智慧土肥标准联合工作组，做好相关标准化组织间的协调　本着整合智慧农业、智慧土肥相关标准化资源，协调智慧农业、智慧土肥的整体标准化工作，更好地服务于国家的智慧农业、智慧土肥产业协调发展大局，满足国家信息产业总体发展战略的要求，适应智慧农业、智慧土肥以应用为驱动、以需求为牵引的多种技术紧密融合的特殊需要的原则，同时为政府部门的物联网产业发展决策提供全面的技术和标准化服务支撑。

同时，智慧农业、智慧土肥相关标准工作组要与国家物联网等技术标准工作组相协调。日前由工业和信息化部电子标签（RFID）标准工作组、全国信息技术标准化技术委员会传感器网络标准工作组、工业和信息化部信息资源共享协同服务标准工作组、全国工业过程测量和控制标准化技术委员会等产学研用各界公认与物联网技术密切相关的标准工作组共同发起成立物联网标准联合工作组。

智慧农业、智慧土肥标准联合工作组将紧紧围绕产业发展需求，协调一致、整合资源，共同开展智慧农业、智慧土肥技术的研究，积极推进智慧农业、智慧土肥标准化工作，加快制订符合我国发展需求的智慧农业、智慧土肥技术标准，建立健全标准体系，并积极参与国家、国际标准化组织的活动，以联合工作组为平台，加强与欧盟、美国、日本、韩国等国家或地区的交流和合作，力争成为制订智慧农业、智慧土肥国际标准的主导力量之一。

2. 做好智慧土肥顶层设计，完善智慧土肥标准体系建设 要高度重视智慧农业、智慧土肥标准体系建设，加强组织协调，明确方向、突出重点、统一部署、分步实施，积极鼓励和吸纳有关有智慧农业、智慧土肥应用需求的行业和企业参与标准化工作，稳步推进智慧农业、智慧土肥标准的制订和推广应用，推动相关标准组织形成有效协调、分工合作的工作机制，尽快形成较为完善的智慧农业、智慧土肥标准体系。制订我国智慧农业、智慧土肥标准体系，也需要把国际智慧应用的发展动态和我国智慧应用发展战略相结合，联合相关部门开展研究，以保证实际需要为目标，结合实际国情和产业现状，给出标准制订的优先级列表，进而为国家的宏观决策和指导提供技术依据，为与智慧应用相关的国家标准和行业标准的立项和制订提供指南。

3. 结合智慧农业建设，开展智慧土肥行业应用标准建设 农业部牵头组织物联网技术应用单位、科研院所、高等院校和相关企业，在国家物联网基础标准上，制订物联网农业行业应用标准，重点包括农业传感器及标识设备的功能、性能、接口标准，田间数据传输通信协议标准，农业多源数据融合分析处理标准、应用服务标准，智慧土肥项目建设规范等，指导智慧土肥技术应用发展。

国家标准制订部门应尽快对智慧土肥从设计、规划、建设到应用等相关阶段进行标准立项。标准的制订将有助于规范各类数据和控制信息的采集、传输、分析处理、分发和按需服务。还需要制订各类数据处理的技术规范，规范信息质量技术要求和检验等方案等。在标准体系支撑下，基于数字土肥基础框架的智慧土肥与空间上分散分布的网络进行有机结合，实现物联对象的智能化识别、定位、跟踪、监控和管理，直接为土肥领域的用户提供服务。

第六节 智慧土肥系统建设与整合策略

一、当前智慧土肥系统建设模式

从传统上，信息化系统的建设模式多是孤岛式建设模式和"烟囱式"建设模式，而这些模式带来的问题也越来越得到了重视，因此出现了共性平台的建设模式，随着云计算技术的出现，基于云服务的建设模式逐渐得到了应用，并取得了良好的效果。

（一）孤岛式建设模式

信息孤岛是指相互之间在功能上不关联互助、信息不共享互换以及信息与业务流程和应用相互脱节的计算机应用系统。信息孤岛的产生有着一定的必然性。第一，信息化发展的阶段性。不论是企业信息化，还是政务信息化，都有一个从初级阶段到中级阶段，再到高级阶段的发展过程。在计算机应用的初级阶段，人们容易从文字处理、报表打印开始使用计算机。进而围绕某一项特定业务工作，开发或引进一个个应用系统。这些分散开发或引进的应用系统，一般不会统一考虑数据标准或信息共享问题，追求"实用快上"的目标而导致"信息孤岛"的不断产生。第二，认识误区。长期以来，由于信息化教育的深度和广度不够，在企业和政府部门中普遍存在着"重硬、轻软，重网络、轻数据"的认识误区。从"信息孤岛"的表现形式可以将孤岛式建设模式分为数据孤岛、系统孤岛、业务孤岛和管控孤岛。

1. 数据孤岛 数据孤岛是最普遍的形式，存在于所有需要进行数据共享和交换的系统之间。随着计算机技术在土肥领域运用的不断深入，不同软件间，尤其是不同部门间的数据信息不能共享，设计、管理、生产的数据不能进行交流，数据出现脱节，即产生信息孤岛，势必给智慧土肥的运用带来信息需要重复多次的输入、信息存在很大的冗余、大量的垃圾信息、信息交流的一致性无法保证等困难。

2. 系统孤岛 系统孤岛指在一定范围内，需要集成的系统之间相互孤立的现象。原先各自为政所实施的局部应用使得各系统之间彼此独立，信息不能共享，成为一个个信息孤岛。有条件的土肥部门投入资金将信息孤岛以前的系统重新升级、设计，在一定范围内实现了信息的共享，业务可以跨部门按照流程顺序执行。经过一段时间后，又有新的系统要上，又发现这些系统所需要的数据不能从现有系统中提取，又出现了信息孤岛。

3. 业务孤岛 业务孤岛表现为土肥业务不能通过网络系统完整、顺利地执行和处理。在土肥部门内部网络系统和网络环境的建设中，以土肥部门发展为目标的信息化要求日益迫切，土肥部门的业务需要在统一的环境下，在部门之间进行处理。土肥部门里经常遇到的问题是各业务环节、各部门的业务系统建设，没有能够形成一个有机的整体。信息孤岛的要害就是割断了本来是密切相连的业务流程，不能满足土肥业务处理的需要。

4. 管控孤岛 管控孤岛指智能控制设备和控制系统与管理系统之间脱离的现象，影响控制系统作用的发挥。下级土肥部门需要向其上级主管部门上报土肥的基本情况、接收上级的各种指令和计划，同时管理层也需要通过信息系统了解和掌握现有信息做出明确的决断，然而由于信息孤岛的存在不能满足信息共享需要。信息孤岛的问题已经严重地阻碍了智慧土肥建设的整体进程。

信息孤岛是一个长期存在的现象，对现存的信息孤岛采用集成的方式，对个别无法集成的旧系统采用替换升级的方式实现信息共享，必要时从规划开始对现有系统进行全面的升级和改造。通过统一的信息化规划，保证信息标准的统一和来源的唯一性，在满足目前信息化需求的同时为将来实施新的系统奠定良好的基础，确保实施新系统时遵循统一标准实现系统之间的集成和信息共享，避免出现新的信息孤岛（图 6-2）。

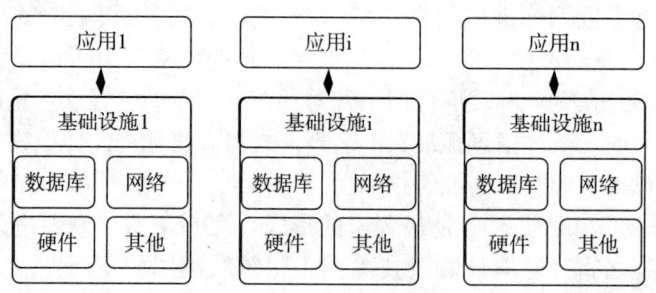

图 6-2　信息孤岛式建设模式

（二）烟囱式建设模式

随着信息技术的不断发展，各种信息资源也呈爆炸性增长，包括硬件设备、各种软件和数据，造成管理成本和系统复杂性的直线上升。与此同时，由于应用需求的不断变化，各种资源往往又不能满足用户当前的需求，使土肥部门不得不增加信息投入，以及由此带来的一系列运行和维护成本。形成这一局面的根本在于，土肥部门在开展信息化建设时，业务支撑系统多采用传统的"烟囱式"架构模式，即按功能分为不同的子系统，根据不同需求独立地进行设计和建设，系统架构从应用、数据再到基础设施，都以烟囱式部署为主。这种系统架构模式的显著特点是纵向统一，系统内部建设一体化。这种系统架构模式虽保证了各功能系统内部建设的统一，但同时也导致出现了系统平台搭建周期长、系统间独立性强、共通性少及资源共享率不高等诸多问题。智慧土肥建设的目标就是要改变传统 IT 的"烟囱式"垂直应用建设模式，打破信息孤岛，有效支撑运营和管理（图 6-3）。

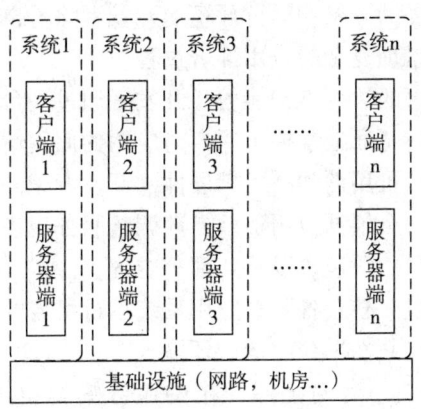

图 6-3 烟囱式建设模式

（三）共性平台式建设模式

共性平台建设模式是将智慧土肥建设过程中共性的技术和功能从传统、分散的智慧应用系统中抽取出来，形成一个共性平台。通过共性平台建设，在感知终端部署方面，可以实现感知终端的分建共享，避免重复部署；在智慧土肥应用建设方面，可以实现智慧土肥信息的分建共享；在服务支撑方面，可以实现信息综合分析的统一服务。建设共性平台，可以全面掌握土肥感知终端部署情况、实现各应用间智慧土肥信息资源的共享交换和各应用信息资源的整合分析，并为土肥部门提供服务，达到集约建设的目的。共性平台＋应用的架构将业务和系统能力进行剥离，弱化了传统的系统概念，将业务支撑功能作为应用、将业务共性服务和系统公共资源整合为平台，有效地分离了业务支撑功能与系统软件资源，使得两者可互相独立进行管理和优化。共性平台提供的统一流程引擎、平台管理的跨系统流程，有效地解决了流程贯通和监控问题；标准规范的服务供应体系，提升了集成过程的规范性；统一数据库提供核心数据的完整视图，避免了数据的多系统组装；通过共性平台提供标准技术服务、弹性扩展中间件和数据库服务等，可有效地优化各系统架构、标准化各类技术，从而解决了性能、稳定性等问题；业务服务层面对数据处理的封装，有效地解决了数据的一致性和数据关联等问题。这样的支撑系统在应对新业务需求时，只需在共性平台提供的开发测试环境中，利用已有的公共资源进行开发、完成应用上线即可。相对于传统的业务支撑系统，这种新架构模式的建设周期短、成本低，能更好地适应于业务需求多变的市场环境。

智慧土肥共性平台至少为智慧土肥应用开发提供以下 3 个方面的基础能力支持：

（1）提供应用程序的开发和运行环境　开发者除不再需要租用和维护软硬件设备外，还免去了繁琐复杂的应用部署过程。

（2）提供应用程序的运行维护能力　开发者通过平台可得知应用的运行状态和访问的统计信息，全面地掌握了用户对应用的使用情况。

（3）提供应用的高可用性和高可扩展性　开发者无需再关注底层硬件规模和处理能力，共性平台会根据应用负载自动调整服务规模。

智慧土肥共性平台一般包含以下几部分内容：

（1）平台运行环境　整合各智慧应用系统运行所需的统一数据库、中间件等各项技术组件，搭建共性平台的运行环境。

（2）标准服务提供　针对上层应用的服务集类型，提供相应的业务服务集。

（3）开发与测试　共性平台为上层应用提供开发与测试环境，保证应用与平台的兼容性。

（4）平台管理　提供整个平台的各项管理工作，包括资源部署管理、服务管理、安全管理等。

（5）统一服务接口　共性平台采用统一服务接口与上层的应用进行交互（可采用 ESB 总线模式）。

（四）云服务建设模式

云服务建设模式是一种基于云计算的网络架构，以云服务为核心的智慧土肥建设模式。它充分利用云计算能够实现对共享可配置计算资源（网络、服务器、存储、应用和服务等）的方便、按需访问的优势，通过智慧土肥云计算平台提供的"云服务"（IT 资源、数据和应用）经由网络提供给不同用户，包括土肥管理部门、农业相关部门以及农民等，"云服务"建设模式的原理如图所示（郭曦榕等，2013）。

智慧土肥是以多应用、多行业、复杂系统组成的综合体。多个应用系统之间存在信息共享、交互的需求。各个不同的应用系统需要共同抽取数据综合计算和呈现综合结果。"云服务"模式使智慧城市具备了随需应变的动态伸缩能力。根据提供服务的不同模式，智慧土肥云服务建设模式可以包括基础架构服务、平台服务以及软件服务三种模式。通过三种基础服务的建设，各级土肥行政管理部门可以为需要建设智慧应用的部门、企业、基层经济组织和农民提供智慧应用建设支撑服务（图 6-4）。

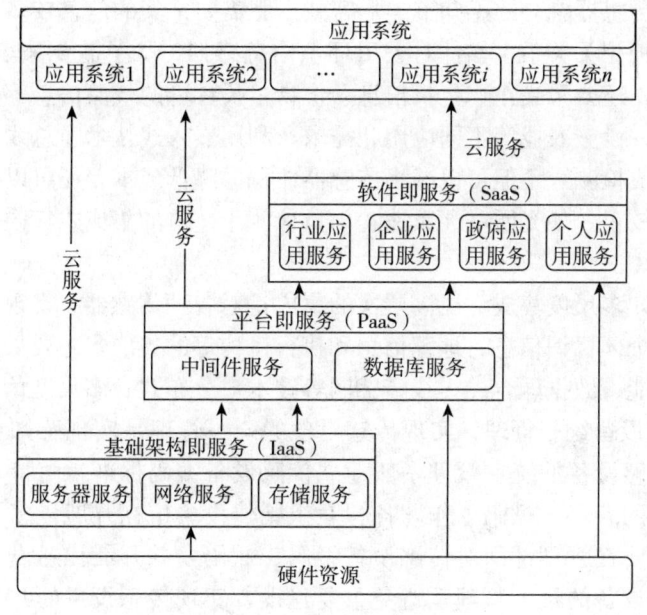

图 6-4　云服务模式

二、智慧土肥系统整合策略

从智慧土肥系统建设的模式不难看出，与信息化发展规律相一致，尽管当前智慧应用建设过程中强调顶层设计和总体规划，但智慧土肥系统建设也必然经历一个从分散到整合的过程。从智慧土肥的建设角度可以发现，智慧土肥系统整合策略可以包括感知层集成、传输层集成、数据层集成、系统层集成、页面层集成以及平台级集成。

（一）感知层集成

目前，土肥信息采集用的传感器缺乏统一的标准，接口不统一，整合起来存在较大的困难；另外，由于缺乏统一规划，存在着重复建设等诸多问题。因此，要实现感知层的集成，需要从技术和管理两个方面入手：

1. 技术集成　技术集成可分为：同时测量多个参数的集成微型传感器；集成、融合多个传感器的感知节点；传感器同个体标识、无线传感网络、视频信息、执行器等多尺度集成（李道亮，2012）。

（1）集成微型传感器　随着纳米技术、集成电路和微机械加工等技术的发展，为集成制造微型、多参数、低成本的农用传感器提供了技术基础。如目前已有投入应用的温湿度一体化传感器、温湿压一体化传感器、风速风向传感器等。

（2）多传感器融合的感知节点　智慧土肥需要采集的信息较多，且各种信息间存在某种相关关系，如针对大田环境信息感知，除了需要采集土壤水分、养分信息外，还要采集作物生长信息、作物生长环境的气象信息等。因此，针对大田种植、设施农业等不同应用和需求，利用嵌入式技术、总线技术等对常用参数的集成检测，不但可以减小传感器体积、降低成本，还可以对某些参数进行补偿、校正。如光照度、风速、雨量检测于一体的集成式气候传感器得到了实际应用。

（3）感知多尺度集成　更高层次的集成是对各种传感器、音视频图像、多媒体信息、个体标识信息、地理信息和执行机构等的集成，主要采用计算机视觉、人工智能、数据融合、无线传感网等技术对分布式、多尺度信息的集成。

2. 传感设备统一管理　实现传感设备的统一管理是实现感知层集成的有效手段。传感设备的统一管理一般建立传感设备编码标准，由特定的机构开展传感设备的编码、赋码工作，各智慧土肥建设单位在开展传感设备接入过程中首先需要在管理部门对传感设备编码、赋码，并开展传感设备登记，从而实现传感设备的统一管理，避免重复建设，实现传感设备的共建、感知信息的共享。通过传感设备信息的统一管理，实现感知对象和传感设备的统一编码，可以实现传感设备基础信息底数清、情况明。通过传感设备的统一接入，改变了土肥传感设备种类繁多，接入方式混乱的局面，同时，在不同的传输网络间建立了传感设备校验、准入机制，解决了感知信息接入网络的安全问题。

（二）传输层集成

传输层集成就是根据土肥环境管理和应用的需要，运用系统集成方法，将各种网络设备、基础设施、网络系统软件、网络基础服务系统和多种传输方式等组成为一体，使之成为能组建一个完整、可靠、经济、安全、高效的信息传输网络。网络集成涉及的内容主要包括网络体系结构、网络传输介质、传输互联设备、网络交换技术、网络接入技术、网络综合布线系统、网络管理与安全以及网络操作系统等方面（李道亮，2012）。

传输层集成就是要综合考虑智慧农业建设过程中的农业环境信息采集与传输过程中的网络需求，合理选择网络体系结构，综合运用自组网技术、传感网技术、移动互联网技术、移动通信技术、有线通信网络技术，建立低成本、高效率的传输体系，避免传输网络的重复建设。

传输层集成要针对智慧土肥农业信息参数的多样性特征，合理部署传感节点，选择合适的传感网络，实现网络的连通性覆盖，并保证信息的高效、可靠传输。

（三）数据集成

数据集成是把不同来源、格式、特点性质的数据在逻辑上或物理上有机地集中，从而为企业提供全面的数据共享。在企业数据集成领域，已经有了很多成熟的框架可以利用。通常采用联邦式、基于中间件模型和数据仓库等方法来构造集成的系统，这些技术在不同的着重点和应用上解决数据共享和为企业提供决策支持。数据层面的集成共享或者合并来自于两个或更多应用的数据，具体包括数据共享、数据转化、数据迁移及数据复制等，这是实现信息共享最基本的需求，但仍涉及数据格式的转换、数据冗余以及信息孤岛完整性的保持等诸多难题。

目前数据集成多采用数据库中间件与 XML-RDBMS 中间件完成。另外，目前的云存储技术也为数据集成提供了新的技术手段。

1. 联邦数据库系统　联邦数据库系统（FDBS）由半自治数据库系统构成，相互之间分享数据，联盟各数据源之间相互提供访问接口，同时联盟数据库系统可以是集中数据库系统或分布式数据库系统及其他联邦式系统。在这种模式下又分为紧耦合和松耦合两种情况，紧耦合提供统一的访问模式，一般是静态的，在增加数据源上比较困难；而松耦合则不提供统一的接口，但可以通过统一的语言访问数据源，其中核心的是必须解决所有数据源语义上的问题。

2. 基于中间件的数据集成　中间件模式通过统一的全局数据模型来访问异构的数据库、遗留系统、Web 资源等。中间件位于异构数据源系统（数据层）和应用程序（应用层）之间，向下协调各数据源系统，向上为访问集成数据的应用提供统一数据模式和数据访问的通用接口。各数据源的应用仍然完成它们的任务，中间件系统则主要集中为异构数据源提供一个高层次检索服务。

中间件模式是比较流行的数据集成方法，它通过在中间层提供一个统一的数据逻辑视图来隐藏底层的数据细节，使得用户可以把集成数据源看为一个统一的整体。这种模型下的关键问题是如何构造这个逻辑视图并使得不同数据源之间能映射到这个中间层。

3. 数据仓库集成模式　数据仓库是在企业管理和决策中面向主题的、集成的、与时间相关的和不可修改的数据集合。其中，数据被归类为广义的、功能上独立的、没有重叠的主题。这几种方法在一定程度上解决了应用之间的数据共享和互通的问题，但也存在以下的异同：联邦数据库系统主要面向多个数据库系统的集成，其中数据源有可能要映射到每一个数据模式，当集成的系统很大时，对实际开发将带来巨大的困难。

数据仓库技术则在另外一个层面上表达数据之间的共享，它主要是为了针对企业某个应用领域提出的一种数据集成方法，也就是我们在上面所提到的面向主题并为企业提供数据挖掘和决策支持的系统。

4. 基于云技术集成　近年来，大多数数据中心都开始进行某种形式的整合和虚拟化，以提高资源利用率，减少在管理和基础架构上的开销，从而让基础架构对业务需求的响应更加迅速。用户在一个虚拟环境中不仅能分别提高服务器和存储资源的利用率，而且可以提升整个基础架构的利用率，包括电耗、冷却、占用空间乃至人力成本。但是数据中心服务器虚拟化整合也会引发的存储 I/O 瓶颈、存储虚拟化整合等问题，需要加以解决。

（四）系统集成

应用系统集成的目的是实现多个应用系统的集成应用，以达到系统整合的目的。当前，比较流行的应用系统集成方法有单点登录集成、基于 Mediator 和 Wrapper 的集成、基于中间件的集成、基于协议的集成、基于开放描述和统一注册机制的集成等。

1. 单点登录的集成　单点登录（Single Sign On，SSO），是目前比较流行的业务系统整合的解决方案之一。SSO 的定义是在多个应用系统中，用户只需要登录一次就可以访问所有相互信任的应用系统。目的是简化账号登录过程并保护账号和密码安全，对账号进行统一管理。

单点登录技术实现机制是：当用户第一次访问应用系统的时候，因为还没有登录，会被引导到认证系统中进行登录；根据用户提供的登录信息，认证系统进行身份效验，如果通过效验，应该返回给用户一个认证的票据 ticket；用户再访问别的应用的时候，就会将这个票据 ticket 带上，作为认证的凭据，应用系统接受到请求之后会把 ticket 送到认证系统进行效验，检查 ticket 的合法性。如果通过校验，用户就可以在不用再次登录的情况下访问其他应用系统。

2. 基于 Mediator 和 Wrapper 的集成　基于 Mediator 和 Wrapper 的整合方法利用 XML 为异构的信息资源（数据库系统、HTML 的网页集合、传统信息服务机构的可检索对象甚至是遗留系统）提供逻辑上的统一信息资源视图。将 XML 语言看作是视图定义语言，它驱动 Mediator 系统。该 Mediator 系统负责选择、调整和集成由多个自治资源站点返回的资源，然后以 XML 统一格式将资源返回给用户。基于 Mediator 和 Wrapper 的集成方法以简单的机制实现了异构系统的集成与资源共享，但需要建立统一的协商机制（Mediator 系统），需要对原系统进行包装（Wrapper），增加了系统建设的负担。

3. 基于中间件的集成　中间件是一种独立的系统软件或服务程序，分布式应用软件借助这种软件在不同的技术之间共享资源，中间件位于客户机服务器的操作系统之上，管理计算资源和网络通信。中间件在操作系统、网络和数据库之上，在应用软件的下层，总的作用是为处于自己上层的应用软件提供运行与开发的环境，帮助用户灵活、高效地开发和集成复杂的应用软件。

基于中间件的集成能够方便地实现异构系统（不同硬件平台、操作系统、网络环境等）之间的集成，因为网络通信的实现对编程者来说是无需考虑的。而且具有面向对象的优点，实现起来也比较简单。另外这种方法已经是一种比较成熟的系统集成方法，它既可以实现数据交换，也能实现方法调用。但基于中间件的集成也存在一些缺点，主要包括：接口设计复杂、要求高，好的接口应该具有易于理解、易于修改和重用等优点；由于当前流行的中间件使用专用的 API 和专有的协议，使得来自不同厂家之间的产品很难实现互操作。

4. 基于协议的整合 目前可用于资源与系统整合的协议比较多，如 SDLIP、SDARTS、LDAP、SOAP、Z39.50 等，同时对应于不同的协议存在不同的整合实践。每一种协议的出现都在一定程度上解决了异构系统或异构资源的整合问题，为应用系统集成带来了希望和动力。但基于协议的集成也存在一些问题，主要包括：协议本身存在着一些问题，以 Z39.50 为例，Z39.50 协议的应用面比较窄，只集中在图书馆领域，与图书馆以外的系统就存在着整合问题，同时该协议非常复杂，使用时给用户带来了许多不便；众多协议的出现带来了协议之间互操作的问题。采用不同协议进行通信的系统间的整合难度反而增加了。也就是说它解决了一个问题的同时又带来了新问题。

5. 基于开放描述、统一注册机制的整合 Web 服务是指通过 Internet 传递的内容和软件处理工作，传递中所使用的是为某个特定的用户需求集合进行服务的松散耦合形式的消息（目前，越来越多地使用的是 XML 接口）。Web 服务的基本思想是以统一的格式描述各种服务，将应用层与服务底层分离开来，以 UDDI（统一资源发现框架）为媒介，方便地实现服务发布、发现与检索。基于 Web 服务的集成不需要改变原有系统的体系结构，也不需要对原有系统做任何代码修改，实现代价小、效率高。但基于 Web 服务的集成也存在一些缺点，主要包括 Web 服务作为一种新理念和新技术，还处于试验阶段，无论在理论上还是在实践上都存在着不足，有效地应用到系统建设中还需要深入的研究与分析；Web 服务需要统一注册，这种注册机制有可能成为这种技术发展的瓶颈。

（五）页面集成

1. 利用简单门户技术的页面整合 简单门户技术是也是页面整合常用的技术。采用了简单的门户之后，用户可以通过门户提供的超级链接来访问 Web 资源。简单门户的资源元数据是通过页面整合者人工生成的，质量较高，之所以称之"简单"是因为提供服务的 Web 界面不支持 portlet，用户只能获得资源的描述数据。简单门户技术与利用 OAI 技术一样，整合的都是元数据，因此，它也是基于数据层进行的页面整合。

利用简单门户技术的页面整合流程如下：页面资源提供者提供 Web 资源，页面资源整合者通过各种方式来发现页面资源，然后创建并运行资源建设软件辅助整合页面资源，最后基于整合的数据提供简单门户服务，用户则可以消费简单门户服务。

2. 利用 portlet 和 WSRP 的 Web 页面整合 Portlet 是特殊类型的 Web 页面模块，它们被设计成在门户网站的环境中运行，是独立地开发、部署、管理和显示小门户网站的应用程序。Portlet 不仅仅是现有 Web 页面内容的简单视图。Portlet 是完整的应用程序，遵循标准模型－视图－控制器设计。Portlet 有多个状态和查看方式以及事件和消息传递能力，同时也是可再用的 Web 页面模块，它们在门户网站服务器上运行并提供对基于 Web 页面的内容、应用程序和其他资源访问。

WSRP 通过定义一组公共接口，WSRP 允许门户在它们的页面中显示远程运行的 portlet，而不需要门户开发人员进行任何编程，使面向呈现的 portlet 应用程序可以被发现并重用而不用任何额外的开发和部署活动。

利用 portlet 和 WSRP 可以实现基于表示层的远程内容和服务界面的整合。采用了支持 portlet 的门户之后，用户仍然可以像采用简单门户那样通过超级链接分别登陆各种网站的访问界面，也可以直接在门户中集中地访问多个网站的内容和服务。这时，可以直接利用 portlet 的界面嵌入技术来实现，也可以利用 WSRP 协议来实现。利用 WSRP 协议可以整合 WSRP 界面资源（以 WSRP 服务的形式存在）。

3. 基于门户产品实现 Web 页面集成 利用门户产品来实现企业应用集成，需要根据企业业务系统的现状，以及具体的业务需求，进行最合理的规划与设计。同时，还要兼顾企业的未来发展以及整体 IT 规划的考虑，企业应用集成包括的内容很复杂，涉及结构、硬件、软件、数据、技术、接口以及流程等企业系统的各个层面。

4. Web 页面应用聚合器 Web 页面应用聚合器（Web Application Integrator）提供了一种方法，可轻松将现有 Web 应用嵌入门户，从而带来更高的价值。该技术在感官上与传统的门户集成方式不同，传统的门户集成方式一般是把业务系统的局部或整体界面嵌入到门户页面中，而 Web 页面应用聚合器是指在业务系统的页面中嵌入门户的主题导航、显示风格等元素，以让业务系统的操作界面保持与门户系统一致。Web 页面应用聚合器可以使业务系统更多的利用门户的价值，并保持企业内所有系统具有一致的操作体验。

（六）平台集成

集成平台是可以适应于不同系统之间信息共享的通用工具，就是通过企业应用集成技术将企业的业务流程、公共数据、应用软件、硬件和各种标准联合起来，在不同企业应用系统之间实现无缝集成，使它们像一个整体一样进行业务处理和信息共享。当在多个企业系统之间进行商务交易的时候，集成平台也可以为不同企业之间实现系统集成。当前随着信息系统的集成技术的发展，由系统集成带动信息集成广度和深度的不断扩展，集成范围由企业内部逐步扩展到企业外部。信息系统一般通过分类、归并和汇总等操作实现信息和数据的深度集成，数据仓库的数据深度集成技术还包括切片（slice）、钻取（drill）和旋转（rotate）等，而关联分析、聚类分析、系列模式分析等都是信息深度集成的高级应用技术。信息的深度集成目的是为了得到对企业管理者和决策有价值的信息。信息集成广度一般可以从集成的时间、地区、职能部门等多个侧面进行描述。对信息适度范围的集成可以保证信息的可靠性和权威性。

第七节　智慧土肥应用实施策略

一、区域试验策略

所谓区域试验策略是指按照"先集中规划后分区试验，先集中建平台后组装集成，先试点试验、积累经验后推广应用"的指导思想分步推进智慧土肥建设。区域试验策略紧紧围绕各地土肥产业和重点领域，统筹考虑行业及产业链布局，根据各地各自经济、社会及农业发展水平和产业特点，分别以设施农业、农产品和肥料质量安全全程监控、大田粮食作物生产监测、智慧测土配方施肥为重点领域开展试验示范，力图探索形成智慧土肥可看、可用、可持续的推广应用模式，逐步构建智慧土肥理论体系、技术体系、应用体系、标准体系、组织体系、制度体系和政策体系，并在全国范围内分区分阶段推广应用。

实施智慧土肥区域试验策略具有以下意义（农业部，2012）：

（1）实施区试工程，有利于把握物联网等智慧信息技术的特点及在智慧土肥领域的应用规律，探索形成智慧土肥发展模式。

信息技术是新生事物，是多学科技术的集成，兼具系统性和整体性。农业是个古老产业，土肥是农业的基础工作领域，兼具地域性、季节性和多样性，这就决定了信息技术改造传统土肥的复杂性和艰巨性。实施区试工程，研究物联网等智慧技术在不同产品、不同领域的集成、组装模式和技术实现路径，逐步构建智慧土肥应用模式，促进智慧土肥基础理论研究、适用技术和产品研发，探索构建国家智慧土肥标准框架体系及相关公共服务平台，将为推动智慧土肥发展奠定坚实基础。

（2）实施区试工程，有利于积累智慧土肥应用经验，促进智慧土肥科学发展。

目前，我国智慧土肥应用尚处于尝试性起步阶段，整体应用水平和建设规模明显落后于电力、医疗、环保等其他行业。各地智慧土肥应用示范基本呈各自为战、散兵游勇式发展，点多面广，严重缺乏顶层设计，为示范而示范的现象较普遍，重复投入问题较突出，可持续发展商业模式较少。实施区试工程，有利于逐步理清发展思路、明确发展方向和重点，为全面、整体、系统推进智慧土肥积累经验。

(3) 实施区试工程，有利于调动地方土肥部门积极性，整合各方力量共同推进智慧土肥建设。

虽然一些地方土肥部门发展智慧土肥的积极性较高，但由于缺乏稳定投入，系统推动的后劲明显不足，一定程度上影响了智慧土肥效果发挥和长远发展。实施区试工程，不仅有利于调动地方农业部门积极性，更重要的是通过政府工程项目的示范、引导和带动，能够促进社会各方资源整合、形成合力，共同推进智慧土肥的发展。

按照区域试验策略实施的典型是农业部发布《农业物联网区域试验工程工作方案》中涉及土肥的区域试验内容：

(1) 上海农产品质量安全监管试验区 上海是国际化大都市，农产品主要依靠外埠输入，保证农产品质量安全是一项重大民生工程，探索应用物联网技术开展农产品质量安全监管试验，对确保大中城市食品安全具有普遍意义。试验重点是农产品（水稻、绿叶菜、动物及动物产品）生产加工、冷链物流和市场销售等环节的物联网技术应用，借助无线射频识别技术和条码技术，搭建农产品监管公共服务平台，实现对农产品生产、流通等环节全过程智能化监控，有效追溯农产品生产、运输、储存、消费全过程信息。

一是建设农产品安全生产管理物联网系统。集成无线传感器网络，研究生产环境信息实时在线采集技术，研究生产履历信息现场快速采集技术，开发农产品安全生产管理物联网系统，实现产前提示、产中预警和产后反馈。

二是建设农业投入品监管物联网系统。在农业生产环节，建立水稻、绿叶菜等农产品田间操作电子化档案，对农业投入品进行规范管理，做到来源清楚，领用清晰，用量明确。

三是农产品冷链物流物联网技术引进与创新。引进、消化国外农业物联网先进技术，在消化吸收相关技术基础上，研制集多种传感器、车辆定位、无线传输于一体的冷链物流过程监测设备，力争在稳定性、可靠性、低成本和低能耗方面有进展。开发农产品冷链物流过程监测与预警系统，实现基于物流过程的实时化监测与智能化决策。

四是农产品全程质量安全监管物联网应用平台构建与服务模式创新。构建农产品质量安全监管综合数据库，开发农产品质量安全监管物联网应用平台，提供从农田到餐桌为主线的物联网综合应用服务，实现以追溯为核心的多方式溯源服务。培育农业物联网应用示范基地、示范企业与工程技术研究中心。积极探索商业化服务模式。

　　五是农产品电子商务平台应用示范。以农产品电子商务平台建设为突破口，重点支持农产品电子商务与农产品追溯系统的深度融合，加快建设和推广从农产品生产至终端销售全程追溯的应用系统，搭建农产品产销服务信息平台。

　　（2）安徽大田生产物联网试验区　安徽是典型的农业大省，对保障国家粮食安全具有重要意义。试验以大田作物"四情"（苗情、墒情、病虫情、灾情）监测服务为重点，通过远程视频监控与先进感知相结合的农情数据信息实时采集、高效低成本信息传输和计算机智能决策技术的集成应用，实现大田作物全生育期动态监测预警和生产调度。

　　一是建设大田作物农情监测系统。基于传感网数据采集，集成开发大田作物农情监测系统，实现对农田生态环境和作物苗情、墒情、病虫情以及灾情的动态高精度监测。

　　二是建立基于感知数据的大田生产智能决策系统。基于信息采集点感知数据，集成农业生产管理知识模型，开发大田生产智能决策系统，实现科学施肥、节水灌溉等生产措施的智能化管理。

　　三是建立基于物联网的农机作业质量监控与调度指挥系统。在粮食主产区，基于无线传感、定位导航与地理信息技术，开发农机作业质量监控终端与调度指挥系统，实现农机资源管理、田间作业质量监控和跨区调度指挥。

　　四是构建集成于 12316 平台的大田生产信息综合服务平台。以 12316 平台为基础，集成现有信息资源和各类专业服务系统，构建大田生产信息综合服务平台，为农情监测、生产决策、农产品质量安全管理、农机调度、市场监测预警等农业生产经营活动提供全方位的信息服务。

　　五是大田生产物联网技术应用示范区建设。在小麦、水稻等主产县（市、区）建设大田生产物联网技术应用示范区，开展"四情"监测预警、农业生产管理、农机作业调度等物联网技术应用示范，探索物联网在大田作物生产上的技术应用模式和机制。

　　六是探索农业物联网应用模式。在设施蔬菜、畜牧、渔业、茶叶、水果等产业，依托国家级、省级现代农业示范区、龙头企业，省级农民专业合作社示范社和规模种养殖场开展农业物联网应用试点，探索适合不同种类农产品、不同类型农业生产经营主体的农业物联网应用模式。

二、因地制宜策略

　　因地制宜策略就是要根据各地信息化水平，结合农民的需求和习惯，立足我国各区域农业农村信息化发展程度差异较大的实际，顺应农业农村信息化发展形势，按照"统筹规划、因地制宜、注重基础、讲求实效"的原则，同时鉴于农业管理信息化的全国垂直性和区域差异不明显性特征，在区域布局上重点考虑智慧土肥建设。

在因地制宜策略实施过程中，可以参考《全国农业农村信息化发展"十二五"规划》，按以下四类区域在全国范围内开展智慧土肥建设。

(1) 智慧土肥试验区　主要包括农业部确定的 200 个国家级现代农业示范区。"十二五"时期，重点开展 3G、物联网、传感网、机器人等现代信息技术在该区域的先行先试，推进资源管理、农情监测预警、农机调度、重大动植物疫情疫病防控、远程诊断、自动监控以及农产品质量安全等信息化的试验示范工作，熟化智慧土肥技术、完善运营机制与模式，增强该区域智慧化辐射带动能力。

(2) 智慧土肥先导区　主要包括直辖市、省会城市和计划单列市郊区以及珠三角、长三角、环渤海、海峡西岸经济区等东部沿海发达地区。"十二五"时期，重点发展设施园艺智慧化，大力提升"菜篮子工程"的信息化建设水平，大力发展高效农业，努力推进农业智慧化与土肥智慧化的深入融合，力争率先实现农业生产经营管理的智能化、智慧化。

(3) 智慧土肥推进区　主要包括 13 个粮食主产省，21 个产量过百亿斤[*]的市，44 个棉花、油料、糖料、水果、天然橡胶、畜禽产品、水产品等大宗农产品优势区域以及农垦经济示范区。"十二五"时期，大力推动农情监测、自动灌溉、规模化养殖环境监控、重大动物疫病疫情防控智慧化、全国大宗农产品批发市场智能监控，推进种植标准化、规模化、产业化，强化质量安全监管，保障国家农产品供给安全。

(4) 智慧土肥攻坚区　主要包括西部偏远山区、牧区等。该区域信息化基础设施差、产业落后、农牧民文化素质不高，是智慧土肥的攻坚区。"十二五"时期，重点推进农业农村信息化基础设施建设，加强农业资源监测管理，健全农村信息服务体系，加快信息化专业技术人员的培养和培训，深入开展农业信息服务，推动该区域实现农业农村信息化跨越式发展。

三、地域推进策略

我国幅员辽阔，农业自然条件复杂，农业机械化综合水平较低，在农业生产领域，电子、计算机和信息等技术的应用还较少，因此全面推广智慧土肥尚有一定困难。同时，我国东西部地区差异较大、平原与山部地区差异明显，因此，地域推进策略就是按照地域特色开展智慧土肥建设。以集约型农业中土肥智慧应用的发展为例（苗忠、彭程，2010）：

---

　　[*] 斤为非法定计量单位。1 斤＝500g。

(1) 西部地区　目前西部地区形成了以我国第一个农业示范区杨凌为龙头的高新农业发展模式，其覆盖整个关中地区，辐射整个西部地区，结合西部地区的自然环境特点，人文特点、农业种植特点等，利用物联网、云计算、三网融合等高新技术推动"三农"产业向数字化、智能化、低碳化发展，从空间、组织、产业上整合现有通信设备和信息化基础设施，使杨凌的发展"聪明、智慧"，探索了我国"三农"信息化、城市智慧化和谐发展模式，进一步推进了西部大发展战略实施。

(2) 东部地区　我国东部地区的集约化农业的物联网技术应用比较成熟，目前在长江中下游地区已经进入推广期实用期，主要表现在：长三角地区的集约型水稻生产区，通过农业机械导航控制技术研制而成的无人驾驶拖拉机，使农机驾驶员从单调重复的劳动中解放出来，显著提高作业精度，避免重复作业，提高农业资源利用率，降低生产成本，提高投入产出比。通过实时采集大棚内温度、湿度信号以及光照、土壤温度、叶面湿度、露点温度等环境参数，自动开启或者关闭指定设备。并根据用户需求，随时进行处理，为设施农业综合生态信息自动监测、对环境进行自动控制和智能化管理提供科学依据。

北京市则按照城市农业区、近郊农业区、平原农业区、山区农业区和京外合作区不同区域特点开展都市型现代农业建设，而这些不同区域开展智慧土肥建设必然存在不同的建设模式与策略。

(1) 城市农业区　包括东城、西城、石景山和其他新城核心区，是都市型现代农业的适度发展区。重点发展公园农业、社区农业、校园农业、家庭农业等不同类型的城市农业，挖掘农耕文化和示范教育功能，提升城市景观，缓解城市热岛效应，丰富市民生活。

(2) 近郊农业区　包括朝阳、海淀、丰台城乡结合部和新城的周边地区，是都市型现代农业的研发、展示和会展区。重点发展农业高新技术研发、总部经济、会展农业、农产品流通业、农业主题公园和休闲观光农业，打造农产品展示交流平台，积极营造城市田园景观，将农业生产空间与城市居住环境空间融为一体，增强农业生态、生活服务功能。

(3) 平原农业区　包括顺义、大兴、通州和房山、平谷、昌平的平原地区，是都市型现代农业的核心区和首都"菜篮子"农产品的重要生产基地。重点建设"名特优新"农产品生产基地、现代农业示范园区，发展农产品加工业、设施农业、现代种业与景观农业，为首都市场提供鲜活安全的农产品。

(4) 山区农业区　包括房山、门头沟、昌平、怀柔、延庆、密云、平谷的山区，是都市型现代农业作为充分体现人文、科技、绿色特征的低碳产业重要示范区，也是融合性产业的重点发展区。着重发展循环农业、低碳农业、有机农业和区域经济，打造一批特色果品产业带和有机农产品生产基地，提高农业生态服务价值和农民增收能力。

（5）京外合作区　重点包括河北、山西等周边省份农产品主产地区，是首都农产品供应的重要保障区。新发展 20 万亩农产品生产基地，外埠供应基地达到 80 万亩，并与城区"菜篮子"产品销售网络相对接，形成首都农产品外埠供应基地网络，以提升农产品市场控制力，并辐射带动周边区域农业发展。

四、阶段性推进策略

阶段性推进策略就是在智慧土肥顶层设计和总体规划的指导下，根据智慧土肥发展的规律，分阶段、有针对性地开展智慧土肥建设。以农业部市场与经济信息司的《农业领域物联网应用总体设想》为例，《农业领域物联网应用总体设想》将农业领域物联网应用划分成试点示范应用、夯实工作基础阶段和完善技术体系、加快推广应用阶段两个阶段开展农业领域物联网应用建设（农业部市场经济信息司，2012）：

（1）2011—2015 年，试点示范应用，夯实工作基础　选择种植业、设施农业和养殖业领域开展农业物联网示范应用项目，在黑龙江、北京、江苏等地启动一批示范项目，研发多种不同应用目标的高可靠、低成本的农业资源环境、作物生长动态信息获取传感器和动物行为信息传感器，构建低成本、全覆盖、实时监控的农业物联网传输网络，建立与国家物联网基础标准相衔接的农业物联网感知、传输和应用层技术标准，实现农业多源信息的智能采集、传输和应用，促进农业信息资源整合，强化农产品质量安全监管，探索农业物联网应用运行机制和模式，带动农业物联网技术产业发展。

（2）2016—2020 年，完善技术体系，加快推广应用　总结农业物联网应用示范项目建设运行经验，制订和完善农业物联网相关技术标准和协议，完善农业物联网应用产业发展体系和公共服务体系，结合各地发展现代农业的实际需求，加快物联网技术在农业生产、经营、管理和服务等领域的推广应用。

第七章　智慧土肥的萌芽

随着智慧化发展的提出，智慧农业的建设在我国已经初步展开，《全国农业农村信息化发展"十二五"规划》、《物联网发展"十二五"规划》均对智慧农业的建设提出了要求和发展方向，农业部决定启动农业物联网区域试验工程更标志着智慧农业建设在我国的初步发展。值得说明的是，在智慧农业建设以及物联网在农业中的应用过程中，并没有将土、肥、水、作物独立出来，提出智慧土肥的概念，虽然没有明确提出智慧土肥建设的概念，但智慧农业建设无论从技术研究、系统建设、还是区域应用方面，均离不开土肥的智慧化发展。本章从当前智慧农业研究、建设以及物联网在农业中的应用研究与实践中提取了土肥智慧发展的基本研究与实践，以期为智慧土肥建设提供现实经验支撑。

第一节　土肥智慧技术研究情况

一、土肥信息采集技术研究情况

信息采集、处理与监控技术是智慧土肥应用建设首先要解决的问题，当前土肥信息采集技术研究与应用主要包括以下几个方面。

1. 土壤养分的快速测量　土壤养分的快速测量一直是数字农业信息获取技术的难题。西方发达国家的数字农业技术之所以能够得到广泛的应用，其中一个重要的原因是土壤信息的数字化和该信息的长期积累。目前国外对土壤养分快速测量的研究仍然很重视，主要成果有应用近红外反射技术的土壤水分、有机质、pH 和硝态氮的快速测量方法。土壤信息采集车是一种适合我国国情的相对微观地理信息数字化的重要工具之一，其中快速土壤养分自动探测系统是数字农业的重要手段之一。一种机载移动作业土壤电导率测定与农田电导率空间分布图自动生成系统可用于定性分析土壤含水率、SOM 含量、土壤耕作层深度、土壤结构、土壤阳离子交换能力（CEC）（李树君等，2003）。

目前土壤养分测量的仪器主要有 3 类：一是基于光电分色等传统养分速测技术基础的土壤养分速测仪，国内已有产品投入使用，其稳定性、操作性和测量精度虽然尚待改进，但对农田主要肥力因素的快速测量具有实用价值；二是基于近红外技术（NIR）通过土壤或叶面反射光谱特性直接或间接进行农田肥力水平快速评估的仪器，已在试验中使用；三是基于离子选择场效应晶体管

（ISFET）集成元件的土壤主要矿物元素含量测量仪器，在国外已取得初步进展（何勇等，2012）。

测量土壤电导率的仪器包括基于电流—电压四端法原理的土壤电导率实时分析仪（周国民等，2004），这些土壤信息采集设备绝大多数都是利用单片机设计的，仅仅针对某一种要素进行采集，功能比较单一，获取和处理信息的速度不高，不能提供良好的人机交互界面。在土壤养分和理化指标快速检测仪器方面，主要有"便携式多功能面积测试仪"，该仪器利用 GPS 的定位功能，基于 GPS 控制点技术和面积纠偏算法，可以实现利用低成本 GPS 模块对任意形状地块面积的快速精确测绘和数据管理。

此外，还有"便携式 GPS 定位土壤 pH 测量仪"和"便携式 GPS 定位土壤压实度测量仪"，可以快速测量土壤的水分、pH 以及压实度信息，并且配备 GPS 模块，可以同时获得测量的空间三维位置信息。基于近红外漫反射测量的便携式土壤有机质测定仪，可以快速测量土壤中的有机质含量（何勇等，2012）。

2. 土壤水分信息采集 遥感凭借着其独特的信息获取优势逐渐成为农田信息获取的主要手段。基于图像可以推断土壤持水量和土壤有机质含量。根据田间作物的归一化植被指数（NDVI）来预测潜在产量和当时作物的氮吸收，根据产量与籽粒氮含量的相关关系预测最终的籽粒氮吸收量，从而根据籽粒氮吸收量与植株氮吸收的差值来预测施氮量（张涛、赵洁，2010）。RFID 技术应用于检测果树的信息，从而分析果子的生长状况。在柑橘树中植入射频芯片，该芯片可以采集和存储柑橘树的信息。运用了 RFID 和无线传感器技术，可以对土壤温度、湿度等的实时监测，对后续植物的生长状况提供研究的依据。土壤水分采集仪器方面基于 GPS 定位的土壤水分快速测量仪，该仪器 SWR2 型土壤水分传感器（李民赞等，2004）。

二、作物监测技术研究情况

1. 作物长势的遥感监测 作物长势的遥感监测主要研究集中在叶面积指数的监测和生物量的监测两个方面（李映雪等，2009）：

（1）叶面积指数的监测 作物的叶面积指数在光谱中有较好的体现，利用高光谱遥感技术获取作物的叶面积指数，能够克服传统获取作物叶面积指数费时耗力，并减少作物叶片的破坏性。

（2）生物量的监测 当前的研究集中在预测水稻生育期的生物量、通过测定水稻冠层可见光和近红外高光谱反射率来建立预测水稻干重的统计回归模型等。

2. 作物生物化学参数的遥感监测

（1）氮素营养的监测 由于作物冠层光谱反射特征易受到植株叶片含水

量、冠层几何特征以及土壤覆盖度等各种时空因子的影响，所建立氮素光谱诊断模型可靠性与普及性都较低，目前如何提高氮素光谱诊断模型在实际生产中的广泛应用应是高光谱氮素监测的一个重要研究内容。

（2）叶绿素的监测　作物群体植被光谱的"红边"位置能够很好地反映叶绿素密度信息。随着叶绿素浓度的增加，红光范围叶绿素浓度的吸收特性加深加宽，并且变形点红移。生长期间叶绿素浓度增加导致变形点红移；当叶片衰老时，叶片结构开始破坏，同时叶绿素减少导致红光反射增加，这些变化导致红边变形点蓝移。因此，利用高光谱数据不仅能够较好地监测叶绿素含量，还能监测叶绿素密度、植被红边特性以及其他色素含量等重要信息。

（3）叶片碳氮比的监测　相关研究包括植物叶片碳氮比光谱估测的可行性，冠层反射光谱与小麦绿叶碳氮比的关系以及小麦的碳氮比与高光谱特征关系在作物不同生长阶段的特征等。

3. 作物品质的遥感监测　以籽粒蛋白质含量为主要监测指标，并利用卫星遥感成图技术指导区域施肥，有效地提高了稻谷品质，取得了显著的经济效益。与星载或机载传感器相比，地物光谱仪通常基于地物光谱特征从机理方面来研究作物籽粒品质。水稻冠层反射光谱与籽粒蛋白质含量具有相关性，拔节期、孕穗期、灌浆期的光谱反射率与成熟期籽粒蛋白质含量的相关达极显著水平，而成熟期光谱与籽粒蛋白质含量相关不显著。还有一些研究是在植株氮素营养光谱监测的基础上，利用植株氮素与籽粒品质之间的关系，进而间接预测籽粒蛋白质含量及相关品质指标。还有一些在小麦方面的研究也都是借助于氮素光谱监测的方法来推算蛋白质含量。此外，部分国家开发相关仪器，主要包括植物生理生态监测仪、生理生态仪器等，能进行植物光合速率、蒸腾速率、气孔导度、细胞间隙、CO_2浓度、温度、湿度、呼吸等植物生理生态指标测定。

4. 计算机视觉技术在作物生长状态监测中的研究状况　计算机视觉技术在作物生长状态监测中的研究主要包括作物外部生长参数测量、果实成熟度检测、作物营养状态监测等（林开颜等，2004）。

（1）作物外部生长参数测量　作物外部生长参数测量在三维空间中就可以求取作物节点间距、叶柄长度、茎秆直径、叶片倾斜角等；对于叶片面积的测量采用三角形逼近的方法，即把叶片与叶柄相连的一端为顶点，向叶片轮廓作射线将叶片进行细分，相邻两条射线与叶片边缘有两个交点，利用此三点可在三维空间中求取其对应三角形的面积，将所求得的所有三角形的面积相加即为所求叶片的近似面积。还可以利用土壤与植物图像对比度的差异作为土壤干湿的判断依据。但对光源不均、叶片重叠并未给出很好的分割方法；对于植物图像与土壤的分离，黑白图像并不能完全区分作物和土壤，若采用光谱图像则成本较高。

（2）果实成熟度检测　相关研究包括：对线扫描的图像进行离散傅里叶变换，根据特定频段的频率响应平均值对椰菜果分为未成熟、已成熟、过分成熟；建立了番茄成熟度指标 TMI（Tomato Maturity Index），使量化评价成为可能，并且给出了果实结实度与成熟度指标之间的数学关系；利用遗传算法训练的多层前馈神经网络实现番茄成熟度的自动识别的研究，对 10 个不同成熟度的番茄样本进行检测。

（3）作物营养状态监测　植物缺水会导致根部供水与叶片水量蒸发的不平衡，叶片会枯萎下垂，因而叶尖的运动状态可以作为反映植株需水情况的指标。正在成长的叶片由于生长规律的原因其叶尖状态会上下波动，不适合作为监测对象。为此，选择了叶片完全长成型的番茄叶子，利用机器视觉技术对其生长情况进行监测。非接触式测控系统能不间断地测量温度、湿度、光照、风速等环境因子，以及土壤湿度、营养液浓度和叶片温度等，同时根据作物的水分状况控制灌溉系统。叶冠投影面积的变化趋势可以较好地反映植物的缺肥情况监测。

（4）作物形状描述与识别　数学形态学可应用于谷粒大小分布检测、叶片形状识别和牛肉纹理分析，试验表明形态学变换可以把图像变换为易于理解的图像，利用几个简单的形态学算子就可以实现复杂的图像处理过程。而且，形态操作具有并行处理、易于实现、实时性好等特点，因此数学形态学在农业工程领域必将会有广泛的应用。曲率可用于完全可见和部分可见的叶片的边界描述。对于完全可见的叶片。将实测的曲率函数和模型相匹配即可对叶片进行辨识；对于部分可见的叶片，利用傅立叶—梅林（Fourierf-Mellin）相关性变换对曲率函数进行重建后再与模型进行匹配。当叶片与茎秆的旋转角度超过 30°时，模型要进行相应角度的旋转。

三、传感网络技术研究及应用

国外对于传感网络的研究着重于传感器操作系统、传感网络构建以及传感网络协议。在传感器操作系统方面，加利福尼亚大学伯克利分校提出了应用网络连通性重构传感器位置的方法，并研制了一个传感器操作系统——TinyOS。在传感网络构建方面，加利福尼亚大学洛杉矶分校开发了一个无线传感器网络和一个无线传感器网络模拟环境，用于考察传感器网络各方面的问题。南加利福尼亚大学提出了在生疏环境部署移动传感器的方法、传感器网络监视结构及其聚集函数计算方法、节省能源的计算聚集的树构造算法等。麻省理工学院开始研究超低能源无线传感器网络的问题，试图解决超低能源无线传感器系统的方法学和技术问题。康奈尔大学、南加利福尼亚大学等很多大学开展了传感器网络通信协议的研究，先后提出了几类新的通信协议，包括基于谈判类协议（如 SPIN-PP 协议、SPIN-EC 协议、SPIN-BC 协议、SPIN-RL 协议）、定向发布类协议、能源敏感类协议、多路径类协议、传播路由类协议、介质存取控制类协议、基于 Cluster 的协议、以数据为中心的路由算法（姚世凤等，2011）。

我国有多家科研单位展开了基于无线传感器网络的监控系统的研究，并已取得初步成果。无线传感器网络在"十二五"规划中已成为农业信息化和现代农业的重要研究方向之一。国家"工厂高效农业工程"已把智能传感器和传感器网络化的研制列为国家重点项目。国内研究者更多地研究传感器网络相关理论和组网协议，以及利用传感网络开展农田自动节水灌溉、监测预警等方面有应用。如湖南农业大学提出了一种基于无线传感器网络的农田自动节水灌溉构建方案，设计了一种无线传感器网络实现农田土壤湿度信息的实时采集和传输，通过灌溉控制器控制灌溉管网，分区域实时灌溉并调节土壤湿度；浙江林学院信息工程学院和浙江大学提出了一种基于无线传感器网络的森林火灾监测预警技术的系统框架及其实现方案（杨选民等，2011）。

四、预测模型与预测方法研究情况

1. 国外研究状况　国外开展了大量的生长模型、估产模型、监测模型的研究。首先，作物的生长模型一直是植物数学模型研究的重点之一。国外的作物生长模型出现于 20 世纪 60 年代，较有名的有荷兰的 PS123 模型（1992 年开发），用于定量化土地生产力评价的普适模型，模型可适用于多种作物生产力计算。STICS 是法国科学家开发出的作物生长模型。该模型以天为时间步长，根据土壤水分和氮素平衡、气象数据以及作物管理措施模拟作物生长和发育状况。其次，国外不仅发展了不同的单产模型，而且还采用了不同的遥感资料估算作物的种植面积。如澳大利亚用陆地卫星 MSS 数据对新南威尔士双季稻种植面积的估算，精度达到 98%。在监测模型方面，国外许多学者已成功建立了数百种遥感监测模型，包括农作物、森林等多种植物的数学模型。其中，美国建立的模型影响很大，如 GOSSYM 模型、SIMCOT 模型等，特别是 CERES 模型，综合考虑了气象因子、土壤水分和土壤氮素对作物生长的影响，模拟的环境条件已经基本接近作物生长实际环境条件（刘彦等，2011）。

2. 国内研究现状　在建立模型方面，中国的学者也有许多成绩。高亮之等研制了适用于水稻形态发育的水稻钟模型，郑志明等以 ORYZA 为基础，建立了 HDRICE，并对灌溉水稻的生长发育进行了模拟；严力蛟等利用氮行为模型 ORYZA-0 和 Price（1979）规则系统数学优化程序的结合及通过田间试验获得的模型参数和生成元函数，模拟了氮在土壤—水稻中的运行轨迹；吕永成等提出了一种基于专家系统（ES）和 GIS 的水稻优质高产栽培计算机模拟优化决策咨询系统，并通过了测试与试验验证，取得了较好的效果（刘彦等，2011）。

马玉平等在 Wofost 模型本地化和区域化的基础上，利用同化法的思路探讨了 MODIS 遥感信息与华北冬小麦生长模拟模型结合的可行性和方法。但该研究涉及多个学科，很多环节、过程和模型都可能不够完善。如采用什么分辨率等问题均需继续深入细致探讨。朱洪芬等提出了一套完整的基于遥感信息的作物长势监测模型，实现了对主要作物的生理和生化参数的定量化反演，将遥感监测模型与管理知识模型耦合，不再需要历史遥感图像的积累，即可在生长关键时期进行作物生长状况的监测和诊断。为解决传统的作物生长模型难以模拟大田的实际产量的问题，宇振荣等提出利用遥感估算区域冠层温度，并计算水分胁迫系数，来近似估计作物实际生长速率和产量。张建华在分析遥感估产、数值模拟估产方法的基础上，提出了新思路，即利用遥感与农业气象数值模拟技术相结合的办法来进行作物估产研究，这样能更好地大面积估产。农作物单产估算数据作为遥感估产的主要产品之一，其估算可行性和精度的高低直接影响到粮食总产量的整体预测精度，同时也会影响到决策支持部门的认可程度。为此，有学者总结了五个基本思路：模型搜集整理、筛选与膨化、单点模拟与检验、空间外推与区域单产估算的技术过程，从 5 个方面对其可信度和可行性作评价分析（刘彦等，2011）。

五、精准与变量技术研究情况

1. 土壤养分管理分区研究　近年来，许多学者开始研究按照土壤养分的变异性和空间位置将同一地块划分成不同的相对均质的区域进行管理，即土壤养分管理分区（Soil Nutrient Management Zone）。Fridgen 在模糊 C 均值聚类算法的基础上编制了简便管理分区软件 Management Zone Analyst（MZA），使非专业用户能够简单快速的获得分区结果。Schepers 等利用多年土壤特性和产量数据研究了管理分区刻画其空间变异性的能力。Fleming 评价了农场主根据遥感图片、地形和生产经验定义的管理分区对变量施肥的影响。李翔等在 K 均值算法的基础上提出空间连续性聚类算法，对小麦的长势差异进行了调优栽培管理分区的提取研究。黄绍文等根据粮田土壤养分速效含量的空间分布规律，在 GIS 中对主要土壤养分进行管理分区，利用平衡施肥技术来指导养分管理。Li 利用土壤电导率数据和聚类分析方法对沿海盐碱地进行管理分区，并研究了实施定位管理的可行性（王子龙、付强、姜秋香，2008）。

2. 精准施肥机的发展　变量施肥机在发达国家研究较为深入，其相关技术已臻完善和商品化。在实时控制施肥技术方面，如美国俄克拉荷马州立大学所研制的基于氮素光学传感器的变量施肥机，其根据实时监测的作物光谱信息分析来调节控制施肥量。而美国 Trimble 公司应用处方信息控制施肥技术开发了 AgGPS170 田间计算机，通过给定的田间作业处方图指挥变量作业控制器进行变量作业。此外较为成熟的产品还有 CASE 公司的 Flexi Coil 变量施肥播种机，约翰迪尔（John Deer）公司的 JD-1820 型气力式变量施肥播种机（耿向宇等，2007）。Rawson 公司生产的 ACCU-RATE 变量控制器能够独立编程来控制播种和施肥。Trimble 公司生产的 AgGPS170 田间计算机可以与 AgGPS 接收机、导航系统和 Autopilot 相结合，实现导航、成图、土壤取样、变量控制、作业记录等多种功能。俄罗斯全俄农机化研究所研制了用于颗粒状肥料的变量施肥机。该变量施肥机在排肥口安装共振片和电磁铁，采用控制共振片振动开关的频率来控制排肥量。

我国田间变量实施技术的研究起步较晚，与发达国家相比存在着一定的差距。王秀等研制出一种可与国产拖拉机配套的变量施肥机，该施肥机在 GPS 系统的帮助下可以按照预先设计的施肥处方图来实现变量施肥。吉林大学在国家"九五"攻关项目的支持下，先后研制了基于 IC 卡的手动/自动变量施肥机 2SF-2、2BFJ-6（张涛、赵洁，2010）。国家农业信息技术研究中心采用 Trimble 公司的 AgGPS170 田间计算机，以电控液压马达为驱动，研制出精准变量旋耕施肥机。此外，黑龙江八一农垦大学采用电控机械无级变速器为执行机构，研制出大豆精密播种施肥机；河北农业大学在使用光学传感器测定计算 NDVI 指标并以其为依据进行施肥决策和控制方面进行了初步尝试。北京市农林科学院农业信息技术研究中心（国家农业信息化工程技术研究中心）研制了具有单一功能的变量施肥机。上海交通大学机电学院研制了智能变量播种、施肥、旋耕复合机。吉林大学生物与农业工程学院研制了变量深施肥机。河北省农业机械化研究所还进行了圆盘式变量施肥机的试验。上述变量施肥机尚处于研究和初步试验阶段，未到实用阶段，下一部的研究方向是研制多种肥料同时变量施肥的机械，并提高精准度（彭珍凤，2009）。

3. 精准灌溉的理论研究　Barnes Edwardm 采用模型与遥感方法进行精准灌溉管理。其研究表明，植物从土壤中吸收的有效水量是众多变化着的因素之一。把蒸渗仪得到的作物需水估计量与作物模型预测的水势结合起来，来改善模型预测作物的有效水量。Jennifer 等对精准灌溉进行了效益分析。近年来国内在精准灌溉方面的研究也有了一定的成果。卢胜利等提出的面向精准灌溉的农田水势软测量，根据土壤—作物—大气连续体（SPAC）理论，基于农作物微环境信息采集与处理，通过混合软测试模型整体估算农田水势的新方法（周锭、李程碑，2009）。

第二节　智慧土肥系统研究与建设情况

一、土肥信息自动监测系统建设情况

2007 年，位于美国加利福尼亚 Oxnard 的草莓培育商安装一套物联网系统，实时追踪植物的生长状况。该系统还可以根据空气和土壤的状况，自动触发相关行为，如浇水或调节温度。这套系统由 Climate Minder 开发，目的是帮助培育商更好地管理植物的生长情况，这套系统自该公司 2007 年发布以来，已被土耳其 200 家多温室和苗圃所采用。此外，该系统还在土耳其的鸡场、烟草存储厂和冷藏仓库使用（姚世凤等，2011）。2008 年 Pierce 和 Elliott™ 分别针对大区域和农田的气候监测设计了区域气象监测网络和农田霜冻监测网络。区域气象监测网络和农田霜冻监测网络在华盛顿州得以成功实施。Crossbow 公司推出了专门为精准农业设计的 eKo 专业套件。它采用太阳能供电，安装简单，使用方便，引入了可靠的 Mesh 无线传感器网络，传感器节点监测土壤温湿度、空气温湿度、叶面水分、太阳辐射、气象变化、径流水流量等参数，通过网页浏览器为用户提供农作物健康生长情况的实时数据（韦孝云等，2012）。

在国内，刘卉和汪懋华等人根据农田环境的应用需求，设计了农田土壤温湿度监测系统，该系统由农田无线监测网络和远程数据中心两部分组成。采用 JN5121 无线微处理器为核心的传感器节点开发策略，构建基于 ZigBee 协议的无线监测网络，基于 Linux 开发的网关节点实现数据汇聚和 GPRS 通信方式的远程数据转发。该系统为精准农业时空差异性和决策灌溉研究提供了有效工具（韦孝云等，2012）。邴志刚等运用 RFID 相关技术（包括标签、读写器、管理软件）设计了智能支架，从而便于传感器网络节点部署、网络拓扑动态调整和网络管理，以适应不同作物和作物不同生长阶段（屈赞等，2011）。高峰采用无线传感器网络技术，设计了作物水分状况监测系统，实现了信息采集节点的自动部署、数据自组织传输，可以精确获取作物需水信息，温度、湿度、土壤温度、土壤湿度等环境信息，以及水分亏缺时作物水分生理指标微变化信息等，具有功耗低、成本低廉、鲁棒性好、扩展灵活等优点，可应用于农田、温室、苗圃等区域（马享优等，2012）。

随着电子技术、无线通信技术、软件开发技术等现代信息技术水平的不断提高，墒情监测在关键技术研究、关键设备研制及监测网络建设等方面都取得了较大进步。墒情监测系统在全国多个地区进行应用。我国贵州、辽宁、黑龙江、河南和江苏等地均建立了使用传感器技术的墒情监测系统。这些系统广泛应用信息技术，在一定程度上实现了墒情自动采集，能够实现土壤墒情信息的统计、检索、列表显示、图形分析显示和预测等功能，并且可对土壤墒情变化规律进行实时监测（《中国农业农村信息化发展报告2010》）。2010年，农业部继续运用遥感技术对我国大宗农作物面积、长势和产量进行监测和评价，全面实现了水稻、小麦、玉米、大豆和棉花五大作物种植面积、长势、墒情、单产和总产的监测预测，并对甘蔗、油菜进行了遥感监测试点研究。同时对耕地等农业自然资源的数量、质量和空间分布，以及旱灾、洪涝灾害等主要农业自然灾害分布进行监测、调查和评价（《中国农业农村信息化发展报告2010》）。

二、作物生长及需肥智能监测系统建设情况

中国对于农业监控技术的研究较晚，始于20世纪80年代，但发展速度很快。乔晓军等开发了农业设施环境数字化监控系统，以实现农业设施信息采集和处理的自动化。庞树杰等开发了基于GPS和GSM的农田信息远程采集系统。旬荣辉等应用GSM短消息技术实现了温室环境的实时控制，提高了系统的自动化程度。在农业资源利用方面，中国农业在精耕细作、多层次利用、生态农业等高效利用农业资源方面独树一帜。各地已总结出许多具有区域特色的耕作技术和农业模式，这些技术对提高我国土地、水、肥等资源的利用率发挥着重要作用。农业资源监控监测技术也取得了较大的发展，遥感与地理信息系统（GIS）技术也成功地应用于作物长势、种植面积、产量、灾害、水土流失等方面的监测（史国滨，2011）。刘德义等提出了基于Web的设施农业气象信息监测与预警系统，该系统提供了实时数据查看、历史数据查询、K线图显示、气象预警信息、温室气象预报、应用示范介绍、手机短信提示、实时图片显示等功能。孙忠富等研究开发的基于M2M的农业远程监控系统，可以对作物生长环境、农业气象要素等进行动态实时监测和采集，实现了农产品的分布式监测，集中式管理。无锡市将智能农业物联网监测系统应用在有机水蜜桃基地，在桃林中安置传感器和微型气象站，实时采集水蜜桃生长环境的温度、湿度、光照强度等信息；建立数据库，农户可通过PC、智能手机等终端访问该系统，随时获取水蜜桃生长信息（高强、滕桂法，2013）。

在农业估产方面，欧美国家均已建立了庞大的农作物业务化监测、估产系统。遥感技术也已形成多星种、多传感器、多分辨率共同发展的局面。Yang Xiao-Hua等提出遥感应用于农业检测的主要目标是一些特征值的估计，这种监测依赖于植物的光谱反射。改进测算方法通常要靠从特殊的狭窄波段获取的光谱信息，高光谱数据用分光辐射度计来收集。基于衍生反射的广义回归神经网络是最好的预测LAI和叶片叶绿素密度的模型。迄今，美国农业部的全球农业遥感估产系统、加拿大的全球作物监测系统和欧盟的MARS作物监测系统均获得了比较成功的应用。就农作物遥感监测运行系统而言，美国农业部国

家农业统计局运行的国内遥感估产系统，以分层遥感抽样为主，而美国农业部外国农业局运行的全球遥感监测系统，可以对全球不同国家的粮食作物、棉花等农产品进行动态监测；欧盟建立的农作物估产系统用于实施欧盟区的共同农业政策，同时应用 ERSU2 雷达数据估算东南亚地区水稻产量；此外，法国、德国、泰国、澳大利亚、巴西等国家也相继开展了作物估产工作，并取得了可喜的进展。

国内已经形成了一系列农作物遥感监测的技术方法，构建了许多有关作物长势监测、产量及品质预测的业务运行系统。如中国农业科学院开发成功了"全国冬小麦遥感估产业务运行系统"。中国科学院地理研究所和浙江大学分别建立了"江汉平原水稻遥感估产集成系统"和"浙江省水稻卫星遥感估产运行系统"，实现了对水稻种植面积、单产和总产的预测预报。杨邦杰等建成了"中国农情遥感速报系统"，完成了对全国主要农作物的估产。吴炳方等通过年际间遥感图像的差值，以时序 NDVI 图像构建作物生长过程，实现了农作物生长过程监测，建立了农作物长势遥感监测系统（朱洪芬等，2008）。

三、自动控制系统建设情况

目前，国内外在基于传感网络的自动控制系统建设方面已经取得了一些可观的研究成果。2008 年 Kim 等人利用无线传感器网络技术设计了一个定点精准线性移动灌溉系统。6 个分布于农田中的现场传感器站点来定点监测农田属性，定期采样并将采集的数据发送到基站。灌溉机器由一个编程逻辑控制器来控制，逻辑控制器可以根据 GPS 获取的信息来更新灌溉喷头的地理位置坐标，并通过 Bluetooth 技术实现与基站的通信。2009 年 Kim 和 Evans 开发了一个决策支持软件，该软件结合现场无线传感器网络通过 Bluetooth 无线通信技术实现了定点喷灌控制。同年，Kim、Evars 和 Iversen 将一个可控灌溉系统和分布式现场无线传感器网络整合到一个闭环控制之中，来实现自动化变量灌溉（韦孝云等，2012）。

在国内，高峰等人采用无线传感器网络技术设计了作物水分状况监测系统，该系统实现了信息采集节点的自动部署、数据自组织传输，可以使人们随时随地精确获取作物需水信息，为精准灌溉提供了科学依据。杨婷等人提出了一种基于 CC2430 无线传感器网络的自动滴灌系统的设计方案，系统监测作物土壤湿度、环境温度和光照变化等参数，根据采集到的信息判断是否实施滴灌，当湿度达到作物要求上限时则适时停止灌溉，减少不必要的浪费（韦孝云等，2012）。赵小强等设计了一种基于物联网及太阳能技术的节水农业自适应灌溉系统，可监控水质测量、水坝水位、土壤的温湿度等，通过无线通信技术，实现自适应灌溉、智能泄水、水质监测等功能（马享优等，2012）。杨万龙等自主研发的滴灌施肥智能化控制系统，利用土壤水势传感器监测土壤的含水量，进行自动灌溉施肥控制。国家农业信息化工程技术研究中心开发研制的便携式环境监测产品在设施农业生产中取得了良好的应用。

四、智能施肥系统建设情况

国外发达国家 20 世纪 70 年代初就开始应用计算机进行推荐施肥服务，而且发展很快，如美国威斯康星大学植物营养诊断与推荐施肥系统，考虑了 11 项土壤肥力参数的 12～13 项植物测定数据，对施肥作诊断；美国奥本大学的推荐施肥系统有 52 类作物的施肥诊断标准；1994 年美国密歇根大学建立的计算机推荐施肥系统，对有机肥的处理可估计多年，而且可以人机对话方式解答一些施肥技术问题，具有一定人工智能（田有国、任意，2003）。Cugati 等人设计了一个自动变量施肥系统。He Jianlei 等人设计了一个施肥决策支持算法，在此基础上开发了施肥决策支持系统，该系统包括一个无线传感局域网络和 GIS 数据分析服务器。传感器监测实时环境数据，并通过无线局域网将数据发送到服务器（韦孝云等，2012）。

新疆兵团自主研发了微机决策平衡施肥系统，该系统以 GIS 地理信息系统为开发平台，以连队为单位采集土壤类型、肥力、作物品种、产量以及肥料使用等有关信息，进行动态监测，并针对不同情况，设定出作物所需氮、磷、钾及微量元素的最宜施用量、配比及施肥方法，使作物养分、土壤养分处于最佳动态平衡状态（《中国农业农村信息化发展报告 2010》）。宁波鄞州区农林局农业技术服务站主持开发的"测土配方智能配肥系统"，它将"测土配方专家系统"和"智能称重配肥系统"整合为一体，由 GPS 地图确定田块的位置，以"缺什么补什么"为原则，因地制宜，个性化配肥，只要输入种植茬口和需要施肥的面积，相应的配方肥成品就会按要求配比生产。

五、设施农业智慧化应用系统建设情况

国外在 20 世纪后期就已经开发了基于网络化、分布式的温室环境控制系统。日本四国电力集团开发了"OpenPlannet（OP）"双向远程监控系统，利用基于以太网的嵌入式网络技术实现了温室环境和视频的实时动态监控。英国的无线系统公司开发了系列无线设备用于花园温室或储藏室的霜冻和入侵警报系统、远程无线洒水系统、通风加热控制系统等。希腊的 Loukfam 公司开发了基于工业计算机的温室环境、营养液的综合调控系统。美国 GreenAir 公司生产的 GHC100 模型 6 温室控制器基于 TCP/IP 通信实现了 6 连栋温室的全方位环境控制。美国 Electrodepot 公司生产的 Abacus128 型温室控制器实现了本地或远程的网络化温室环境控制（姚世凤等，2011）。Seongeun 等人种植甜瓜

和白菜的温室中部署了一个自动化农业系统，用来监测它们的生长过程，并控制温室的环境。该系统由无线传感器网络、网关和管理子系统构成。25 个传感器节点、1 个执行节点和 3 个汇聚节点部署在温室大棚中，具有定向天线的无线局域网接人点提供了无线传感器网络和管理子系统之间的远距离无线链路。Kolokotsa 等人针对温室环境监测开发了一个智能环境和能源管理系统。该系统可以监测温室内部的光照、温度、相对湿度、CO_2 浓度和室外温度，输出驱动包括加热装置、电机控制窗口、电机控制遮光窗帘、人工照明、CO_2 浓缩瓶和水雾化阀门。他们在位于地中海哈尼亚农艺研究所的一个温室中对该系统进行了测试。

阎晓军等根据北京市设施农业产前、产中、产后全产业链条需求和发展中存在的问题，以设施农业生产综合管理为切入点，提出了北京市设施农业物联网应用模式架构和完整的总体构建思路，设计方案包括：设施农业数据感知与采集；设施农业感知与控制信息传输网络；北京设施农业物联网云服务平台、两级监控中心、预警与控制决策、技术标准规范以及企业运营模式得建立等。天津市现代农业科教创新基地与相关企业合作，开展了农业大棚高效管理、温湿度环境监控等方面的研究，运用微功率无线通信技术、数字化温湿度传感技术，建立了基于 ZigBee 无线检测网络的农业大棚远程监测系统，集模拟量/开关量采集、继电器控制、RS-232 串口通信于一体，测量精确可靠、操作简便，在基地中得到良好应用（马享优等，2012）。孙忠富等人提出了一种基于 GPRS 和 Web 技术的远程数据采集和信息发布系统方案，通过 RS-485 总线与数字传感器连接，并与 PC 监控计算机构成温室现场监控系统，通过 GPRS 无线通信技术建立现场监控系统与互联网的连接，将实时采集信息发送到 Web 数据服务器。司敏山和高艺设计了基于太阳能的温室无线传感器网络监测系统，传感器节点采用基于太阳能的能量供给系统无线传感器网络节点结构，该结构采用 MSP430 超低功耗 MCU 以及低功耗网络传输芯片 nRF24L01，尽可能地降低系统能耗。西北农林科技大学的郭文川等人设计了一种基于无线传感器网络的温室环境信息监测系统，在西北农林科技大学甜瓜示范基地对该系统进行了测试，能够较好地满足温室环境监测的应用需求。黑龙江垦区建成基于物联网的智慧农业大棚远程监控信息系统，该系统将大棚农作物生产过程中最关键的温度、湿度、二氧化碳含量、土壤温度、光照、土壤含水率的信息实时采集，利用移动通信公司 M2M 运营支撑平台和 GPRS/GPS 网络传输，利用短信息、WEB、WAP 等手段，让从事农业生产的种植户实时掌握这些信息，在促进农业增效，农民增收方面效果显著（《中国农业农村信息化发展报告 2010》）。南京蔬菜温室设施智能控制系统在荷兰引进设备的基础上，根据实际需要，重点开发完善环境无线检测、环境因子显示和实时播报、分级智能控制远程管理（故障诊断）等功能；张家港葡萄种植大棚智能监控系统，能自动采集葡萄园内温度、湿度、土壤含水量等环境参数，实时视频监控大棚内的葡萄生长情况，通过上网、触摸屏等随时随地访问系统，及时获取葡萄园现场信息。

<h3 style="text-align:center">六、决策与智慧支持系统建设情况</h3>

近年来，欧美发达国家十分重视建立基于农作系统模型和 GIS 技术的数字化农业生产试验系统，并在示范应用中获得了突出的社会、经济和生态效益，这已经成为农业信息管理系统的发展趋势。同时，近年来兴起的农业管理知识模型，通过解析农业生产管理方案，通过明确土肥与环境之间的定量化关系，为区域农业的管理决策和数字化设计提供了辅助。中国在继续发展和完善农业管理信息系统和农业生产专家系统的同时，在作物生长模型、虚拟植物生长、农情信息监测、精确农作技术等方面也进行了开拓性的研究工作，并取得了良好的成效（贾小红等，2007）。20 世纪 80 年代末，开始以作物模型为基础，结合专家系统研制的农业决策支持系统，如美国夏威夷大学的 IBSNAT 推出的 DSSAT 系统。近年来，随着 3S 技术的广泛应用，农作管理信息平台的研制向更深层次的方向发展。美国 Florida 大学将 DSSAT 3.0 结合 GIS（Arc View）集成了农业环境地理信息系统的决策支持系统（AEGIS），台湾逢甲大学周天颖等人利用 GIS、遥感技术（RS）和 CERES-RICE 模型建立了台中市水稻生产的农业土地使用决策支持系统。这些决策支持系统的涌现促进了农业生产管理决策的信息化和现代化进程。

国内一些专家在变量施肥决策方面也进行了一定的研究工作，应用 GPS、GIS 与专家系统等技术建立了一些施肥应用系统。中国农业科学院土壤肥料研究所开发了中国土壤肥料信息系统（SOFISC）。河北农业大学人工智能研究中心开发了用于变量施肥的智能空间决策支持系统 VRF-ISDSS，该系统是在 ArcView GIS 平台上进行二次开发而成的，能够分析与处理作物产量的空间分布和作物生长环境参数的空间分布等信息，并能够生成相应的分布图和施肥处方图。张书慧等开发了一套专门用于实施变量施肥作业的田间地理信息系统。该系统建立了一个包括土壤养分、肥料使用情况、作物历年产量等相关数据库，可进行数据的输入、输出、查询、更新以及统计等功能，可根据不同地块诸多影响因素给出施肥决策（张涛、赵杰，2010）。

<h2 style="text-align:center">第三节　区域智慧土肥实践进展情况</h2>

除上述智慧土肥单项应用外，我国各级农业管理者开展了智慧农业建设的

实践，这些实践中与土肥智慧相关的实践不断涌现，现从省级、市级、区县级三个层次对这些实践案例进行分析和总结。

一、省级实践案例

1. 河南省技术试验基地建设　河南移动在鹤壁建立了全国首家"星陆双基遥感农田信息协同反演技术"试验基地，该技术是由中国农业科学院农业资源区划研究所主持的"863"计划地球观测与导航技术领域的目标导向类课题。该项目将卫星遥感与地面传感、无线通信有效结合，使有关部门能更加精准地获取田间农情信息，足不出户就能了解到田间温湿度和农作物生长情况。目前该实验项目已覆盖鹤壁市种植区域 $100km^2$，安装了集数字与视频数据采集、传输一体化的农情地面检测网络设备，其中包括农田监视器 60 个、建设监控中心 1 个。设备系统可自主供电、连续工作、远程监控，形成粮食主产区农情信息实时智能监控网络。

2. 陕西精准管理关键技术研究与示范　西北农林科技大学、西北工业大学开展了国家科技支撑计划项目"西部优势农产品生产精准管理关键技术研究与示范"，并通过项目验收。该项目将无线传感器网络等信息技术与西部优势农产品精准化生产紧密结合，开展了适应西部干旱半干旱生态环境的西部优势农产品生产精准管理关键技术研究与示范。

（1）该项目建立了苹果、猕猴桃、甜瓜、番茄、丹参 5 种西部优势农作物的生长发育模型及其数据库，确定了 5 种作物精准化管理技术指标，形成了 5 套作物精准化管理技术规范。

（2）项目研制了"基于物联网的农作物生长环境监测与生产指导系统"。系统由无线感知节点、无线会聚节点、通信服务器、基于 WEB 的监控中心、农业专家系统组成，众多的无线自组织感知节点实时采集空气温湿度、二氧化碳浓度、光照强度、土壤温湿度等环境信息，无线会聚节点通过 GPRS 或 3G 上传至实时数据库，专家系统分析相关数据，生产指导建议以短消息方式通知农户。

（3）项目开发了适应西北型温室群的联网测控系统，建立了设施蔬菜生产示范基地 5 处。示范区番茄精准化示范栽培较常规栽培产量提高 10％以上；甜瓜精准化示范栽培产量提高 10％～15％，示范基地的面积为 1.5 万亩。

（4）陕西 2010 年苹果面积达 902 万亩，总产 856 万 t，占全国产量的 34％和世界产量的 12.9％，在我国和世界苹果产业格局中具有重要地位。项目建立了苹果精准管理示范基地 3 个，猕猴桃精准管理示范基地 2 个，苹果、猕猴桃累计推广面积 13.7 万亩。

（5）该项目建立了丹参生产的可追溯系统、质量指纹图谱控制技术数据

库，形成了我国首家中草药精准化管理体系，同时，丹参示范基地面积达 1
950 亩，技术辐射 3.34 万亩；产量增加 20%～30%；丹参酮ⅡA 和丹酚酸 B
含量增加 20%～30%。

3. 江苏农作物传感网控平台建设　江苏省基于无线网络通信技术，结合
联通短信、二维码、视频监控等技术建设了农作物传感（物联）网管控系统平
台，实现了对农作物生长过程中相关生长数据自动采集并全程监控及基于二维
码或者条形码对农作物食品安全可进行全过程追溯的功能。

该系统通过结合现代传感（物联）网技术及软件信息技术对农作物从来
源、生产、检测体系及现代物流等环节进行全过程可视数字化管理，并为消费
者提供全过程追溯查询平台。结合利用温、湿度，气敏，光照，化学等多种传
感器结合多项现代农业技术，对农产品的生长过程进行全程监控和数据化管
理，通过传感器节点实时感知生产过程中是否添加有机化学合成的肥料、农
药、生长调节剂和饲料添加剂等物质；可结合 RFID 电子标签对每批种苗来
源、等级、培育场地以及在培育、生产、质检、运输等过程中具体实施人员等
信息进行有效、可识别的实时数据存储和管理。农作物生产、销售企业及农产
品食品安全监管部门可通过农作物传感（物联）网管控系统软件实时查询和追
溯相关农产品的生产全过程，并进行及时有效数字化管控，亦可通过数据挖掘
的方式建立各种农作物生长数据库，为发展高效精准农业打下极为宝贵的数据
基础；消费者可通过电脑、手机、移动网络设备等方式上网查询所购农产品的
生产、加工、销售、物流等各个环境信息，真正做到吃得放心。

4. 山西省农业设施农业物联网示范　近年来，山西省对农业物联网高度
重视，政府和有关主管部门、职能部门通过调研和考察，已经确立了一些重点
农业物联网示范项目，并逐步在全省推开。许多农业企业也把物联网技术作为
提升企业效益和竞争力的重要手段，有些企业正抓紧布局农业物联网产业。总
的来说，在政府、企业、科研机构等的共同推动下，农业物联网技术的研发和
示范应用已取得一定进展（杨晓明，2012）。

（1）日光温室　目前已经开展了日光温室物联网技术的初步应用。以日光
温室蔬菜种植为例，关注的环境信息包括温室内的空气温度、空气湿度、土壤
温度、土壤湿度等指标，结合风机、微喷灌设备及卷帘被等设施，建成一套集
对象感测、数据采集、信息传输、分析决策、智能控制等多层次结构的现代化
综合监控系统。系统在采集温室内的环境信息和土壤含水量信息的基础上，综
合分析作物生长的环境和水肥需求，通过大屏幕显示、声光报警方法，指导技
术人员进行环境和水肥调控，为作物生长提供一个良好的气候小环境。同时，
有的企业系统配备了高清视频感知设备，实现了基地内日光温室视频信息的
24h 不间断监控，园区管理人员可以及时了解作物生长情况，对作物生长的关

键环节进行追踪，并及时发现作物的不良反应。

（2）连栋智能温室物联网的应用　连栋智能温室以育苗为主，关注的环境信息包括温室内空气温度、空气湿度、营养液 EC 值、营养液 pit 值等指标，结合内遮阳、外遮阳、风机、湿帘水泵、顶部通风等设备，围绕"信息监测—决策控制—系统集成"3 个关键环节，综合运用传感器技术、计算机技术、自动控制技术及现代通信技术，实现育苗种植过程的精准监测、智能调控和科学管理。

（3）菇房物联网的应用　平菇种植关注的环境信息主要包括空气温度和湿度、光照强度、二氧化碳浓度。可调控的设备通常包括电磁阀、空调、风机等。该公司选择 4 个菇房，配套相应感知、调控设备，针对不同品种、不同生长阶段的食用菌对环境条件的要求及其各个生产阶段的特点，菇房物联网应用系统对食用菌生长发育影响较大的温度、湿度、二氧化碳、光照等关键环境因子进行实时测试，同时配套卷帘机、风机、加湿设备等，对上述环境参数进行适时调控，人为地为食用菌生长发育提供最优的小气候环境。另外，配套安全生产监控系统，实现用户在不进入或少进入食用菌工厂的情况下对菇房内图像信息的准确监控，减少人为干扰对环境小气候和蘑菇自然生长的干扰，达到进一步提高管理效率的目的。

5. 江苏省特色农业物联网示范　江苏农业科技水平在全国领先，物联网技术产业化及应用在全国最早。自 2009 年 11 月国务院批准在无锡建设国家传感网创新示范区（国家传感信息中心），物联网技术立即受到江苏农业的欢迎。江苏省农委系统安排实施 27 个农业物联网项目，分布于宜兴、丹阳、如东、睢宁、江都等 26 个县（市、区），在种植、养殖、加工以及农业废弃物处理等诸多领域加以示范应用（姜亦华，2012），和土肥相关的智慧应用包括：

（1）设施农业应用　2011 年春开始，无锡惠山区的天蓝地绿生态农庄在400 亩土地使用物联网技术，在联栋温室里，利用传感器检测环境温度、湿度、光照度，土壤温度、湿度、酸碱度等各项指标。该项目共计投入 350 万元，平均每亩比普通温室多投入 8 000 余元，但蔬菜成活率同比提高了 40%～60%，每亩有机肥使用量下降 30%，人力成本下降 50%，系统投产后一年就回收成本。

（2）从特色农业突破彰显物联网成效　2010 年 3 月，阳山镇水蜜桃科技有限公司与无锡美新微纳传感系统有限公司，合作开发"有机水蜜桃智能农业物联网监测系统"。首期投入 60 万元，种植早中晚多种水蜜桃品种 25 亩，安装 22 个传感网节点，连接测量土壤含水量、环境温湿度、土壤温湿度、叶面温度和光照强度的 70 个传感器。

（3）尝试农作物跨地域种植　无锡天蓝地绿生态农庄辟出 2 亩农田试种冬

虫夏草。专家们先运用物联网寻找到适合虫草或灵芝生长的基地，通过传感器读取基地环境的所有数据，依据这些数据，用物联网技术在江南水乡模拟出同等的"小气候"，便在此种植高寒作物。依此类推，只要广泛采集植物生长数据，建起各种特征库，就能实现大部分品种的跨地域种植。

6. 安徽省顶层设计、整体推进、典型示范　2011 年，安徽省委省在认真分析农业发展面临的机遇和挑战的基础上，明确提出全面推动农业物联网发展，在工业化、城市化快速推进过程中，以农业物联网为抓手，同步推进农业现代化，促进安徽农业崛起。

（1）省政府成立了农业物联网发展工作领导小组。26 个省直单位负责人为成员，领导小组下设办公室和理论研究、技术攻关、推广应用、标准制订 4 个专家组以及财务组，分别明确了各项重点工作的首席专家。

（2）安徽省相继出台一系列扶持政策，保障物联网工作的推进和措施落实。省财政厅专门制定了《安徽省农业物联网工程资金管理暂行办法》，省级财政在去年安排专项资金 2 000 万元的基础上，从 2012 年起，新增农业物联网工程项目资金 500 万元，市、县财政也积极增加安排农业物联网工程建设专项资金。安徽将实施农业物联网工程纳入农村信息化示范省建设范围，组织实施农业物联网重大技术专项，积极推进应用系统软件开发、传感器、数据采集终端、接口中间件、系统集成等关键技术研发。

（3）由安徽省政府统一部署的农业物联网综合服务平台项目，在 2013 年 8 月底试运行。该平台建成后，政府农林水等部门可实时监测全省各地的农业生产信息、粮食生产状况、水利灌溉等。这一平台启用后，将自动归纳分析种植大户的土壤及病虫草害相关数据，提示需要采取相应的措施。同时，该平台还可提前预知粮食作物收获情况，系统可以根据平台反馈的信息，与历史数据进行比对。比如，秧苗受灾情况反馈到平台后，可根据实际受灾状况，邀请专家进行远程会诊，研判灾情并采取相应措施。

（4）建立生产基地。安徽省在大力培育农业物联网市场需求的同时，不失时机招引农业物联网企业来皖建立生产基地。特别是皖江城市带承接产业转移示范区，需要在若干个高新技术开发区内建立农业物联网产业园。农业物联网产业链主要包括传感设备、传输网络、应用服务 3 个方面的内容。在传感设备方面，国外发达国家从农作物的育苗、生产、收获一直到储藏，传感器技术得到了较为广泛的应用，包括温度传感器、湿度传感器、光传感器等各种不同应用目标的农用传感器。

7. 黑龙江省农业信息服务模式　为了推进农业信息化进程，黑龙江省绥化市已经开始积极探索农业信息化的新模式，大力推进农村信息服务站建设，无偿为农民发布和查找农业信息，有效解决了农业信息传递"最后一千米"的问题（储成祥，毛慧琴，2012）。

农业信息服务主要以农村企业、专业协会、农民组织、农村经纪人、种养大户和农民为对象，农村和农民需要什么信息、如何获取信息、能否承担获取信息的成本等问题，就成了针对不同群体选择不同服务模式的依据。

黑龙江省的客户群大致分为两类：一类是经济发达的，城市周边地区的或者是"一村一品"的专业村以及种养大户、农业企业、行业协会、农贸市场、经纪人等信息重点用户；另一类是经济水平一般或欠发达地区的广大普通农户。针对第一类重点信息用户，倡导网络向下延伸，让他们直接上网，同时，基层信息服务站给予一定的信息业务指导和辅助性的信息服务。针对第二类普通信息用户，应帮助其综合运用数字电视、电话直接获取信息，也可以请专家进行现场指导。

根据黑龙江垦区的农业发展现状，应用物联网的先进技术，相关部门制定了"三电合一"的农业信息服务模式。"三电合一"是指通过电话、电视、电脑三种信息载体有机结合，实现优势互补、互联互动的农业信息服务方式。"三电合一"模式主要是指电话语音服务、电视节目服务和电脑网络服务功能于一体的农业信息服务模式。电话语音系统：运用现代信息技术，加强省级"综合管理中心"、市级"管理中心"和县级"语音咨询服务中心"建设，通过电话与电脑、网络的有机结合，为农民提供语音提示服务。电视节目制作系统：开设农业信息服务电视节目专栏，充分利用电视普及率高的优势，宣传农村政策信息等。计算机网络系统：结合国家"金农工程"项目，建立省级农业数据中心，不断开发信息资源，加强县级信息服务平台和乡镇信息服务站建设。这种新的服务模式经过实践证明可以有效地为农民提供服务。

二、市级实践案例

1. 山东滨州国家农业科技园区　山东滨州国家农业科技园区于 2010 年 12 月经科技部批复设立，是第三批国家农业科技园区之一。滨州市委、市政府高度重视园区建设，始终将园区建设作为加快高效生态农业发展的重要平台，作为推动滨州传统农业转型升级的重要抓手，在土地利用、科技研发、人才引进、资金投入等方面给予大力支持，统筹各方力量全力推进。

（1）创新园　马坊农场吸引先进农业研发机构落户。2012 年 6 月，市委、市政府对滨州国家农业科技园区核心区规划进行调整，在"一区多园"的框架下，决定将原马坊农场作为园区核心区，打造农业科技创新园。开展农业新品种、新技术和新装备的研发、示范与推广，着力打造黄河三角洲地区重要的现代农业科技创新平台。总体规划由中国农科院专家组编制，确立了"一核三网五大基地七大功能区"的总体布局。把创新园基础设施建设列入全市重点工程，累计投资近5 000万元，完善了水、电、路、讯、管网等配套设施，为园区招商引资及项目引进奠定良好基础。高标准主干道路、现代化水利管网及绿化工程正在加紧施工。建筑面积2万 m² 的研发中心将于近期开工建设。重点引进世界先进农业技术和知名科研机构。与以色列艾森贝克公司合作，引进先进农业装备技术，建设占地300亩的以色列农业示范园。中国科学院在园内建设地理与信息滨州试验站，进行环渤海地区地理资源研究。中国农业科学院在园内建设盐碱地改良试验基地。清华大学在园内实施生物工程项目。山东农业科学院与泰裕麦业公司在园内建设小麦良种验证中心，培育适宜黄三角地区生长的优质小麦品种，探索商业化育种模式。

（2）创业园　在全市范围内选择了12家发展规模大、科技研发实力强、农业产业链完善、经济效益好、带动能力强的农业龙头企业，作为创业园现代农业科技创新和产业基地，与创业城建设同步推进，现已成为全市现代农业发展的亮点。创业园是创新园科技成果的验证及转化基地，着力打造"加工企业集聚、现代物流集散、科技创新支撑、三次产业驱动"的现代农业产业基地。累计投资8 000万元，修建道路25km。组建黄河三角洲国家农业科技园区开发有限公司，重组1.62万亩土地，推进市场化运作，积极开展招商引资，打造高效生态产业洼地效应。目前创业园内已入驻各类农产品加工企业12家，涵盖农产品加工、精深饲料加工等产业。兴县国丰高效生态循环农业有限公司实施农业物联网追溯体系，无缝监控记录产品从种植到销售的全过程，实现了信息技术及物联网技术在农业中的创新与应用。

（3）示范园　按照"1＋1＋N"的机制要求，在全市范围内培植了71家现代农业科技示范园，实行动态管理，每年从财政预算中列支专项资金进行考核奖补。滨州市科技、农业、畜牧等10余个市直部门发挥专业优势进行对口帮扶。初步建成"农业物联网信息化平台"，并积极推进土地流转，发展规模经营，不断壮大示范园区、龙头企业等新型经营主体。2012年全市71家示范园建成面积25.01万亩，总资产371亿元，年产值达248亿元，带动周边10余万农民致富增收。

（4）农业物联网　成功搭建了黄三角农产品安全追溯平台与复旦大学签订合作协议，在"渤海粮仓"示范基地创新园内建设"智慧稻草人"系统。国家"863"项目"食品安全与控制体系可追溯系统"顺利通过科技部中期验收。投资1 200万元，成功搭建了黄三角农产品安全追溯平台，与北京国家农业科技城、杨凌示范区实现了互联互通；建成了管理控制中心，开通手机扫描、短信、网站、触摸屏、固定语音等五种溯源查询渠道；建成冬枣、肉牛、有机蔬菜等六个安全农产品验证基地，对部分农产品成功实现溯源成果验证服务；注册成立滨州和丰高效生态产业开发公司，与希望集团、宁波绿脉供应链管理公司、台湾精准农业技术团队开展了深度合作，力争在国内率先打造安全农产品产业链。

2. 重庆市农业技术推广总站柑橘物联网体系建设 重庆市农业技术推广总站在全国率先启动柑橘物联网体系建设。重庆柑橘产业经过10年的不懈努力，形成了种苗繁育、标准化基地生产、产后处理包装、橙汁加工厂、市场冷链运销、产品质量监测、体验旅游等完整产业链，已经成为重庆农业产业的第一品牌。柑橘物联网体系基于全市标准化柑橘园建设的地理数据、生产数据的空间信息自动采集和处理数据。智能化分析和运用数据。最终提供科学的决策咨询，解决政府部门在宏观调控和重大决策中遇到的各种复杂问题。重庆柑橘物联网体系建成后将把生产管理、产品加工、仓储物流、市场营销、质量安全与溯源等有机结合在一张智能网，由数据采集层、网络传输层、业务处理层、用户应用层4个层次组成，实现从果园到用户的无缝链接、实时监控和对果园的智能管理。全面提高了生产管理效率和产业营运成本，将推动重庆柑橘的再次跨越。

3. 郴州烟草示范基地 2010年5月31日，郴州烟草卖局将物联技术应用于郴州烟草现代农业示范基地的建设。实时采集数据，为烟叶作物生长对温、湿、光、土壤的需求规律提供精准的科研试验数据；通过智能分析与联动控制功能，及时精确地满足烟叶作物生长对环境各项指标要求；通过光照和温度的智能分析和精确干预，使烟叶作物完全遵循人工调节等高效、实用的农业生产效果（潘明、钟锋，2011）。

三、区县级实践案例

1. 宁波市鄞州区智能配肥 宁波鄞州区农林局农业技术服务站主持开发了"测土配方智能配肥系统"，它将"测土配方专家系统"和"智能称重配肥系统"整合为一体，由GPS地图确定田块的位置，以"缺什么补什么"为原则，因地制宜，个性化配肥。

为了做到个性化配肥，鄞州区农林局农业技术服务站前期进行了大量的采样工作，然后将数据输入测土配方智能配肥系统当中。目前已经在全区采集了2 000多个土样，也就是平均每20亩地一个土样。

据统计，目前鄞州区20～50亩、100亩以上及300亩以上种粮大户，机插率分别达到50%、70%和90%。水稻机插的实施，使得不少种粮大户土地承包面积从小到大、粮食产量从低到高，屡创浙江农业吉尼斯相关纪录。不仅如此，鄞州区农林局还和鄞州区气象局联手，免费为区内种粮大户发送农业生产信息。什么天气应做好什么应对、近段时间要防治哪些病虫害等，都会以短信形式发到种粮大户手机上。

2. 向阳坡智慧土肥综合应用

（1）向阳坡生态园区温室农业物联网应用模式（杨玉建，2013）

①温室环境信息采集和控制的无线传感器网络应用模式　在温室环境里，采用不同的传感器节点和具有简单执行机构的节点（风机、低压电机、阀门等工作电流偏低的执行机构）构成无线网络来测量土壤湿度、成分、pH 及降水量、温度、空气湿度和气压、光照强度、CO_2 浓度等来获得作物生长的最佳条件，同时将生物信息获取方法应用于无线传感器节点，为温室精准调控提供科学依据。最终使温室中传感器、执行机构标准化、数据化，利用网关实现控制装置的网络化，从而达到现场组网方便、增加作物产量、改善品质、调节生长周期、提高经济效益的目的。

②环境信息实时监测的无线传感器网络应用模式　对农业小环境的温度、湿度、光照、降雨量等，土壤的有机质含量、温湿度、重金属含量、pH 等，以及植物生长特征等信息进行实时获取、传输并利用，对于施肥、灌溉作业来说具有重要意义。可以通过布置多层次的无线传感器网络检测系统，来监测温室环境中的害虫、土壤中有机质、土壤酸碱度和施肥状况等；也可实时远程获取温室大棚内部的空气温湿度、土壤水分温度、二氧化碳浓度、光照强度及视频图像，通过模型分析，远程或自动控制湿帘风机、喷淋滴灌、内外遮阳、顶窗侧窗、加温补光等设备，保证温室大棚内环境最适宜作物生长。该模式适用于各种类型的日光温室、连栋温室、智能温室。如无线传感器网络自动灌溉系统利用传感器感应土壤水分，并在设定条件下与接收器通信，控制灌溉系统的阀门打开、关闭，从而达到自动节水灌溉的目的。

③多种传感器对作物生长信息的综合应用模式　在作物的生长过程中可以利用形状传感器、颜色传感器、重量传感器等来监测感应物的外形、颜色、大小等，用来确定作物的成熟程度，以便适时采摘和收获；可利用二氧化碳传感器进行植物生长的人工环境监控，以促进光合作用的进行。例如，塑料大棚蔬菜种植环境的监测；可以利用超声波传感器、音量和音频传感器等进行灭鼠、灭虫等；还可以利用流量传感器及计算机系统自动控制农田水利灌溉。

④温室农业物联网立体交叉综合应用模式　从农业信息的无线传感器网络采集、节水灌溉到作物环境和生长监测的物联网应用模式，形成了温室农业物联网立体交叉综合应用模式。在数据采集方式上物联网不同于传统的有线工业自动化总线方式，而是选用工业总线和无线网络技术相结合的方式，可实现分片采集、广域传输，从而进行温室信息的采集和控制。基于传感网络和 3G 网络融合的综合集成应用，通过在向阳坡温室大棚内现场布置光照、温度、湿度等无线传感器、摄像头和控制器，自动调控温室大棚环境，保证最适宜作物生长，为作物高产、优质、高效、生态、安全创造条件。温室管理者可随时随地

通过物联网服务终端，进行远程监控、远程控制浇灌和开关卷帘等设备，并可实时查看到温室大棚内的温度、湿度信息以及作物生长阶段的主要特征。基于3S技术，结合调查和统计手段，收集日光温室、大棚等各种类型设施的分布与规划建设情况，实现对建设实践、设施类型、墙体结构、骨架类型、设施面积、占地面积、所属设施带、育苗场、滴灌、栽培作物、生产管理方式、劳动力人数和菜农人数等属性信息的组织管理，同时提供相应的地图定位、图标互查、遥感影像调用、多媒体管理与专题地图输出功能，为领导决策设施农业的布局规划和建设管理等提供科学依据。值得一提的是，温室种植历史信息的搜集和整理是一项重要内容，尤其是同期温室信息的比较对于决策具有重要的影响，综合区域数据库信息以及专家的土壤信息区域决策图和作物生长重要元素的关联空间图，进行科学决策。

（2）大田种植的物联网应用平台模式 向阳坡生态农业科技示范园，隶属于禹城市。禹城市在努力发展高效高品质农业的过程中，加速推进了信息化与农业融合，加快了禹城市国家级现代农业信息化试点的培育，建成了禹城市农业信息服务平台和农作物遥感监测网络，构建了基于物联网技术的高效计量节水灌溉系统，探索形成了"节能、节水、节肥、节药"和粮食增产、农业增效（四节一网两增）现代农业模式，促进了全市农业经济和农村管理健康快速发展。"智慧农业禹城模式"的提出为向阳坡农业物联网应用的发展提供了较高的起点，农业物联网应用模式也因此具有引领性。

①大田物联网节点的布局模式 物联网涉及感知层、传输层和应用层，感知层包括各种类型传感器的研发和推广，传输层涉及物联网自组织体系和节点的优化配置模型，应用层涵盖物联网信息融合与优化处理技术、农业物联网集成服务平台等内容。针对大田农业物联网应用，监测的合理布局对于结果的影响和效益的产出是非常重要的。因此，优化的物联网监测点布局是首先要考虑的问题，分布式网络的节点优化、多源数据信息的融合、传感器网络布局、数据管理终端的问题以及智能环境信息监测系统布局都是节点布局涉及的重要方面，农田地块面积的大小、传感器节点摄像头的数目和成套的灌溉系统的覆盖面积等因素也须在布局中进行优化。

②空间信息集成下的物联网决策模式 在作物—土壤系统中，大田种植空间信息是一类重要的信息，进行农业物联网智能决策促进了卫星遥感技术与地面传感、无线通信技术有效结合，实现了实时、动态、连续监测，进而实现了大田作物长势、生长环境的可视化。遥感技术具有不确定性，而物联网把不同的传感器放入农田或埋入土壤采集温度、湿度、光照等信息，并构成监控网络，按照一定的频率传输数据，并准确地确定发生问题的位置，实现了孤立机械的生产模式转向以信息和软件为中心的生产模式。物联网技术和RS、GIS、

GPS 技术相结合，进行集成应用，综合考虑了农业信息的时空变异性和信息获取的智能性、有效性，提高了农业信息的决策精度。

（3）耦合物联网技术的农业空间信息平台的构建 围绕大田种植生产中的灌溉、施肥与日常管理等主要环节，集成基于 WEB、WAP、SMS 和 GIS 的农业生产管理、灌溉预报、施肥专家决策、信息发布等应用技术，开发大田种植业务应用系统，构建大田种植的物联网应用平台是农业物联网发展和应用的重要方向之一。组装并搭建多源农田信息无缝集成、可视化集成平台。通过 ESRI ArcGIS Server、ArcIMS Server 搭建农业空间信息平台，实现 GIS 数据装载，M2M 集成 GIS 平台，并通过 M2M 平台对外提供 GIS 服务。GIS 平台包括 Web GIS 和 GIS Server。GIS Server 作为服务端，提供地理信息服务，包括了地图服务、要素服务、路径搜索服务、专题图服务等；GIS Server 通过接口的形式，供各种编程语言（包括 Java、VB、C++ 等）实现客户程序调用；WebGIS 包含在 M2M 平台中，用来和 GISServer 通信，提供地理信息相关的功能，包括地图展现、地图搜索、专题图展示等，实现 M2M 平台的不同功能模块对 WebGIS 进行定制，提供相对应的功能。采用松耦合方式集成 GIS 业务，通过 SOA 技术实现 GIS 平台业务集成，并对外提供 GIS 服务。把物联网技术实时收集的温度、湿度、酸碱性和作物生长状况等信息通过无线网络传送到数据终端，基于空间分析技术，进行农田信息的变异性研究并形成区域决策信息。实现农田信息空间数据组织与管理、地图编辑、多源数据集成和跨平台等多项功能。

（4）农机和农艺相结合的物联网应用模式 在大田环境物联网精准农业技术应用模式、温室环境感知系统技术应用模式系统中，农机和农艺相结合的物联网应用模式具有很好的发展前景。而农机和农艺相结合进行物联网应用的最佳切入点就是农业信息建模以及区域模拟。农机的信息化，如智能设备的关键性参数信息以及适用范围、农艺过程的信息化，涉及垄作的距离、作物之间的间距以及生长性状的动态实时信息，农业模型不仅串联了农艺方面的具体参数，而且以模型的方式与农机的智能模块联系在一起。农机和农艺结合主要体现在具体变量指标上，如叶面积指数（LAI）、植物冠层的叶绿素、氮含量、作物水分含量、土壤含水量等信息，农业信息建模综合考虑了以上具体指标，进行模拟和预测，并与农机智能设备以及传感器网络有效链接，形成了智能化程度较高的农业信息物联网应用模式。因此农业信息建模和系统模拟针对农业生产中的现象、过程进行模拟，把农机装备的信息化参数和农艺生长性状变量进行有限的衔接和融合，实现了物联网技术支持下的农业设备、农艺性状变量模拟的智能化。

3. 杨凌智慧农业中的土肥智慧化 杨凌农业高新技术产业示范区于 1997

年由国务院批准设立，是我国目前唯一的国家级农业高新区。凭借陕西省内科研机构众多、电子信息等基础产业功底扎实且产业链条日趋完善、人力资源丰富等优势，杨凌在应用物联网发展智慧农业方面起步较早，现已在精准农业、环境监测预警、设施农业生产的智能监控和农产品溯源等方面取得了一定的成效（霍建英等，2012）。

（1）2010 年初，陕西省科技厅联合省内科研力量开展国家科技支撑计划项目"西北优势作物生产精准管理系统"，主要针对番茄、甜瓜、苹果、猕猴桃、丹参等西部优势农作物的生产实际，以及西部干旱少雨的生态环境特点开展专项技术研究，在杨凌等地进行示范将无线传感器网络技术应用于精细农业生产中。该系统可实时采集大气温湿度、CO_2 浓度、土壤温湿度等作物生长及需肥水信息，以自组织网络形式将信息发送到汇聚节点，再由汇聚节点通过 GPRS 上传到互联网上的实时数据库中，农业专家系统分析处理相关数据，产生生产指导建议，并以短消息方式通知农户。另外，系统还可远程控制温室的滴灌、通风等设备，按照专家系统的建议自动操作。同年，在第 17 届中国杨凌农业高新科技成果博览会上，杨凌推出现代农业标准化生产服务应用系统，该服务系统包括感知现代农业标准生产环境监测预警应用系统、生产设施智能控制应用系统、农产品溯源查询应用系统等七大系统。农业标准生产环境监测预警应用系统通过现代的互联网传感器来自动监测环境的温度、湿度、光照度等一些生产要素，农民可以不必亲临现场，根据手机接收到的大棚土壤、空气温湿度及光照强度等环境参数，在手机或电脑上对大棚进行通风、喷水和卷帘等信息化生产操作。而消费者买到产自杨凌的农产品，通过产品上的二维码进行追溯，就能了解所购买农产品生长和流通过程的所有信息。

（2）2011 年，杨凌在发展智慧农业方面推出"基于互联网的农业数字化精准管理平台"，该系统通过计算机分析和互联网传播的结合，实现农业生产各个环节的精准管理。该平台将采集到的水分、光照和温度的相关数据通过电脑进行分析，再通过网络将调节的指令传送到不同的设备上。所有的系统都通过网络和主控电脑相连，主控电脑会根据温度、光照和水分变化发出相应的指令。此外，该平台还能根据鱼塘含氧程度，自动补充氧气，也能根据植物光合作用的需要，自动增减二氧化碳。这一平台目前已经在杨凌开展了应用示范，并且在功能上不断扩充。同年，杨凌示范区科技信息中心承担的国家科技支撑计划"旱区多平台遥感精准农业信息化技术集成与应用"项目通过复审。该项目针对旱区农业精准管理中对农田信息的大面积、高精度、快速获取的迫切应用需求，研发基于多遥感平台精准信息的空间决策系统、遥感信息即时服务和精准作业装备集成系统平台，重点解决耕地质量关键指标遥感监测、农业灾害遥感监测评价、农田作物水肥决策和全球变化环境下作物产量的影响与监测评估等问题，现已形成以杨凌示范区为核心，辐射带动陕西及干旱半干旱地区的多遥感平台空间信息应用模式，对我国广大旱区现代农业发展具有重要的指导意义。

第四节 基于云服务的智慧土肥
系统构建与应用探索

一、概　　述

北京发挥区位优势，依托于北京市科学技术委员会"国家农科城综合信息三农服务平台建设"项目，构建了国家现代农业科技城农业云服务平台。平台基于分布式文件系统、弹性计算、硬件服务器集群、中间件、分布式数据库存储、服务发布、虚拟机等技术开发构建，融合了来自北京超级云计算中心、首都各大涉农科研院所的优势服务资源，可为农业应用服务第三方提供在线开发资源及工具，已初步建设了农业云端应用服务商店（AgriApp Store）；可为个体（农户）、涉农经营组织（农企/批发市场/农场/基地/合作社）、基层农业管理部门、农业科研院所等提供优质云端资源与应用服务，服务覆盖精准农业、冷链物流、农产品质量安全追溯、设施/果园信息化管理、农机监控调度、基层农技推广、农资投入监管、辅助农作物育种 8 大领域。

本节将重点介绍土壤养分采集策略，以及基于国家现代农业科技城农业云服务平台开展的智慧施肥系统建设案例，主要包括新疆杂交棉施肥推荐系统、山地柑橘园精准施肥决策系统和二道河农场施肥推荐系统。

二、土壤养分采集布点策略分析

测土配方是精准施肥的必要手段，土壤采样是测土配方的必然环节。然而，耗时耗力的土壤采样，高成本的样品化验分析，获取合理的土壤采样点位置分布和数量是土肥工作者多年来共同面临的难题。如果采样点不当，不仅土样没有代表性，得到的数据也没有意义，前期工作基本浪费。下面具体介绍以多目标优化分析模型策略和等土壤养分采样布局优化策略案例。

（一）县级测土配方施肥的养分采集布点策略

县级测土配方施肥的养分采集样点确定以多目标优化分析模型为布点策略，具体方法和过程如下：

1. 采样点分布多目标优化分析模型　区域农田土壤养分采样点优化布置的目标是在一个涵盖大量分散耕作地块的较大区域范围内，综合考虑农田土壤类型、海拔、农田质量等多种农田属性，进行有限采样点在不同属性特征值地块中的合理布置运筹，以使其具有最佳的代表性；可以将农田土壤养分采样点的优化分布视作一类特殊的背包问题，即将给定数量的采样点布置在最优的位置，使其能够采集到尽可能多的土壤养分结构参数信息，来反应区域农田土壤中的实际养分空间分布情况。采样代表性的衡量指标是采样点在每一种农田属性下不同特征值地块中的分布比例与该属性下各特征值地块占总地块的比例的接近程度，理想的采样点分布方案是采样点在不同地块中的分布比例应该能同时符合多种农田属性下的特征值地块占总地块的比例。

利用多目标优化分析数学模型对该问题的描述如下。

$$\begin{cases} Minimize\,(W_i) \\ W = \sum_{i=0}^{n} X_i \times \Delta_i \\ X_i = \mid f_i - p_i \mid \end{cases} \tag{1}$$

式中 W_i —— 第 i 个采样点种群中，每个土壤属性的采样点分布百分比和实际属性分布百分比之差的总和；

X —— 地块某一属性下特定值地块百分比与该属性特定值实际得到的采样点百分比之差，用于表征该属性的采样代表性；

i —— 纳入考虑的农田地块属性数量；

Δ —— 某一属性的权重；

f —— 农田地块某一属性中特定值所占比例；

p —— 采样点数量在该类农田地块中数量占总量的比例。

2. 算法求解 本策略采用改进的遗传算法进行多目标优化模型的求解。首先确定目标函数

$$Y = Minimize\,(\sum_{i=0}^{n} X_i \times \Delta_t) \tag{2}$$

其次，农田土壤养分采样的边界条件有 2 个：①实际采样点布置时要求采样点落在农田地块范围内；②公式（1）中的 X（占比差异）要小于分析预定的初始值。明确了需要考虑的农田属性以后，采用改进的遗传算法对模型进行求解，其基本流程如图 7-1 所示。

其中，根据农田土壤采样点分布运筹的要求，考虑到计算数值范围较大，而且如果采用二进制一方面交叉变异步骤繁琐复杂，另一方面交叉变异对整体影响太小，所以采用浮点编码的编码方式。此外，种群规模主要影响到算法的收敛速度和最终结果。种群规模越大其收敛速度就越慢，但是相应的最终结果更有可能是全局最优解；针对不同的问题，可以选择不同的规模，可以根据精度需要和时间的要求来选择不同的规模。根据对参数精度以及对整体的影响程度，兼顾解的质量和收敛速度，本研究选择 100 作为初始种群规模。在采样点分

布优化的问题上，主要追求的是最优解，而且对运算时间的要求不是太高，本研究选择较高的 0.7 为交叉概率的值。变异概率是遗传算法中很重要的一个参数，因为本研究对遗传算法的改进中，包括了在交叉运算中采用了最优个体保留的措施，所以交叉到一定程度后得到的个体再进行交叉效果不是太明显，所以交叉对最优解的寻解过程的贡献将变得很小。这是就需要采用变异的方法来获得新的个体，这样就可以很好地突破局部最优解的局限，可以获得较大的改变（图 7-1）。

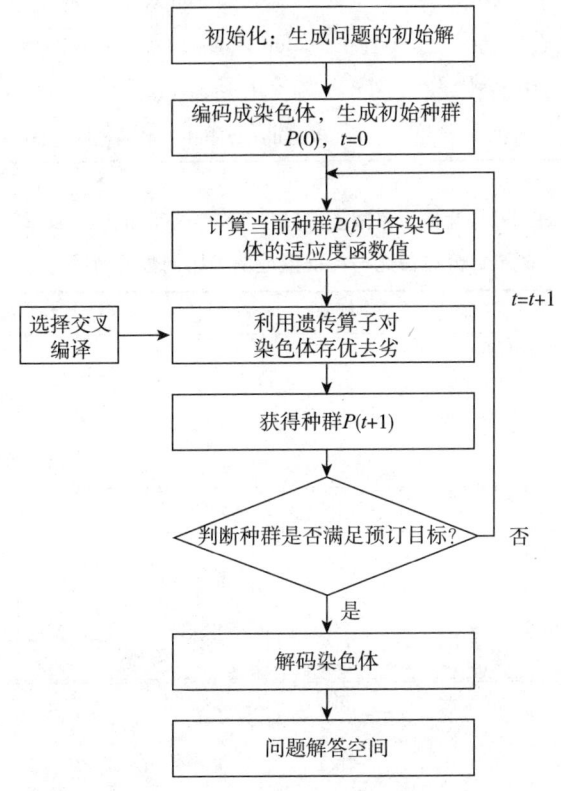

图 7-1　改进的遗传算法求解过程

注：t 为迭代次数。

3. 试验分析　本策略采用农田质量作为研究区域农田耕层厚度、肥力水平、排灌条件、基础设施的综合考量值；通过选择农田质量、土壤类型、农田类型和农田高程等 4 类农田属性作为参考指标，设置不同权重进行模型验证，如表 7-1 所示。

此外，求解算法的初始种群数设为 100，交叉概率取 0.7，变异概率取值0.01，拟布置的土壤养分采样点数量设为 100；模型的优化目标是每一类农田属性特征值地块占总地块的比例与落在特征值农田的特征地块内采样点占总采样点比例差≤5%。经过13代进化，程序满足收敛终止条件，采样点分布优化目标函数值降低到0.056，优化后特征地块内采样点占总采样点比例结果如表7-2所示，输出采样点坐标及空间分布如图7-2所示。

表7-1 农田属性特征值编码及权重设置

参数名称	说明	编码	权重
FieldsoilType	土壤类型	sand（1）sandSoil（2）loam（3）claySoil（4）clay（5）	0.2
FieldQuality	农田质量	low（1）middle（2）high（3）	0.3
FieldType	农田类型	Fields（1）Greenhouse（2）Orchards（3）	0.3
Altitude	海拔	Low（1）Middle（2）High（3）Veryhigh（4）Peak（5）	0.2

表7-2 优化后不同土壤属性下的特征值地块中采样分布占比与特征值地块的比例数据对照

土壤类型	砂土	砂壤	壤土	黏壤	黏土	总数
特征地块占总地块的比例%	12	8	19	61	0	100
特征地块内采样点占总采样点比例%	10	12	19	59	0	100

农田类型	大田	设施园艺	果园	/	/	总数
特征地块占总地块的比例%	82	6	12	/	/	100
特征地块内采样点占总采样点比例%	82	6	12	/	/	100

农田质量	低	中	高	/	/	总数
特征地块占总地块的比例%	18	66	16	/	/	100
特征地块内采样点占总采样点比例%	16	67	17	/	/	100

海拔	低海拔	较低海拔	中等海拔	较高海拔	高海拔	总数
特征地块占总地块的比例%	14	28	45	14	0	100
特征地块内采样点占总采样点比例%	17	31	40	12	0	100

注：种群为100。

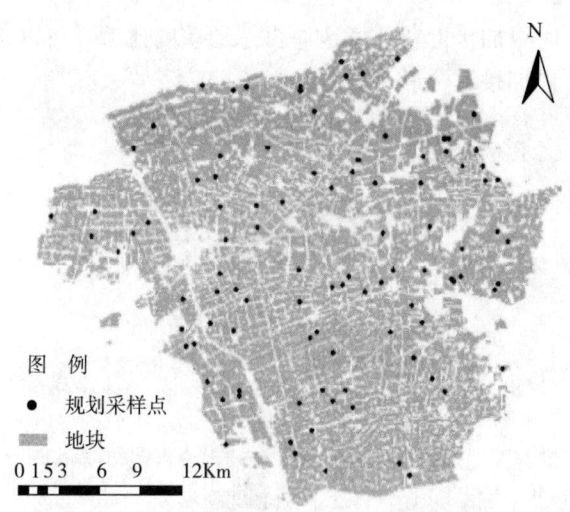

图 7-2　农田土壤采样点分布的优化结果

前 12 次进化的中间结果和最优结果的目标函数对比如图 7-3 所示，可以看出最优结果的目标函数值要小于任意中间结果的目标函数值，优化效果明显。从历次中间结果与优化结果看，土壤类型、农田质量、农田类型和海拔等 4 个农田属性占比情况优化结果都要强于历次迭代的中间结果，说明优化结果接近全局最优解，此外，也可看出对遗传算法编码、变异等方面的改进，没有影响最后解的质量。

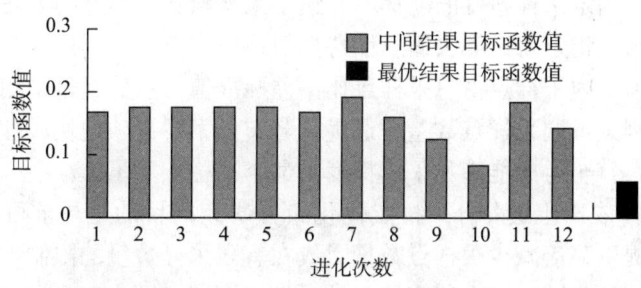

图 7-3　历次进化的目标函数值对比

为验证取值效果，分别设置初始种群为 50，100，200，图 7-4 为设置不同种群数量目标函数的值对比，以及不同种群数量下海拔特征值地块占总地块的比例优化的对比情况，可以看出，种群数越大，目标函数值越低，表明优化结果更加接近全局最优解；图 7-4 中初始种群数设置为 200 时的目标函数值最低，表明优化效果最佳，但是所耗时间也最长；另一方面，特征地块内采样点占总采样点比例越接近特征值地块占总地块的比例，说明采样代表性越好，右图中种群数设置为 200 时的优化特征地块内采样点占总采样点比例明显要比种群数为 50，100 时更加接近特征值地块占总地块的比例，可以认为其结果具有更好的代表性，更加接近全局最优解。

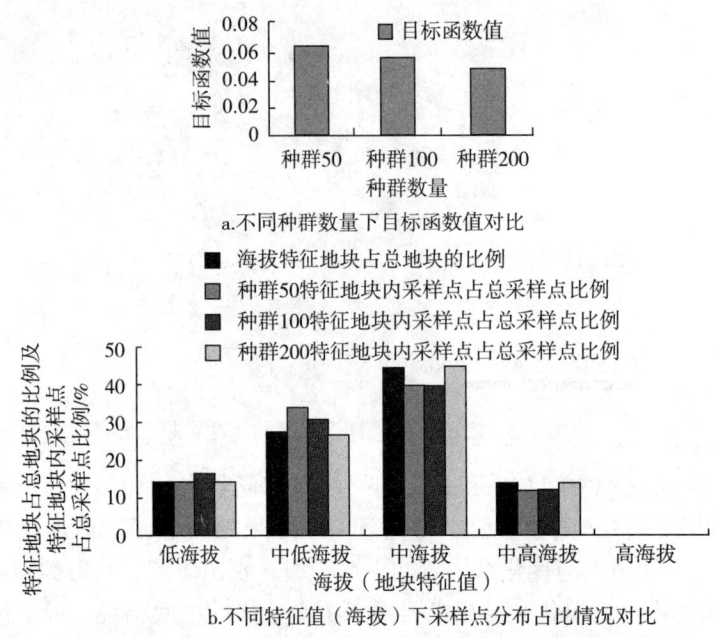

a.不同种群数量下目标函数值对比

图 7-4　不同种群数量的优化效果对比

　　此外，在确定采样精度的前提下，最小采样点数量确定的方法主要是通过在研究区域内，指定每一类农田属性特征值地块占总地块的比例与落在特征值农田的特征地块内采样点占总采样点比例差标准值，然后通过采用逐渐逼近验证的方法，测试不同采样点数量的最优化分布方案中各项地块属性的占比差是否满足要求，直至得出能满足采样精度的最小采样点数量。

　　4. 结论　农田土壤养分采样点优化布置研究的目的是寻求可以在满足采样精度的前提下显著减少采样点数量，或在有限采样数量的限制下确保采样具有最佳的代表性的采样点布置方法。针对较大区域范围内多个地块之间土壤养分变异不再连续的情况，本策略提出一种适用于较大区域范围的，针对大量分散耕作农田的土壤养分采样点布置多目标优化决策模型，利用改进的遗传算法实现模型的求解；通过实验表明：通过合理的参数设置，该模型可用于解决县域范围大量分散耕作农田的土壤养分统一采样规划问题，通过农田土壤采样点分布的定量优化分析，为更加科学地开展区域农田土壤采样提供方法和依据。

　　（二）基于地统计的土壤养分采样策略

　　基于地统计的土壤养分采样策略研究基本情况如下。

　　1. 采样点布置的地统计学分析　本策略在利用半方差函数描述土壤特性

的空间变异规律的基础上，采用 Kriging 方法估计方差确定合理的采样点分布位置。

（1）半方差函数　半方差函数，也称为变异函数，是地统计学的理论核心。它通过测定区域化变量分隔等距离的样点间的差异来研究区域化变量的空间结构。样本点的半方差函数计算公式如下：

$$\gamma(h) = \frac{1}{2N(h)} \sum_{i=1}^{N(h)} \left[z(x_i) - z(x_i + h) \right]^2 \tag{1}$$

式中，h 为一定的采样矢量间隔距离，$\gamma(h)$ 为 h 的半方差；$N(h)$ 为距离相隔为 h 的所有点对的个数；$z(x_i)$ 为采样点 x_i 的土壤特征值。

（2）Kriging 方法　本策略利用 Kriging 方法既能对区域化变量进行估值，又能计算其估计方差的标准差。其算法可表示为：

$$z_0 = \sum_{i=1}^{n} \lambda_i z(x_i) \tag{2}$$

式中，z_0 为采样区域内任意一点的特征值估值结果，$z(x_i)$ 为样本点 x_i 的特征值，λ_i 为通过半方差函数分析得到的样本点 x_i 特征值的权重。

在经典统计学确定适宜采样数量的基础上，利用半方差函数分析土壤养分特征值的空间变异，用 Kriging 方法估计采样区域内任一点估值误差的标准差，进而可绘出估值误差的标准差等值线图，在估计误差的标准差大于给定允许误差限的地方增加观测点；反之则减少，从而确定采样点布置的最佳方案。

2. 结果与分析

（1）土壤养分统计特征与正态分布性检验　表 7-3 列出了研究区域土壤有机质、全氮、速效钾、有效磷、碱解氮、硝态氮的统计特征值。从表中可以看出该区域有机质和全氮、碱解氮、速效钾的变异系数较小；硝态氮为中等变异强度；而有效磷存在较大变异。在相同精度要求下，变异系数越大，意味着需要布置更多的样本点，由此可见本研究区域的采样点数量将取决于土壤有效磷的描述需求。

表 7-3　土壤养分的统计特征值

统计特征	样本	最大值	最小值	均值	标准差	变异系数	偏度	峰度
有机质 %	956	2.62	0.61	1.734	0.264	0.15	−0.42	1.22
全氮 %	956	0.13	0.04	0.095	0.013	0.14	−0.10	−0.19
速效钾 mg/kg	956	177.97	56.35	97.887	17.619	0.18	0.75	0.95
有效磷 mg/kg	956	110.70	0.38	8.870	7.092	0.80	4.02	45.11
碱解氮 mg/kg	956	106.39	41.41	78.282	10.735	0.14	−0.28	0.16
硝态氮 mg/kg	956	12.47	1.09	4.637	1.702	0.37	0.86	0.86

实验中采用偏度峰度检验法。样本偏度 R 和峰度 P 的计算公式如下：

$$R = \frac{1}{n}\sum_{i=1}^{n}(z_i - \overline{z})^3 / \left[\sqrt{\frac{1}{n}\sum_{i=1}^{n}(z_i - \overline{z})^2}\right]^3 \quad (3)$$

$$P = \frac{1}{n}\sum_{i=1}^{n}(z_i - \overline{z})^4 / \left[\sqrt{\frac{1}{n}\sum_{i=1}^{n}(z_i - \overline{z})^2}\right]^4 - 3 \quad (4)$$

式中，n 为样本数；z_i 为样本特征值；$\overline{z}$ 为样本均值。本研究区域土壤特征值的偏度、峰度等如表 1 所示，此外 $2\sqrt{6n} = 151.4728$；$2\sqrt{24/n} = 0.31689$。由此可发现研究区域的土壤全氮、碱解氮服从正态分布；而有机质、速效钾、有效磷、硝态氮的峰度超过限值，分布并不服从正态分布。本文对上述 4 项指标进行对数化处理后再计算偏度、峰度，结果如表 7-4 所示，由该表可知速效钾、有效磷、硝态氮服从对数正态分布，仍然满足用地统计分析方法计算确定采样策略的要求；而有机质不服从对数正态分布，因而无法应用地统计学方法进行分析。

表 7-4　土壤养分样本的正态分布检验

统计特征	样本	最大值	最小值	均值	标准差	变异系数	偏度	峰度
有机质（log）	956	0.963	−0.492	0.5373	0.1664	0.31	−1.42	5.19
速效钾（Log）	956	5.18	4.03	4.568	0.176	0.04	0.19	0.10
有效磷（Log）	965	4.71	−0.97	1.912	0.764	0.40	−0.30	0.04
硝态氮（Log）	956	2.52	0.08	1.468	0.368	0.25	−0.21	0.18

（2）合理采样点数量和采样点位置的确定

①合理采样点数量的确定　本策略中，土壤采样的主要目的是服务于变量施肥决策，用作变量施肥处方图的绘制。其基本过程是在获取农田各处土壤养分的含量水平的基础上，针对特定作物的养分需求总量计算出各处所需施肥的数量，依据其差异将相近的施肥量进行合并，把整个农田地块划分为不同肥力水平的若干部分，从而形成变量施肥处方图。实验中，需要全面考虑全部施肥情况，选择要求最高的养分类型进行采样点数目的确定（图 7-5）。

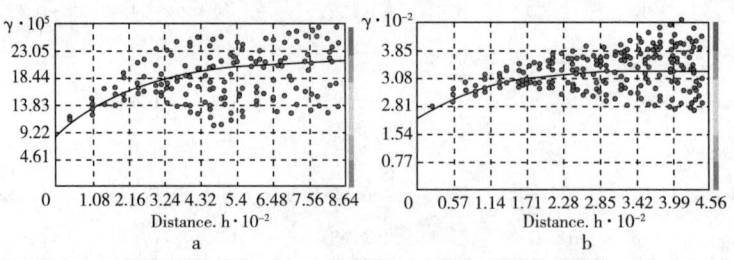

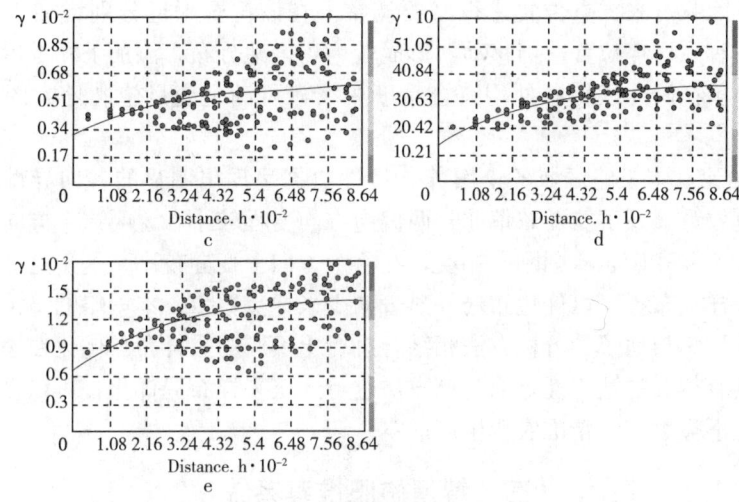

图 7-5　拟合的土壤养分特性半方差函数曲线

a. 全氮　b. 速效钾　c. 有效磷　d. 硝态氮　e. 碱解氮

注：纵坐标代表半方差函数值，横坐标代表样本间距，单位为 m。

　　②采样点位置的确定　本策略区域东西宽度 547m，最大长度 1209m 左右，各种模型的最大变程都在 449～849m，最小变程也在 194～561m，以变程最小的速效钾来初步估计，最大的采样间距应为 194.27m，应在研究区南北均匀布置 6 行采样点，东西方向均匀布置 2 行采样点（图 7-6）。

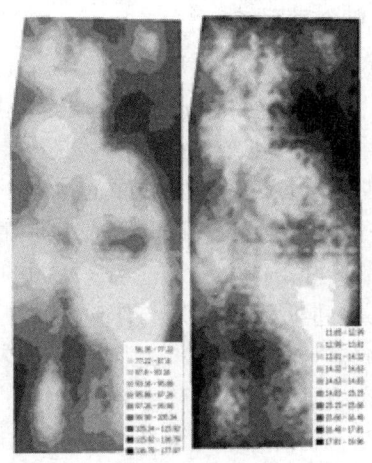

图 7-6　Kriging 估值和估计方差图

　　进一步利用 Kriging 方法分析样点布置。从方差图可知研究区域的中部偏东北和西南角等 2 处出现估计误差方差的高值区，表明现有采样点难以满足估值精度，因此对采样点位置进行必要调整，在该位置附近分别增加 1 个采样点，将现有采样点位置适当移动，形成较为均匀地分布，添加采样点后的估计方差图显示在研究区域各处均符合精度要求，可满足变量施肥处方图绘制的需求。

3. 结论　本策略区域各土壤养分特性数据呈现出明显的各向异性，其中全氮、速效钾、碱解氮在东偏北—西偏南方向变程较小，说明这个方向变异较大；而有效磷和硝态氮则刚好相反，在这个方向上变异较小，基于这一客观事实进行采样点布置可以优化布局并显著减少采样点数量。本策略的结论表明利用经典统计学与地统计分析方法相结合进行土壤肥力采样布点优化在小尺度采样区域具有较好的适用性，通过该方法进行土壤采样布局优化，可以在确保精度的前提下显著节约精准农业生产成本。

三、智慧施肥推荐系统

在智慧施肥系统建设过程中，以国家现代农业科技城农业云服务平台为支撑，根据新疆棉花、重庆山地橘园和黑龙江二道河水稻土肥业务的具体需求，订制了相应的测土配方施肥决策系统。在系统运行过程中，由国家现代农业科技城农业云服务平台运维单位负责维护和管理云中的软硬件设施，以按需使用的方式向用户收费，用户不再需要支付除个人计算机和互联网连接以外的费用，就可以连接互联网获取云上运行的系统，而无需为服务器硬件、软件升级维护和网络安全设备而买单，也不再顾虑类似安装、升级和防病毒等琐事。

（一）新疆杂交棉施肥推荐系统

新疆生产建设兵团农一师一团屯垦戍边 55 年，在昔日荒漠戈壁滩上建起了一个现代化新型团场。建团 55 年来，全团建设棉花生产地 17 万亩，累计生产优质长绒棉 15 万 t，生产优质细绒棉 16 万 t，是重要的棉花生产团场。

新疆有最适于植棉的自然环境条件，主要是新疆的热量丰富，日照充足，降水稀少，空气干燥，昼夜温差大和利用雪水人工灌溉，这为棉花的生长提供了我国其他棉区所不及的良好条件。尽管近年来一团的农业生产集约化、机械化、规模化程度不断提高，但是田间管理与作业的粗放和盲目性普遍存在，生产实践中常常违背棉花的施肥原则，使得氮肥利用率较低，造成资源浪费，影响了区域生态环境和农产品质量。

为了进一步提升棉花土肥信息管理水平，新疆生产建设兵团农一师一团与国家农业信息化工程技术研究中心于 2012 年 9 月就棉花施肥决策方面进行合作。基于新疆生产建设兵团农一师一团棉花生产情况，围绕棉花种植农事活动，研发了主要服务于农场管理人员以及农户的新疆杂交棉施肥推荐系统。系统采用 B/S 结构，展示层采用 Flex 富页面技术进行地图显示浏览放大缩小查询，业务层采用 Arcgis server，提供棉田地图服务和施肥决策支持服务，数据层采用 SQL2005，提供土壤化验测试数据和施肥决策结果的管理（图7-7）。

图 7-7 新疆杂交棉施肥推荐系统登录界面

1. 系统的主要功能

（1）针对农场管理者的功能

①采样点规划 系统支持拉框、自定义多边形等方式进行采样点规划。用户可简单的定义采样点的长宽间距，生成采样点规划图。系统支持采样点的修改编辑、规划采样点下载导出等功能，下载格式为 xml 数据文档（图7-8）。

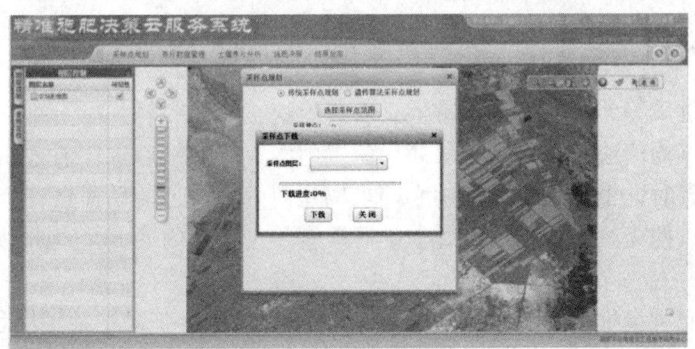

图 7-8 采样点规划功能界面

②采样数据管理 系统支持土壤测试化验数据上传和测试化验数据生成采样点等功能。对上传的采样点数据进行数据格式规范，支持用户模板下载。在数据上传时对土壤测试化验数据进行检查，以验证数据正确性和完整性（图7-9）。

③地块养分赋值计算 地块养分赋值计算包含三个功能：采样点插值法地块赋值法、均值法赋值、采样点搜索法赋值法（图7-10）。

采样点插值法：支持普通克里金法进行采样点插值计算，将插值后生成的

图 7-9　采样数据管理功能界面

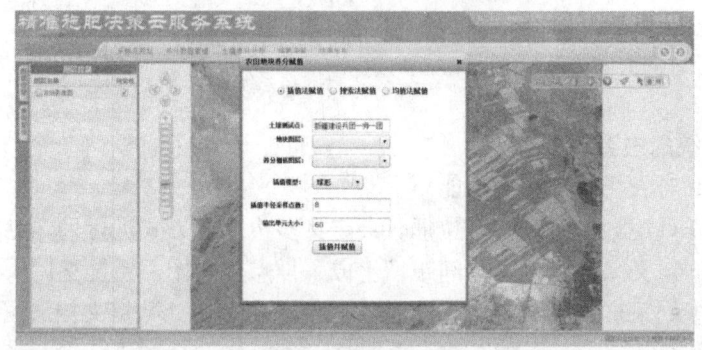

图 7-10　地块养分赋值计算功能界面

氮磷钾有机质等作为属性数据赋值到农户地块。

采样点均值法：先判断地块几何位置内的点个数然后求均值。如果地块内没有采样点时，根据地块几何中心，求离几何中心最近的采样点直接赋值。

临近点搜索法：根据地块几何中心搜索一定半径内的 5 个点求均值并赋值到地块。

④施肥决策推荐　管理人员根据历年的产量计算后获得三种预期目标产量，根据预期的目标产量、地力等级（土壤中氮磷钾有机质等因子）、使用的肥料进行施肥决策，并将施肥结果及推荐结果保存到数据库中。管理人员根据化肥的使用量生成施肥推荐卡，系统支持地块施肥推荐的在线查看和施肥推荐卡打印（图 7-11）。

⑤施肥推荐发布　农场管理人员将施肥推荐计算后的施肥推荐结果发布为共享数据。允许普通用户进行施肥推荐查询和施肥推荐卡打印（图 7-12）。

（2）系统针对团场普通农户的主要功能

①查询　系统支持农户输入关键字对地块进行查询，将查询的结果显示在左侧结果显示栏中，相应的地块肥力信息以图片的形式展示在主显示栏中，便

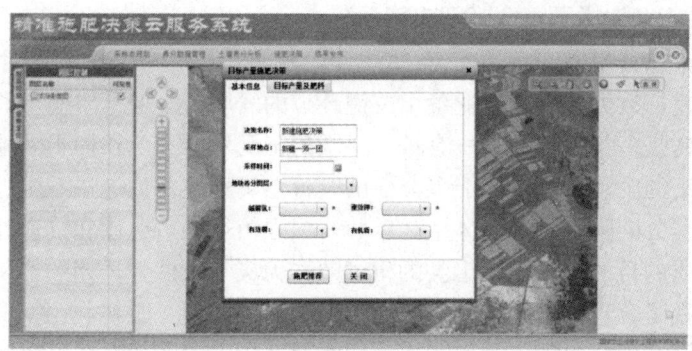

图 7-11　施肥决策推荐功能界面

图 7-12　施肥推荐发布功能界面

于农户直观地查看地块肥力信息。

②打印施肥推荐卡　用户选择地块后查询对应地块不同目标产量的推荐施肥卡，可在线查看地块的施肥推荐和打印施肥推荐卡。

2. 实际应用效果　新疆杂交棉施肥推荐系统自实施以来，在新疆生产建设兵团农一师一团进行了广泛使用。通过使用该系统，团场管理人员加强了对棉花地土肥状况的整体把握，有利于合理安排棉花种植，更有利于培肥地力、改善土壤的耕作性能。

团场农户根据施肥推荐卡可以确定具体的肥料施用种类和用量，较大程度上提高了肥料的利用率，实现了棉花增产，保护了生态环境，真正意义上实现了智慧、科学、高效的施肥方式。

良好的土肥控制，使得团场的棉花种植从源头上得到了质量保证，为新疆生产建设兵团农一师一团引来了来自全国各地的棉花原料订单，每年的棉花供不应求，棉花销售所带来的经济效益成为新疆建设兵团中扎扎实实的农业经济增长点，引领着新疆的棉农走上了科学种植棉花的大道。

（二）山地柑橘园精准施肥决策系统

重庆市忠县柑橘产业始建于 1997 年，一直以来，忠县坚持按照现代农业的发展模式，致力于柑橘产业各个关键环节的发展。土壤是柑橘生长发育的基础，柑橘树是多年生树种，只有进行科学的土肥水管理，长期不断地进行土壤改良和精细的肥水管理，才能多方面的改善土壤环境，促进根系生长，提高根系对水分养分的吸收，使树体生长健壮，增强植株的适应性和抗逆性，从而达到丰产优质的目的。然而，忠县的柑橘园多为成年柑橘，长期的经济驱动使得管理者忽视了合理的土肥管理，化肥投入结构不合理，肥料利用率低，造成养分比例失调，不仅增加了生产成本，同时对环境和农作物造成严重污染。柑橘的长势已经进入僵持阶段，近几年的果实品质基本没有改善。

为了进一步落实忠县柑橘产业的长效发展机制，2013 年 3 月，针对柑橘园精准变量施肥的需求，研制了服务于柑橘园种植农事活动的施肥决策软件系统。该系统针对山地柑橘果园的种植情况，能够有效区分出山地橘园不同位点的肥力状况，形成营养现状空间分布图。根据提供的模型、土壤种类、单产和其他相关参数，做出对应的科学施肥建议，并自动生成精准施肥指导图，为定量施肥提供技术支撑，从而辅助管理者指导柑橘园的科学生产与种植（图 7-13）。

图 7-13　山地柑橘园精准施肥决策系统登录界面

1. 系统的主要功能

（1）土壤采样点规划　土壤采样点规划的主要功能是在给定柑橘园空间分布范围与采样点数量的前提下，使采样点分布在拟采样区域内具有最佳的代表性，经采样规划布局后形成采样点的 XML 和 SHP 格式的采样点文件供用户下载，指导田间土壤采样。其中采样点规划方法包括：网格采样点规划，允许用户自定义采样区域，根据用户采样点的间距进行采样点布置；遗传算法采样点规划，利用生物遗传技术，将农田类型、农田质量、土壤类型、海拔作为参数因子进行采样点合理布局（图 7-14）。

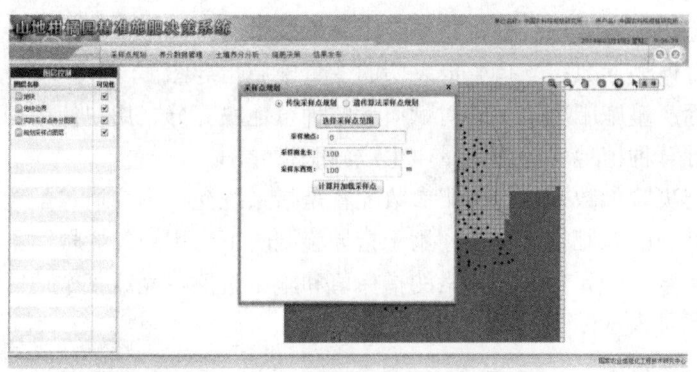

图 7-14　土壤采样点规划功能界面

（2）土壤养分数据管理　土壤养分数据管理具体包括：

①养分模板数据下载　提供土壤测试养分数据模板的下载，方便用户按规范格式组织土壤养分测试数据。

②养分数据成图　根据实际测试化验的土壤采样点数据生成土壤测试点养分图层。将按照模板填写的土壤测试化验数据 XLS 文件上传，上传的数据转化后生成实际文件并显示在地图显示区，经过程序运算后生成土壤养分图层。

③养分数据分析　由于土壤采样成本高，在实际生产中很难每个种植地块都进行采样化验。地块赋值就是为了弥补土壤采样密度不能覆盖每个农户地块而进行的计算。系统提供土壤养分分析功能，利用克里金插值法、土壤养分测试点均值法、土壤养分测试点临近点搜索法等赋予种植地块氮磷钾有机质值，将养分数据科学地赋值到柑橘园种植地块。插值成功后，系统提供空间查询和属性查询两种方式查询果园种植地块的养分详细信息，可自动生成按氮养分分级图，同时支持用户自定义渲染方式，通过分级设色工具栏设置渲染级别。如用户可以指定种植地块养分图层，按照图层的字段（如氮磷钾等属性数据）进行分级渲染（图 7-15）。

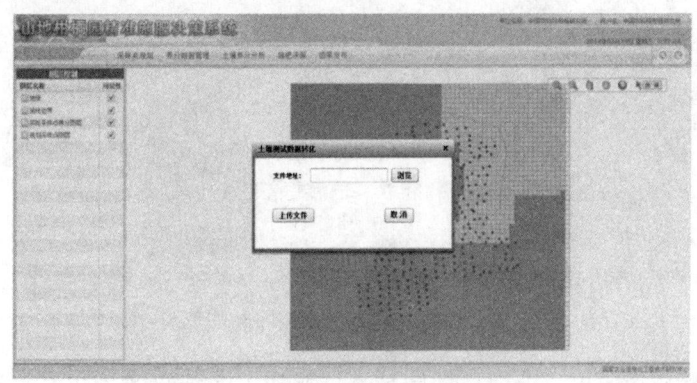

图 7-15　土壤养分数据管理功能界面

（3）施肥决策管理　根据柑橘施肥决策模型进行施肥指导，支持用户自定义各类运筹模型参数；支持生成果园的变量施肥指导图。

①目标产量施肥决策　针对赋值后的种植地块养分、用户使用的肥料和目标产量，计算种植地块的施肥量，生成施肥指导图。

②施肥决策参数配置　施肥参数配置是指系统允许用户通过配置柑橘园中不同柑橘品种的施肥指标参数，用于指导施肥决策。用户需要填写不同目标产量下的氮元素、磷元素、钾元素的指标值和施肥量值，完成某个地区某种品种的施肥指标录入（图7-16）。

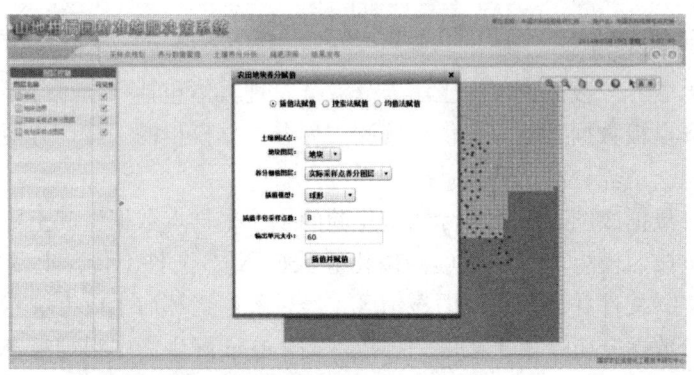

图7-16　施肥决策管理功能界面

（4）信息发布　果园土壤养分现状图和施肥指导图，可以通过输出打印、网络发布等方式进行发布与应用，并预留用于未来指令变量施肥装置的信息输出格式。用户可以将施肥决策后的结果发布，完成发布后，可以查看并打印推荐结果（图7-17）。

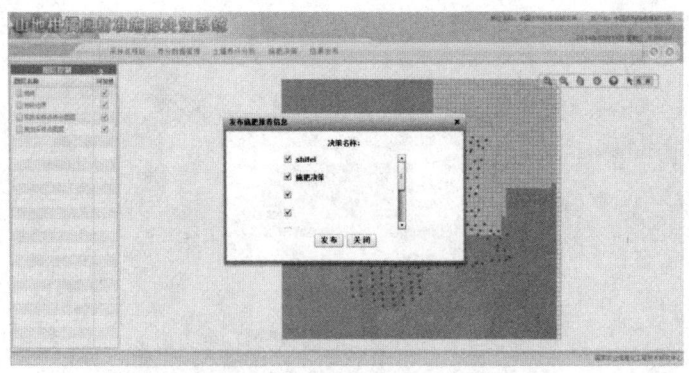

图7-17　施肥指导图结果发布功能界面

2. 实际应用效果　山地柑橘园精准施肥决策系统自实施以来，得到了重庆忠县柑橘种植园的普遍欢迎。虽然橘树是多年生植物，但是每一年的培肥管理，潜移默化地影响着橘树的生长。在橘树的年生育期内，施肥管理扮演着重要的角色，施肥量的多少决定着成年橘树果实品质的形成。

通过使用山地柑橘园精准施肥决策系统，柑橘园的管理者可以在幼年橘树开始直到橘树经济价值衰退被移除整个过程中，实行精确施肥控制，有效地提高了化肥的利用率和柑橘果实的产量、改善了果实的品质，同时最大限度地保护了柑橘的种植环境，实现了山地柑橘种植可持续发展模式。

（三）二道河农场施肥推荐系统

二道河农场属于黑龙江农垦总局系统国有农场，是垦区最早的"四个现代化"农场之一，已成为无公害产品与产地一体化示范基地，主栽作物为水稻。长期以来，该农场和大多数水稻种植农田一样，存在化肥投入结构不够合理，肥料利用率低，水稻生长所需养分比例失调，这不仅增加了生产成本，同时会对环境和农作物造成污染。例如，农场把大量氮肥投在水稻生长前期，使得水稻前期的施肥量占全生育期总肥量的比重过大（一般＞70％），导致根层养分供应与作物对氮素的需求产生严重的时空错位，致使氮肥的利用率大幅度下降，也加大了环境污染的风险。

为了实现科学施肥及进一步提升农场土肥信息化管理水平，基于国家现代农业科技城农业云服务平台开发了二道河农场施肥推荐系统。该系统充分利用云计算、地理信息系统、测土配方等高新技术，研发完成施肥决策分析云服务系统和施肥推荐查询触摸屏系统，可为农场管理人员提供测土配方施肥决策云服务。该系统的应用提高了黑龙江二道河农场的肥料施用效率和水稻产量，降低了因化肥施用不合理造成的环境和农作物污染，提高了水稻品质，为农场加快发展绿色水稻品牌建设提供了保障，二道河农场迈上了全面实施质量可追溯制度的新征程（图7-18）。

图 7-18　二道河农场施肥推荐系统首页

1. 系统的主要功能

（1）采样点规划和编辑　系统支持网格采样点布置和按照农田类型优化布置采样点，采样点数量确定后，采样数据分布在农场/农垦基地拟采样区域内，具有较好的代表性，且采样点规划的结果可在内置采样管理系统的 PDA 中发挥导航作用（图 7-19）。

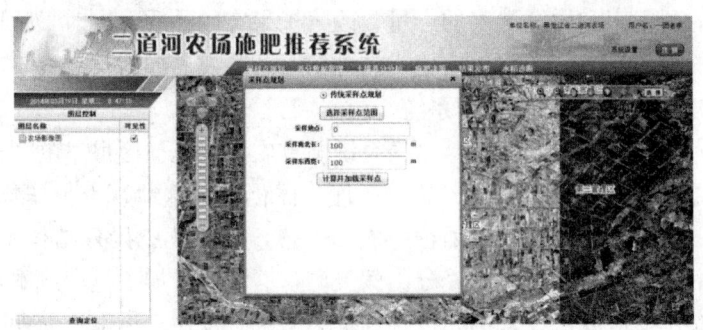

图 7-19　采样点规划和编辑功能界面

（2）土壤养分数据管理　土壤养分表格数据可上传至系统，支持空间数据转化，以土壤养分图的形式存储在云端。可根据土壤特点或当地种植习惯进行评价分级，进一步提高决策的实时性、科学性，有助于二道河农场管理者对资源信息的深入掌握，提高水稻种植资源的计算机管理水平（图 7-20）。

图 7-20　土壤养分数据管理功能界面

（3）土壤养分分析　系统支持利用克里金插值法、临近采样点搜索法、采样点均值法等三种地块养分插值方法进行地块养分赋值计算（图 7-21）。

（4）施肥决策　系统可根据农场的养分数据、目标产量数据、施肥调查数据等信息集成施肥推荐的方法，研究适宜于农场水稻的推荐施肥模型，将地理信息系统技术与施肥推荐模型相结合，可为农场管理者提供网络化、智能化、

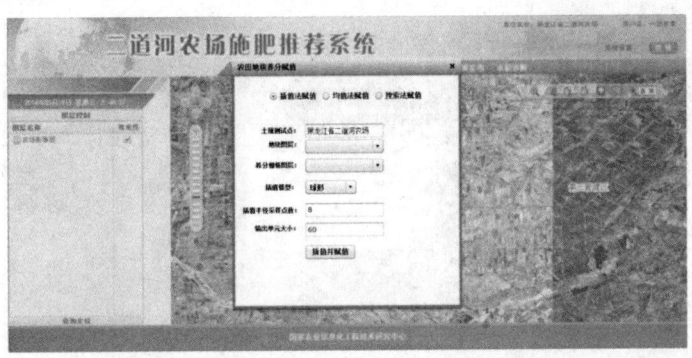

图 7-21 土壤养分数据分析功能界面

形象直观的信息服务。同时，系统还支持用户自主设置肥料信息和作物信息，增强了系统灵活性和实用性（图 7-22）。

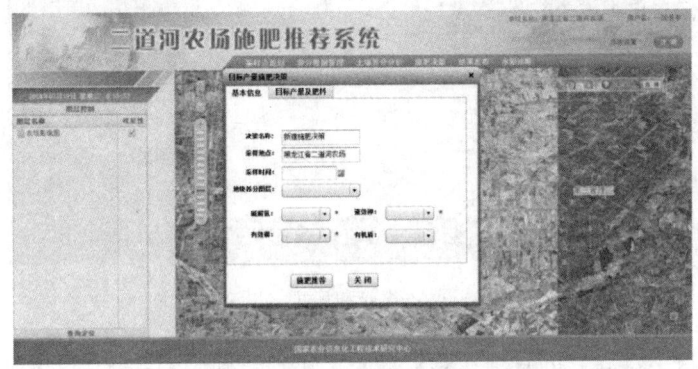

图 7-22 土施肥决策功能界面

（5）结果发布 系统支持施肥推荐结果信息的开放网络共享，便于在线购买农资的普通用户通过农资店里的触摸屏进行施肥方案查询，以较少的投入产生较大的经济效益（图 7-23）。

（6）水稻营养和病害诊断 系统集成了水稻营养诊断和病害诊断。系统中主要收集了水稻需要量较大的营养元素氮、磷、钾、硅、镁、硫、钙的诊断资料，以及水稻生长不可忽视的微量元素铁、锰、锌、硼、钼的诊断资料。农场管理者可分别将水稻缺素现状和水稻病害现状与水稻缺素图片和水稻病害图片进行对照，判断出水稻营养状况和具体的病害情况，便于管理者根据系统提供的缺素诊断方案和病害诊断方案采取及时采取补救措施（图 7-24）。

2. 实际应用效果 二道河农场施肥推荐系统自实施以来，已经在二道河农场得到了良好应用。农户在农资经销店的一体机上查看土壤养分信息，实现了农民科学买肥、施肥。通过使用系统的施肥决策推荐功能，农场管理者加强

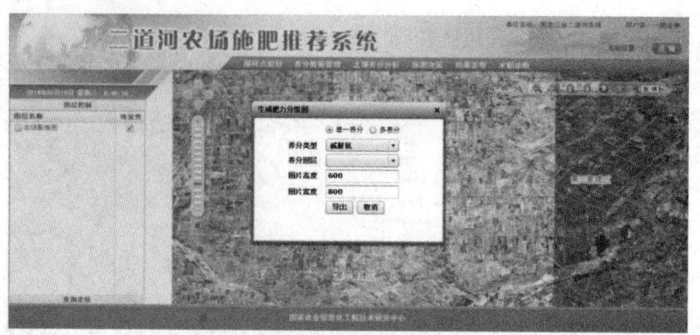

图 7-23　施肥推荐结果发布功能界面

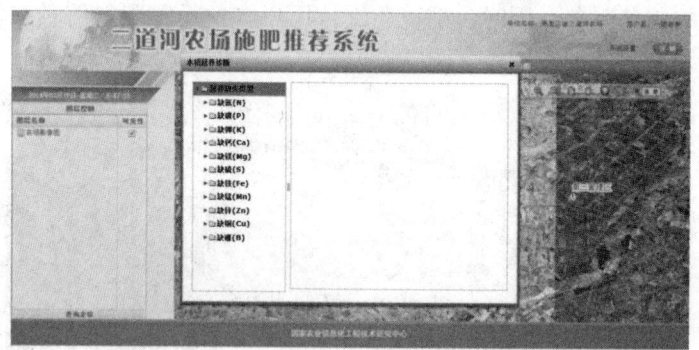

图 7-24　水稻营养和病害诊断功能界面

了农场地块土壤养分的管理，有效提高了化肥的利用率，减少化肥施用量，达到了提高作物产量、改善农产品品质、节省支出的目的。二道河农场施肥推荐系统已经成为二道河农场可持续发展的重要工具。但是，该系统在实践中应加强土壤养分数据更新速度，扩展水稻施肥模型，进一步与全球定位系统和遥感数据相结合，扩充网络应用功能，才能更好地服务于农场的水稻产业。

第八章　土肥智慧发展展望

作为土肥信息化发展高级阶段的智慧土肥正在并必将改变土肥工作的开展、惠及亿万农业从业人员、工作人员和管理人员。随着智慧农业关键技术和应用模式的不断成熟并得到广泛应用，以及智慧土肥政策环境、推进模式的不断完善，智慧土肥必将从目前的萌芽、起步阶段步入快速推进阶段，并必将进入成熟发展阶段。本章首先分析了影响土肥智慧发展的关键技术的发展趋势，然后研究了当前智慧土肥建设中急需解决的问题，最后依据《国家中长期科技发展规划纲要》、《物联网发展"十二五"规划》、《全国农业农村信息化发展"十二五"规划》、《全国种植业发展"十二五"规划》提出了智慧土肥发展近期面临的主要任务。

第一节　智慧土肥技术发展的趋势

智慧土肥关键技术与产品的发展需经过一个培育、发展、成熟的过程。其中培育期需要 2～3 年，发展期需要 2～3 年，成熟期需要 5 年（李道亮，2012），以物联网技术为例，EPoSS 在 2008 年发布的《2020 年的物联网》（《Internet of Things in 2020》）报告中分析预测，物联网的未来发展将经历四个阶段：2010 年之前 RFID 被广泛应用于物流、零售和制药领域，2010—2015 年实现物体之间的互联，2015—2020 年物体实现半智能化互联，2020 年之后物体进入全智能化互联时代（EPoSS，2010）。

长城战略咨询（GEI）结合对物联网产业链的分析和中国市场情况的判断，对中国物联网产业的发展初步预测未来十年将有三个主要发展阶段，形成三个物联网应用的细分市场（长城战略咨询）：第一个阶段是应用创新、产业形成期。未来 1～3 年，公共管理和服务市场应用带动产业链形成。未来 1～3 年，中国物联网产业处于产业的形成期。物联网将以政府引导促进、重点应用示范为主导，带动产业链的形成和发展。产业发展初期将在公共管理和服务市场的政府管理、城市管理、公共服务等重点领域，结合应急安防、智能管控、节能降耗、绿色环保、公众服务等具有迫切需求的应用场景，形成一系列的解决方案。随着应用方案的创新、成熟和推广，带动产业链的传感感知、传输通信和运算处理环节的发展。第二个阶段是技术创新、标准形成期。未来3～5

年，行业应用标准和关键环节技术标准形成。在公共管理和服务市场应用示范形成一定效应之后，随着下一代互联网的发展以及移动互联网的初步成熟，企业应用、行业应用将成为物联网产业发展的重点。各类应用解决方案逐渐稳定成熟，产业链分工协作更明确、产业聚集、行业标准初步形成。随着产业规模的逐渐放大，传感感知等关键环节的技术创新进一步活跃，物联网各环节的标准化体系逐步形成。第三个阶段是服务创新、产业成长期。未来 5～10 年，面向服务的商业模式创新活跃，个人和家庭市场应用逐步发展，物联网产业进入高速成长期。未来的 5～10 年，基于面向物联网应用的材料、元器件、软件系统、应用平台、网络运营、应用服务等各方面的创新活跃，产业链逐渐成熟。行业标准迅速推广并获得广泛认同。各类提供物联网服务的新兴公司将成为产业发展的亮点，面向个人家庭市场的物联网应用得到快速发展，新型的商业模式将在此期间形成。在物联网应用、技术、标准逐步成熟、网络逐渐完善、商业模式创新空前活跃的前提下，物联网产业进入高速发展的产业成长期。

中国农业大学现代精细农业系统集成研究教育部重点实验室从 2010—2015 年、2015—2020 年以及 2020 年以后三个阶段分析了身份识别技术、物联网架构技术、通信技术、传感器技术、搜索引擎技术、信息安全技术、信号处理技术电源与能量存储技术的发展内容，见表 8-1。

表 8-1　土肥智慧发展关键技术发展趋势

关键技术	2010—2015	2015—2020	2020
身份识别技术	统一 RFID 国际标准 RFID 技术低成本化 身份识别传感器开发	发展先进身份识别技术 高可靠性身份识别	发展 DNA 身份识别技术
物联网架构技术	发展物联网基本架构技术 广域网与广域网架构技术 多物联网协同工作技术	高可靠性物联网架构 自适应物联网架构	经验型物联网架构 知识型物联网架构
通信技术	RFID、UWB、WIFI、 WIMAX、BLUETOOTH、 ZIGBEE、RUBEE、 ISA100、6LOWPAN	低功耗射频芯片 片上天线 毫米波芯片	宽频通信技术 宽频通信标准
传感器技术	生物传感器 低功耗传感器 工业传感器的农业应用	农业传感器小型化 农业传感器可靠性技术	微型化农业传感器
搜索引擎技术	分布式引擎架构 基于语义学的搜索引擎	搜索引擎与身份识别关联技术	认知型搜索引擎 自治型搜索引擎
信息安全技术	传感器安全机制 WSN 安全机制	物联网的安全型与隐私型评估系统	自适应的安全系统开发以及相应的协议制定

（续）

关键技术	2010—2015	2015—2020	2020
信号处理技术	大型开源信号处理算法库 实时信号处理技术	物与物协作算法 分布式智能系统	隐匿性物联网 认知优化算法
电源与能量 存储技术	超薄电池 实时能源获取技术 无线电源初步应用	生物能源获取技术 能源循环与再利用 无线电源推广	生物能电池 纳米电池

（1）2010—2015年，重点研究与发展身份识别技术方面的统一RFID国际标准、RFID技术低成本化、身份识别传感器开发，物联网架构技术方面的发展物联网基本架构技术、广域网与广域网架构技术、多物联网协同工作技术，通信技术方面的RFID、UWB、WIFI、WIMAX、BLUETOOTH、zigbee、RUBEE、ISA100、6LOWPAN，传感器技术方面的生物传感器、低功耗传感器、工业传感器的农业应用，搜索引擎技术的分布式引擎架构、基于语义学的搜索引擎，信息安全技术的传感器安全机制、WSN安全机制，信号处理技术的大型开源信号处理算法库、实时信号处理技术，电源与能量存储技术的超薄电池、实时能源获取技术、无线电源初步应用等技术。

（2）2015—2020年，重点研究与发展身份识别技术方面的发展先进身份识别技术、高可靠性身份识别，物联网架构技术方面的高可靠性物联网架构、自适应物联网架构，通信技术方面的低功耗射频芯片、片上天线、毫米波芯片，传感器技术方面的农业传感器小型化、农业传感器可靠性技术，搜索引擎技术的搜索引擎与身份识别关联技术，信息安全技术方面的物联网的安全型与隐私型评估系统，信号处理技术的物与物协作算法、分布式智能系统，电源与能量存储技术的生物能源获取技术、能源循环与再利用、无线电源推广等技术。

（3）2020年后，重点研究与发展身份识别技术方面的发展DNA身份识别技术，物联网架构技术方面的经验型物联网架构、知识型物联网架构，通信技术方面的宽频通信技术、宽频通信标准，传感器技术方面的微型化农业传感器，搜索引擎技术的认知型搜索引擎、自治型搜索引擎，信息安全技术的自适应的安全系统开发以及相应的协议制订，信号处理技术的隐匿性物联网、认知优化算法，电源与能量存储技术的生物能电池、纳米电池等技术。

吴澄、孙优贤在《中国智能城市建设与推进战略研究》之《智能制造与设计发展战略》对智慧技术的发展进行了分析，并认为：

（1）到2020年，在传感器方面，传感器的微型化、智能化、集成化和网络化设计，传感器的自检测、自补偿、自校正技术将走向成熟；传感网方面，面向自组织网络的密钥管理、访问控制、数据库安全机制、基于 hash 和简单对称密钥的认证技术、基于误用和异常检测的非法操作判别技术、具备消除失误、故障和干扰影响的容错技术方面比较成熟；在动态数据驱动应用系统（DDDAS）方面，传感器数据采集及空间定位技术、特征物理参数探测技术、测量信息到仿真模型之间的映像算法信息传输技术；在智能自适应方面，智能自适应控制系统的定性分析理论与数学工具、应用建模技术等技术将走向成熟。

（2）到 2030 年，在传感器方面，传感器的 MEMS 与 RFID 融合技术；传感网方面，面向 QoS、低功耗制造的网络拓扑架构及通信协议，面向信息安全身份认证、操作检测系统，面向制造过程可靠性的容错技术、基于复杂对称密钥和非对称密钥的认证技术、具有自学习能力的智能非法操作判别技术、具备消除恶意软件、非法攻击影响的容错技术；在动态数据驱动应用系统（DDDAS）方面，海量数据处理技术、多智能体行为规则引擎、多变量时序逻辑追踪、多目标优化算法技术；在智能自适应方面，智能自适应控制系统的定性分析理论与数学工具将走向成熟。

从总体上看，土肥智慧发展的关键技术将朝着更透彻的感知、更全面的互联互通、更深入的智慧服务和更优化的集成趋势发展。

第二节　当前智慧土肥建设中急需解决的问题

近年来，随着新技术在土肥业务工作中的不断应用，智慧土肥业务应用不断发展，取得了一定的成果，但从总体上看，还存在一系列的问题需要解决：

1. 基础投入不足，横向协调缺乏统一机构　物联网等智慧信息技术在农业上的应用刚刚起步，在土肥中的应用也处于试验阶段，智慧信息技术的应用以及基础设施的搭建，存在着观念趋同、网络建设和系统软件开发等一系列工作，均需要资金投入，需要很高的成本。特别是智慧土肥建设初期，各类智慧应用分头建设，存在着重复研究、重复建设、重复开发的问题，也因为智慧信息技术的不成熟，存在着传感器、自组网络建设成本高的问题，这些问题均产生了成本效益不相匹配的现象，在一定程度上阻碍了智慧土肥应用的开展。另一方面，在智慧土肥建设初期，大多集中于应用系统的建设，对于统一的网络基础设施、传感基础设施投入较少，也影响了智慧土肥的发展。产生上述问题的原因就在于智慧土肥建设初期缺乏统一规划、统一指导、统一标准，更缺乏权威的协调机构，各自为战的现象普遍存在。因此，为了更好地开展智慧土肥建设，就首要在统一规划下，加强基础设施建设，特别是在传感网络建设方面，在基础传感技术、智慧技术研究方面，加强调入、加强协调、加强协作；其次，应建立智慧土肥建设权威协调机构，对物联网网络建设、传感器部署、智慧应用、相关标准建设，以及各级参建部门进行协调，使今后有关智慧土肥信息有统一的标准，实现互享互用。

2. 智慧化不足　智慧土肥建设过程中，智慧化的体现关键是依靠各种软件对大量数据的收集、处理、整合、整合和挖掘，以发现智慧化的知识，用于土肥水作物的管理工作，特别是适于各地不同环境、不同栽培模式、不同品种的作物生长模型、施肥模型及控制软件，以及适用于各地不同环境的土地质量管理模型、土肥智慧决策模型，基于作物生长的土、肥、水、作物管理的自动化控制，通过智慧化建设实现了智慧技术成果的直接转化和最大效益化，对于土肥工作科学管理、自动控制、智慧施肥、耕地质量全面管理、土肥科学决策、提高土肥工作效率具有重要意义。而当前智慧土肥应用建设中更倾向于网络的建设、硬件的投入，以期解决土肥信息实时采集、快速应用的需求，对于数据的整合、融合及知识挖掘仍未深入，相关的作物生长模型、施肥模型、土地质量管理模型、土肥智慧决策模型以及精准自动控制技术的全面应用仍处于初始阶段，远未达到智慧的程度，智慧土肥应用的智慧化表现是未来需要土肥工作者加以深入研究的课题。

3. 标准缺失　当前，制约智慧土肥建设的另一个最大瓶颈是标准的缺失。智慧土肥是一个系统工程，它是一个结合传感器、信息处理、控制、无线通信与网络多种技术的综合信息服务系统。它有别于传统农业中土肥的内在性和封闭性，因而它的发展必须涉及各类各级部门和单位乃至农民，必须遵守共同约定的规则和协议来相互链接、协调发展，方能使整个服务和产业循序渐进，健康发展，但目前没有出台统一的智慧农业标准体系。因此，智慧土肥相关标准也亟待建设。中国信息技术标准化技术委员会于 2006 年成立了无线传感器网络标准项目组。2009 年 9 月，传感器网络标准工作组正式成立了 PG1（国际标准化）、PG2（标准体系与系统架构）、PG3（通信与信息交互）、PG4（协同信息处理）、PG5（标识）、PG6（安全）、PG7（接口）和 PG8（电力行业应用调研）等 8 个专项组，开展具体的国家标准的制定工作，而相关的行业标准委员会仍未成立（徐海斌等，2013）。

4. 关键技术仍需解决　智慧土肥应用的关键技术和设备成熟度低，仍须加大攻关力度。首先，在土肥信息采集方面，当前用于农业生态环境和动植物生长监测的传感设备种类不全，功能不完善，精确度和灵敏度不高，且体积大小上也不能适应生产的需要，有待朝小型化方向发展。其次，在农业自动化控制方面，能够支持智能决策，对温光水气肥等环境因素远程调控的设备自动化程度还不高。具体表现在：在精准土肥智能监控上，对土壤或植物体中各营养要素进行实时无损测量的各种传感器研发，各种传感器的低功耗和低成本研究，设施控制设备的可靠性和就地利用太阳能与生物质能研究，数据和系统故障容错技术研究，无线数据远程高带宽传输研究，各方物联网数据采集标准及数据交换及控制接口等标准化问题都是智慧土肥建设急需解决的关键性难题。农业监测区域广，分布大量传感器节点，传感器节点负责采集相关数据信息并将数据传送至汇聚节点。农业物联网具有感知数据量大、无线通信带宽低、时效性强的特征，但目前网络节点在能量、计算、存储及通信能力方面存在局限性，因此大大制约节点协作感知的提高，以及信息采集、处理和发布的效率。

5. 建设成本过高 国内智慧土肥建设的核心技术装备如土肥专用传感器、RFID 等传感设备的研发和制造仍较落后，大部分仍处于实验室阶段，只能大量依赖进口元器件和设备，而进口元器件和设备价格相对较高，且由于我们没有相应的知识产权，也影响了日后的广泛应用。同时，由于土肥用传感器比工业应用的同类传感器应用环境更为恶劣，并且需要长期稳定可靠运行，对涉及传感器稳定性的生产工艺和材料有着更高的要求，这也提高了传感器开发的成本。在传感网络建设上，由于我国耕地面积广阔，地形复杂，目前覆盖耕地的传感网络建设处于起步阶段，重复建设和缺乏建设情况普遍存在，这无形中增加了传感网络建设的难度和成本。智慧土肥相关自动控制设备和技术研发时间比较长，投入成本较高，短期内难以获得预期经济效益，对于中小企业来讲，进入的门槛太高，以至于这一技术无法大规模推广。而没有规模经济效应，导致这一技术只能停留在技术研发阶段，不能给国家和企业带来根本利益，因此设备和技术提供商往往是望而却步。与建设成本居高不下相对应的是，我国农业生产分散，农民收入水平普遍较低，小农生产方式仍占主导地位，农业生产缺乏规模化。在此情况下，智慧土肥设备高昂的价格使得分散的农业生产个体难于承担。同时，我国大多数农产品的本身价值不高，所产生的效益有限，如果再均摊高成本的智慧土肥建设投入，必将影响农民的积极性，这是建设智慧土肥必须考虑的问题之一。

6. 投入模式商业模式匮乏 智慧土肥虽然在我国部分示范区农业中进行了一定应用，但是大部分还仅是依靠各种渠道的科研基金支撑进行的示范应用。智慧土肥今后在农业中的大面积推广应用仅靠政府财政支持显然是不可行的，必须引入市场机制介入。特别是在国内农业中产业化程度较高的区域，一旦有成熟商业模式的引入，推广智慧土肥的难度要比其他地区小得多。远程农业专家诊断系统、农业大棚视频监控、农业大棚温湿度监测报警系统等智慧应用技术在一些发达国家已得到商用，但在我国商用的案例也仅仅是某些的试点项目，缺乏符合我国国情的商业模式借鉴（霍建英、史文娟、彭程，2012）。

7. 技术难度大，专业人才缺乏 由于智慧土肥近几年才开始发展，所以一方面开设与智慧土肥相关技术专业，如物联网专业的高等院校不多，人才培养总体数量较少。据有关数据统计，2012 年教育部审批同意设置物联网专业的高校为 80 所，仅占全国高等院校的 3.2%，专门的农业物联网专业更少，且部分开设物联网专业的高校还存在无师资、无教材和无实习基地的尴尬处境，而 985 高校中目前没有一所开设有与物联网技术相关的专业。此外，其他相关专业如计算机或信息技术等专业的毕业生大多不愿意从事农业方面的工作。另一方面，智慧土肥应用的相关技术作为新兴技术，技术含量较高，是多学科交叉融合的技术，从事这方面的技术人员需要对计算机、网络、嵌入式系统和传感器技术等知识有比较熟练地掌握和应用，这些知识与一般农业科技有较大的差异，基层农技推广人员大多不熟悉这方面的技术，在基层难于开展智慧土肥的推广应用工作（徐海斌等，2013）。

8. 信息安全问题 在智慧土肥建设过程中，信息安全问题也是亟待解决的问题。物体之间联系更加密切，大量的数据及用户隐私如何得到保护成为当前研究的一个重点。智慧土肥建设过程是新技术的应用过程，这其中既涉及物联网技术的应用，也涉及云计算、大数据技术的应用，而这些技术必然带来新的安全技术问题。这些问题，如数据机密性、数据完整性、访问控制、身份认证、服务可信性、防火墙配置安全性、虚拟机安全性等均与数字土肥建设过程中的安全问题不同，需要重新认识、重新研究、重新构建安全策略。毋庸置疑，智慧土肥建设中的安全技术与安全问题研究将是决定智慧土肥建设成败的关键性问题。

第三节 智慧土肥发展近期面临的主要任务

2011 年 7 月 7 日，农业部在四川广安召开全国土肥工作会议，明确提出"十二五"时期我国土肥水工作要"促增产、提效率、保安全"，力争"十二五"期间全国新增高标准农田 5 亿亩，新增节水农业技术应用面积 1 亿亩，测土配方施肥面积覆盖率达到 60%，全面提升土肥水三大要素对粮食和农业发展的基础支撑能力；力争肥料利用率提高 3 个百分点，灌溉水生产力和自然降水生产效率提高 10%，提高土肥水资源利用率和单位产出能力；力争畜禽粪便等有机肥资源利用率提高 10 个百分点，主要农作物秸秆还田率提高 10 个百分点，促进农业生态环境和农产品质量安全。智慧土肥建设要紧紧围绕这一发展目标开展业务、技术、服务体系建设（危朝安，2011）（中华人民共和国农业部，2010）（中华人民共和国农业部，2011）（中华人民共和国科技部，2011）。

1. 加强土肥业务建设　重点加强耕地质量建设，立足改善田间设施，建设高标准农田；立足提高基础地力，实施有机质提升行动；立足消除障碍因素，开展土壤改良。大力推进科学施肥，整村、整乡、整县推进测土配方施肥到户到田；优化肥料资源配置，因地制宜示范推广新型肥料；改进施肥方式方法，根据水肥耦合原理和作物需肥规律，选择适宜的施肥时期；着力改变撒施表施、大水大肥等粗放施肥方式，示范推广深施、条施和穴施；改善科学施肥服务，大力推广合作社带动、配方肥直供、定点供销服务、统测统配统供统施、现场混配供肥等专业化服务模式。加快发展节水农业，要始终把工作重点放在田间，实现工程措施与农艺措施相结合，突出重点区域、主要作物和关键技术，逐步形成各具特色的区域节水农业发展新格局。强化耕地和肥料管理，要把好耕地质量关，健全标准体系，建立管理规则，全面开展耕地质量监测评价，使耕地质量监管工作常态化，同时推动补充耕地质量验收评定工作向全国推开，促进"占补平衡"由数量平衡向数量质量并重转变；要强化基本农田保护，会同国土资源部门做好永久基本农田划定工作，同时加强基本农田质量管理，切实做好补划基本农田数量和质量的验收确认工作；要加强肥料管理，进一步规范肥料登记，健全管理体系，完善管理制度，严格评审程序，推进信息公开，严把肥料市场准入关；要加强肥料市场管理，严厉打击掺杂使假、偷减养分、虚假宣传等不法行为；要强化农业投入品监管，严禁工业"三废"、城乡有害垃圾以及其他有毒有害物质侵入农田，确保耕地永续利用和农产品质量安全。

2. 大力攻克核心技术　集中多方资源，协同开展重大技术攻关和应用集成创新，加强农业遥感、地理信息系统、全球定位系统等技术研发，努力推进农业资源监管信息化建设。加强农业变量作业、导航、决策模型等精准农业技术的研发，对种植业用药、用水、用肥进行控制，促进种植业节本增效。加强农业生态环境传感器、无线测控终端以及智能仪器仪表等信息技术产品研制，对设施园艺、畜禽水产养殖过程进行科学监控，实现农业信息的全面感知、可靠传输和智能处理。加强现代信息技术的集成应用与示范，对各种现代农业信息技术进行中试、熟化与转化，全面提升农业信息化技术水平。

（1）提升感知技术水平　重点支持超高频和微波 RFID 标签、智能传感器、嵌入式软件的研发，支持位置感知技术、基于 MEMS 的传感器等关键设备的研制，推动二维码解码芯片研究。

（2）推进传输技术突破　重点支持适用于新型近距离无线通信技术和传感器节点的研发，支持自感知、自配置、自修复、自管理的传感网组网和管理技术的研究，推动适用于固定、移动、有线、无线的多层次物联网组网技术的开发。集成研制"村域网"传输网络关键技术与设备、可支持多种网络接入方式、网络接入终端、数字移动终端等低成本数字化产品。

（3）加强处理技术研究　重点支持海量信息存储和处理，以及数据挖掘、图像视频智能分析等技术的研究，支持数据库、系统软件、中间件等技术的开发，推动软硬件操作界面基础软件的研究。

（4）巩固共性技术基础　重点支持物联网核心芯片及传感器微型化制造、物联网、云计算、大数据的信息安全等技术研发，支持用于传感器节点的高效能微电源和能量获取、标识与寻址等技术的开发，推动频谱与干扰分析等技术的研究。

（5）中试和熟化一批关键技术和装备　围绕区域主导产业，重点中试和熟化动植物环境（土壤、水、大气）、生命信息（生长、发育、营养、病变、胁迫等）传感器，研制成熟度、营养组分、形态、有害物残留、产品包装标识等传感器，开展农业物联网技术和装备的系统引进和自主研发，加强动植物生长过程数字化监测手段、模型研究，突破农业物联网的核心技术和关键技术。

（6）加强研制智能化监控、人工辅助管理、自动化管理技术重点研究环境变量监控系统，作物智能化管理决策系统，系列传感器、计算机芯片与机电一体化系统。可以根据用户需求，随时进行处理，为设施农业综合生态信息自动监测、对环境进行自动控制和智能化管理提供科学依据。通过模块采集温度、湿度等信号，经由无线信号收发模块传输数据，实现远程控制。

3. 强化业务中的技术应用　积极推动全球卫星定位系统、地理信息系统、遥感系统、自动控制系统、射频识别系统等现代信息技术在现代农业生产的应用，提高现代农业生产设施装备的数字化、智能化水平，发展精准农业。要利用互联网、手机短信、触摸屏等现代信息手段，大力推进智能化技术服务，及时向农民提供土肥水技术信息；要积极利用技术物化载体，推进智能化配肥供肥服务，扩大推广服务渠道，全面推进技术到位。在集成技术上，要围绕作物集成技术，充分利用高产创建和标准园创建等平台，针对不同地区的生产条件、资源特点和耕作制度，探索集成一批新技术；要抓住关键问题集成技术，针对不同地区农业生产面临的主要矛盾和突出问题，在明确主攻方向和技术路线的前提下，综合考虑土壤、肥料和节水等技术措施，形成主推技术模式；要立足简单实用集成技术，不断完善技术模式，加强技术在土肥业务中的示范应用，逐步建立技术标准和操作规范。

一是农业信息传递。为农民打造更宽广的农业信息渠道：从天气预报到施肥选择，从种子遴选到病虫害防治，从幼苗培育到收割入库等。通过使用无线传感器网络，有效降低消耗和对农田环境的影响，获取精确的作物环境信息和作物信息。二是智能化培育控制。通过在农业园区内（如温室，大棚）安装生态信息无线传感器和其他智能控制系统，可对整个园区内的生态环境进行监测，可测量土壤湿度、土壤成分、pH、降水量、温度、空气湿度和气压、光照、CO_2 浓度等，从而及时掌握影响园区环境的一些参数，获得作物最佳生长条件。同时将生物信息获取方法应用于无线传感器节点，为园区内精确调控提供科学依据。三是节水灌溉。无线传感器网络自动灌溉系统利用传感器感应土壤的水分，并在设定条件下与接收器通信，控制灌溉系统的阀门开与关，从而达到自动节水灌溉的目的。可在温室、农田井用灌溉区等区域，实现农业与生态节水技术的定量化、规范化、模式化、集成化，促进节水农业快速和健康发展。四是远程指挥控制。无线传感网络与 GPS、GIS、无线宽带通信技术等的综合应用，建立农机作业远程指挥管理系统，可实现远程视频监控，农机作业指挥控制调度，农机具的可视化管理及实现农机具的动态安全监控和定位管理，从而降低成本、科学指挥、远程控制。五是食品安全及产品溯源。为加大对农副产品从生产到流通整个流程的监管，降低食品安全隐患，物联网将可发挥重要作用。如可通过布置多层次的无线传感器网络控制系统对牲畜、家禽、水产养殖、稀有动物的习性、环境、生理状况及种群复杂度进行观测研究，加强科学饲养，并可对经过各个环节销售的动物食品进行溯源追踪，保证食品安全。

4. 加快构建标准体系 按照统筹规划、分工协作、保障重点、急用先行的原则，建立高效的标准协调机制，积极推动自主技术标准的国际化，逐步完善物联网标准体系。

（1）加速完成标准体系框架的建设 全面梳理感知技术、网络通信、应用服务及安全保障等领域的国内外相关标准，做好整体布局和顶层设计，加快构建层次分明的物联网标准体系框架，明确我国土肥智慧发展的急需标准和重点标准。

（2）积极推进共性和关键技术标准的研制 重点支持智慧土肥系统架构等总体标准的研究，加快制订标识和解析、应用接口、数据格式、信息安全、网络管理等基础共性标准，大力推进智能传感器、超高频和微波 RFID、传感器网络、M2M、服务支撑等关键技术标准的制定工作。

（3）大力开展重点行业应用标准的研制 面向智慧土肥建设需求，依托重点领域应用示范工程，形成以应用示范带动标准研制和推广的机制，做好智慧土肥相关行业标准的研制，形成一系列具有推广价值的应用标准。二是研究和制定一批智慧土肥应用标准。联合产学研用单位，研究和编制农业领域条形码（一维码、二维码）、电子标签（RFID）等的使用规范，制修订一批传感器及传感节点、数据采集、应用软件接口、服务对象注册以及面向大田、设施农业、农产品质量安全监管应用等方面标准。

5. 加强土肥信息化体系建设 加强土肥信息化体系建设，形成一批可推广的技术应用模式。针对设施农业与水产养殖、农产品质量安全、农业电子商务、大田粮食作物生产等的监测监控，分别研发系列专用传感、传输、控制等设备，开发相应的软件和管理信息系统，从而构建土肥信息化体系及可持续发展机制。

（1）加强土肥业务系统建设 积极推进农田管理地理信息系统、土壤墒情气象监控系统、智能灌溉系统、测土配方施肥系统、作物长势监控系统的建设与应用。积极推进温室环境监控系统、植物生长管理系统、产品分级系统、自动收获采摘系统等信息技术在设施园艺中的应用，实现设施园艺农业的自动化、智能化和集约化。

（2）加快农产品质量安全监管信息化建设 建立覆盖部省两级行政管理部门、部级农产品质量安全监测机构和固定风险监测点三方面的农产品质量安全监测信息管理平台，实现监测数据即时采集、加密上传、智能分析、质量安全状况分类查询、直观表达、风险分析和监测预警等功能，为政府加强有效监管，公众及时了解农产品质量安全权威信息、维护自身合法权益提供信息保障。

（3）推进农业资源管理信息化建设 推进耕地监管信息化建设，加强对耕地土壤质量、肥料肥效、农田土壤墒情等内容的监测，为科学管理，提升地力提供决策支持。构建国家级草原固定监测网络，建立一批国家级草原固定监测点，实现对不同类型草地生态系统资源、植被长势、生产力、工程效益、草原利用、草原火灾、鼠虫灾害、生态环境状况等全方位的监测。

（4）提高肥料综合执法信息化水平 建设和完善行政许可审批信息管理系统，重点完善肥料、农药、种子、等经营许可证审批流程，实现行政许可审批信息化，提高审批效率。重点建设化肥、农药、种子等的执法信息管理系统，实现信息报送、投诉举报受理、监管工作记录、案件督察督办、档案管理等功能。加强利用信息化手段宣传农业管理的法律法规，及时曝光农业违法的典型案件，努力营造全社会关心和支持农业综合执法的良好氛围。

（5）加强信息服务体系建设 加强与电信运营商、IT企业等的合作，充分利用3G、互联网等现代信息技术，建设覆盖部、省、地市、县的四级农业综合信息服务平台，完善呼叫中心信息系统、短彩信服务系统、手机报、双向视频系统等信息服务支持系统，为广大农民、农民专业合作社、农业企业等用户提供政策、科技、市场等各个方面的信息服务。重点开展3G、云计算等新技术在农村综合信息服务平台搭建过程中的关键技术集成研究，构建新型农村信息服务体系。改善农情调度装备条件，强化信息采集、传输、储存手段，运用现代信息技术，拓展信息渠道，丰富调度内容，完善管理制度，稳定专业队伍，提升人员素质，全面提高农情工作的信息化、专业化、制度化和系统化水平。力争到2015年建成卫星遥感与地面调查相结合、定点监测与抽样调查相衔接、县级以上农情信息员为主体、乡村农技人员为基础的现代农情信息体系。建立健全蔬菜、水果等园艺产品生产和市场信息监测体系，完善农产品供求和价格信息发布制度，提高农产品供求信息服务水平。

完善部、省、地市、县、乡、村六级农业农村信息化管理及服务网络，健全农业农村信息化工作组织体系。依托农业综合信息服务平台，组建各级、各个领域的权威专家服务团队，增强服务效果。规范乡村信息服务站点建设，提高基层农村信息服务水平。继续从种养大户、农村经纪人、农民专业合作社以及大学生村官等群体中培养选拔农村信息员，壮大农村信息员队伍，加强农村信息员培训，提高信息服务能力。

探索建立公益性服务政府主导，非公益性服务市场运作的信息服务机制，形成"政府主导、社会参与、市场运作、多方共赢"的农业信息服务格局。因地制宜，探索农业农村信息服务的可持续发展模式。建立健全农业信息服务法律法规体系，规范信息服务主体行为。建立农业信息市场，优化信息服务环境，为信息服务长效运行创造条件。

6. 开展智慧土肥建设示范　重点支持智慧土肥建设的应用示范。通过物联网等技术进行土肥传统工作的升级改造，提升生产和经营运行效率，提升产品质量、技术含量和附加值，促进精细化管理，推动落实节能减排，强化安全保障能力。

充分尊重市场规律，加强宏观指导，结合现有开发区、园区的基础和优势，突出发展重点，按照有利于促进资源共享和优势互补、有利于以点带面推进产业长期发展、有利于土地资源节约集约利用的原则，初步完成我国智慧土肥区域布局，防止同质化竞争，杜绝盲目投资和重复建设。

7. 研究和部署智慧土肥公共服务平台　面向智慧土肥应用，重点突破多源信息融合、海量信息分布式管理、智能信息服务等关键技术，构建智慧土肥公共服务平台，开展面向耕地质量管理、智慧施肥决策、农产品质量安全溯源等领域提供共性的技术支撑服务。

8. 加强人才队伍建设　物联网等智慧技术在土肥上的应用还不够成熟，还处在起步阶段，需要更多的专家和技术人才进行创新和完善。制定智慧土肥技术人才培养与培训计划，加强与高校合作，在物联网专业中引入农业专业培养复合型人才。政府要鼓励和引导开展校企合作，提供实习基地等方式来进行人才培训，使农业物联网技术人才的数量和能力快速提升。同时，还可以积极推进对农民的技术培训，不仅是基础技能的培训，还要加大对他们的信息化技术、管理经营等方面进行培训。技术人才的增多和能力的提高对农业物联网的发展有重要的推动力。

参 考 文 献

—.2010—2020 年物联网产业发展前景［EB/OL］.http：//www.mei.net.cn/news/2010/03/301170.html.

—.2012.重庆市率先启动柑橘物联网体系建设［J］.农产品质量与安全（5）：78.

—.2013.山东滨州利用物联网技术助推高效生态农业发展［J］.农业科技信息（9）：20-21.

邸志刚，卢胜利，刘景泰.2006.精准播种面向精准灌溉的传感器网络的研究［J］.仪器仪表学报，27（6）：294-296.

陈如明.2012.云计算、智慧应急联动及智慧城市务实发展策略思考［J］.移动通信（3）：5-10.

陈印军.2011.中国耕地质量状况分析［J］.中国农业科学，44（17）：3557-3564.

储成祥，毛慧琴.2012.打造农业信息服务新模式［J］.中国电信业（6）：138.

邓英春，许永辉.2007.传感器土壤水分测量方法研究综述［J］.水文，27（8）：20-24.

董暐.2012.精准农业应用现状和发展对策［J］.农业技术与装备（4）：46-48.

樊月龙.大数据关键技术［EB/OL］.http：//blog.sina.com.cn/s/blog_933e5f350101la3i.html.

高强，滕桂法.2013.物联网技术在现代农业中的应用研究［J］.安徽农业科学，41（8）：3723-3724，3730.

高祥照，马常宝，杜森.2006.测土配方施肥技术［M］.北京：中国农业出版社.

耿向宇，等.2007.基于 GPRS 的变量施肥机系统研究［J］.农业工程学报（11）：164-167.

郭曦榕，等.2013.智慧城市建设模式研究［J］.测绘科学技术学报，30（3）：319-323.

何勇，刘飞，聂鹏程.2012.数字农业与农业物联网技术［J］.农机论坛（1）：8-10.

洪峰.2011.一种基于气介式超声波传感器的雨量液位测量系统设计与应用［EB/OL］.http：//www.dzsc.com/data/html/2011-8-25/94018.html.

滑瑞朋.2009.土壤信息化建设与精确农业［J］.山西科技（2）：8-9.

霍建英，史文娟，彭程.2012.杨凌智慧农业发展现状问题及对策［J］.西安邮电学院学报（7）：100-104.

贾小红，等.2007.县域土壤资源管理与施肥决策信息系统的建立——以北京市平谷区为例［J］.生态环境，16（5）：1521，1527.

姜亦华.2012.江苏农业物联网的兴起及展望［J］.江苏经济（10）：20-22.

金宝石，高天琦.2009.作物生长模型及智能农业专家系统研究［J］.现代化农业（1）：37-40.

金宏智，何建强，钱一超．2003．精准播种变量技术在精准灌溉上的应用［J］．节水灌溉（1）：1-3.

科技部．2011．科技部发布国家"十二五"科学和技术发展规划［EB/OL］．http：//www.gov.cn/gzdt/2011-07/13/content_1905915.htm.

李宝林．2013．基于无线传感网的智慧农业系统浅析［J］．中国电子商务（8）：57-58.

李保国，刘忠．2005．数字农业与农业信息化发展的现状与趋势［C］//中国数字农业与农村信息化学术研究研讨会论文集.

李道亮．2012．农业物联网导论［M］．北京：科学出版社.

李道亮．2012．物联网与智慧农业［J］．农业工程（1）：1-7.

李军，等．2009．政务地理空间信息资源管理与共享服务应用［M］．北京：北京大学出版社：102-119.

李军．1997．作物生长模拟模型的开发应用进展［J］．西北农业大学学报（8）：102-107.

李民赞，王琦，汪懋华．2004．一种土壤电导率实时分析仪的试验研究［J］．农业工程学报，20（1）：51-55.

李树君，等．2003．数字农业工程技术体系及其发展［J］．农业机械学报，34（5）：157-160.

李雪．2008．黑龙江省农村信息化发展模式研究［D］．北京：中国农业科学院.

李映雪，谢晓金，徐德福．2009．高光谱遥感技术在作物生长监测中的应用研究进展［J］．麦类作物学报，29（1）：174-177.

梁亮理，王若松，曾东波．2012.IT技术支持专家系统开发中推理机制设计与应用［J］．硅谷（4）：85.

林开颜，等．2004．计算机视觉技术在作物生长监测中的研究进展［J］．农业工程学报（2）：279-283.

刘大江，封金祥．2006．精准灌溉及其前景分析［J］．节水灌溉（1）：43-44.

刘彦，等．2010．遥感技术在作物生长监测与估产中的应用综述［J］．湖南农业科学（11）：136-139.

卢闯，等．2013．农业种植管理计划（ACMP）模型——基于物联网技术的新型种植业管理与生产方式［J］．农业网络信息（7）：32-34.

马享优，等．2012．国内农业领域物联网研究与应用现状分析［J］．天津农业科学（6）：69-72.

苗忠，彭程．2012．集约型农业中物联网技术应用探索与研究［J］．价值工程（24）：206-207.

木村小一．1980．卫星航法［M］．杨守仁，等，译．北京：人民交通出版社.

聂洪淼．2013．物联网技术在精准农业领域应用的研究与设计［EB/OL］．http：//sns.ca800.com/do/showsp.php?id=57&spaid=10458.

农业部．2010．全国农业农村信息化发展"十二五"规划［EB/OL］．http：//www.moa.gov.cn/ztzl/sewgh.

农业部．2011．全国种植业发展第十二个五年规划（2011—2015年）［EB/OL］．http：//

www. gov. cn/gzdt/2011-09/21/content_1952693. htm.

农业部 . 2011. 中国农业农村信息化发展报告 2010［EB/OL］. http：//www. moa. gov. cn/ztzl/sewgh/fzbg.

农业部市场与经济信息司 . 2011. 农业领域物联网应用总体设想［EB/OL］. http：//www. moa. gov. cn/ztzl/xxgzhy/gzbsn/201112/t20111222_2441172. htm.

潘洁珠，朱强，郭玉堂 . 2010. 预警理论方法及其应用研究［J］. 合肥师范学院学报，28（3）：68-71.

潘明，钟锋 . 2011. 物联网在现代农业上的应用研究［J］. 现代农业装备（7）：55-56.

彭程 . 2012. 基于物联网技术的智慧农业发展策略研究［J］. 西安邮电学院学报（3）：94-98.

彭珍凤 . 2009. 精准农业精准施肥机械及关键技术［J］. 农业装备技术，35（1）：17-19.

钱斌华 . 2012. 构建智慧城市基础设施建设的 PPP 模式［J］. 三江论坛（10）：15-19.

屈赞，等 . 2011. RFID 技术在农业物联网中的应用现状［J］. 河北农业科学，15（4）：94-95.

阮青，邓文钱 . 2013. 发展智慧农业问题研究——以广西为例［J］. 桂海论丛（2）：49-52.

余丛国，席酉民 . 2003. 我国企业预警研究理论综述［J］. 预测，22（2）：23-30.

施连敏，陈志峰，盖之华 . 2013. 物联网在智慧农业中的应用［J］农机化研究（6）：250-252.

史国滨 . 2011. GPS 和 GIS 技术在精准农业监控系统中的应用研究进展［J］. 湖北农业科学，50（10）：1948-1950.

孙立民，王福林 . 2009. 变量播种施肥技术研究［J］. 东北农业大学学报，40（3）：115-120.

孙勇 . 2011. 几种光照度测量方式浅谈［J］. 中国科技博览（35）：421.

唐世浩，朱启疆，闫广建，等 . 2002. 关于数字农业的基本构想［J］. 农业现代化研究，23（3）：183-187.

田有国，任意 . 2003. 地理信息系统在土壤资源管理中的应用和发展［J］. 农业现代化研究，24（6）：473-477.

王洪镇，谢立华 . 2013. 关于云计算及其安全问题的综述［J］. 现代计算机（2）：12-15.

王新忠，顾开新，刘飞 . 2011. 基于无线传感器网络的丘陵果园灌溉控制系统［J］. 排灌机械工程学报，29（4）：364-368.

王亚莉，贺立源 . 2005. 作物生长模拟模型研究和应用［J］. 华中农业大学学报，24（5）：58.

王志宇，车承钧，王阳 . 2010. 基于物联网的区域农田土壤墒情监测系统研究［J］. 自动化技术与应用，29（12）：39-41.

王子龙，付强，姜秋香 . 2008. 基于粒子群优化算法的土壤养分管理分区［J］. 农业工程学报，24（10）：80-84.

危朝安 . 2011. 在全国土肥工作会议上的讲话［EB/OL］. http：//www. moa. gov. cn/govpublic/ZZYGLS/201107/t20110720_2064457. htm.

韦孝云，等 .2012. 面向精准农业的无线传感器网络研究进展［J］. 工业控制计算机，25（5）：18-20.

吴仲城，徐珍玉 .2010. 农业物联网关键技术及其在农产品质量追溯系统中应用［J］. 中国科技投资（10）：40-41.

谢红彪，等 .2013. 田间土壤湿度的测定方法以及比较［J］. 科技信息（18）：6-7.

徐海斌，等 .2013. 现代农业中物联网应用现状与展望［J］. 江苏农业科学，41（5）：398-400.

颜国强，杨洋 .2005. 耕地质量动态监测初探［J］. 国土资源情报（3）：41-43.

杨晓明 .2012. 山西省农业物联网的探索与实践［J］. 农产品加工：学刊（中）（6）：19-20.

杨选民，张海辉，薛少平 .2011. 基于无线传感器网络的精准农业环境监控系统［J］. 科技视界（32）：62-63.

杨玉建 .2013. 农业物联网综合应用模式初探-以向阳坡生态园区为例［J］. 山东农业科学，45（3）：17-20.

姚世凤，等 .2011. 物联网技术在农业领域的应用［EB/OL］. http：//tech. rfidworld. com. cn/2011＿08/14a35e2e0e9076b7. html.

袁朝春，陈翠英，江永真 .2005. 传感器应用离子敏感器获取土壤养分信息［J］. 中国农机化（2）：54-57.

袁道军 .2007. 利用计算机视觉技术进行作物生长监测的研究进展［J］. 农业网络信息（2）：21-25.

张丹，王建华，吴玉华 .2013. 物联网技术在农业温室大棚中的应用研究［J］. 安徽农业科学，41（7）：3218-3219，324.

张杰，乔亲旺，李江 .2012. 三大智慧城市组织架构并行发展首席信息官架构最具优势［EB/OL］. http：//www. cww. net. cn/cwwMag/html/2012/12/20/201212201218212248＿3. htm.

张乃明 .2006. 设施农业理论与实践［M］. 北京：化学工业出版社：1-17.

张善从，董晓欢 .2013. 基于系统动力学的高技术工程项目成本管理研究［J］. 现代管理科学（7）：94-96.

张涛，赵洁 .2010. 变量施肥技术体系的研究进展［J］. 农机化研究（7）：233-236.

赵小强，等 .2012. 基于物联网技术的农业节水自适应灌溉系统［J］. 西安邮电学院学报，17（3）：95-97，108.

赵永志，等 .2012. 数字土肥建设的原理、方法与实践［M］. 北京：中国农业出版社.

赵永志，王维瑞 .2012. 数字土肥建设的原理、方法与实践［M］. 北京：中国农业出版社.

周锭，李程碑 .2009. 精准播种精准灌溉介绍及其存在问题［J］. 广西水利水电（2）：77-78，82.

周国民，丘耘，周义桃 .2004. 农业信息技术的研究热点［J］. 农业网络信息，6：4-6.

周国民 .2009. 浅议智慧农业［J］. 农业网络信息（10）：6-7.

朱洪芬，等.2008.基于遥感的作物生长监测与调控系统研究［J］.麦类作物学报，28（4）：624-679.

庄雅婷，等.2013.基于 Kriging 插值的高效耕地质量监测点布设方式研究——以建瓯市为例［J］.亚热带水土保持，25（2）：17-22.

图书在版编目（CIP）数据

智慧土肥建设方法研究与实践探索/赵永志，王维瑞
主编 . —北京：中国农业出版社，2014.10
ISBN 978-7-109-19685-8

I.①智… Ⅱ.①赵… ②王… Ⅲ.①土壤肥力—研究
Ⅳ.①S158

中国版本图书馆 CIP 数据核字（2014）第 239755 号

中国农业出版社出版
（北京市朝阳区麦子店街 18 号楼）
（邮政编码 100125）
责任编辑　肖　邦　黄向阳

中国农业出版社印刷厂印刷　　新华书店北京发行所发行
2014 年 10 月第 1 版　　2014 年 10 月北京第 1 次印刷

开本：700mm×1000mm　1/16　印张：17.75
字数：320 千字
定价：36.00 元
（凡本版图书出现印刷、装订错误，请向出版社发行部调换）